高等职业教育系列教材 · 职业本科

U0742907

立足教学需求｜突出实例应用

传感器与自动检测技术 第2版

季顺宁 ◎ 编著

机械工业出版社

CHINA MACHINE PRESS

本书根据高等职业教育特点，精选教学内容，主要介绍了传统的电阻式传感器、阻抗式传感器、压电式传感器、温度与湿度传感器，以及新兴的光电式传感器、霍尔传感器、光栅传感器、智能传感器等的工作原理、基本结构、经典测量电路及应用实例，同时还介绍了传感器输出信号处理电路。

本书可作为高等职业院校、职业本科院校的电子信息类、自动化类、通信类以及相关专业的教材，也可作为从事传感器应用及相关工程的技术人员的参考用书。

本书配有微课视频，扫描二维码即可观看。另外，本书配有电子课件，需要的教师可登录机械工业出版社教育服务网（www.cmpedu.com）免费注册，审核通过后下载，或联系编辑索取（微信：13261377872，电话：010-88379739）。

图书在版编目（CIP）数据

传感器与自动检测技术/季顺宁编著．—2版．—北京：机械工业出版社，2024.1（2025.6重印）

高等职业教育系列教材

ISBN 978-7-111-73907-4

Ⅰ.①传…　Ⅱ.①季…　Ⅲ.①传感器-高等职业教育-教材②自动检测-高等职业教育-教材　Ⅳ.①TP212②TP274

中国国家版本馆 CIP 数据核字（2023）第 184494 号

机械工业出版社（北京市百万庄大街22号　邮政编码100037）

策划编辑：和庆娣　　　　　　　责任编辑：和庆娣　赵晓峰
责任校对：肖　琳　刘雅娜　陈立辉　　责任印制：单爱军
中煤（北京）印务有限公司印刷
2025 年 6 月第 2 版第 3 次印刷
184mm×260mm · 14.25 印张 · 323 千字
标准书号：ISBN 978-7-111-73907-4
定价：59.90 元

电话服务　　　　　　　　　　网络服务
客服电话：010-88361066　　　机　工　官　网：www.cmpbook.com
　　　　　010-88379833　　　机　工　官　博：weibo.com/cmp1952
　　　　　010-68326294　　　金　书　网：www.golden-book.com
封底无防伪标均为盗版　　机工教育服务网：www.cmpedu.com

前　言

随着科学技术的发展，新知识、新技术、新工艺、新方法不断涌现，特别是物联网和人工智能技术的深入发展，促进了传感器技术的整体提升；本书根据高等职业教育特点，结合物联网专业教学要求，精选教学内容编写了实用教材。教材编写体现现代教学先进性、科学性和教育、教学适用性，降低难度，压缩了大量烦琐的计算推导，突出了应用。

党的二十大报告指出，"必须坚持科技是第一生产力、人才是第一资源、创新是第一动力"，要"开辟发展新领域、新赛道，不断塑造发展新动能新优势"。没有传感器就没有现代科学技术的观点已为全世界所公认。以传感器为核心的检测系统就像神经和感官一样，源源不断地向人类提供宏观与微观世界的种种信息，成为人们认识自然、改造自然的有力工具。本书重点介绍了工业、科研、生活中常用的传感器的工作原理、基本结构、经典测量电路及应用实例。在考虑教材深度和广度时，主要着眼于提高高职高专学生的应用和工艺知识水平，突出应用实例。在教学中不仅要进行专业知识传授和专业技能的训练，还要与马克思主义理论相结合，与思想政治教育课程相融合，加强科学素养、爱国情怀、思想品德、工匠精神、人文素质的培养。强化社会责任意识，使学生的综合素质得到提高。

本书各章内容具体概况如下。

第1章传感器基础知识：传感器的组成、基本特性及发展趋势。第2章电阻式传感器：电位器式传感器、电阻应变式传感器。第3章阻抗式传感器：变面积式、变间隙式、变介电常数式电容传感器。第4章压电式传感器：压电晶体与压电陶瓷。第5章温度与湿度传感器：热电偶传感器、金属热电阻传感器、半导体热敏电阻器、集成温度传感器、湿度传感器。第6章光电式传感器：光纤传感器、红外传感器。第7章霍尔传感器。第8章光栅传感器。第9章智能与其他传感器。第10章传感器输出信号处理电路：传感器输出信号的处理方法、信号的放大与隔离技术、信号变换技术、A-D转换器及其与单片机的接口、信号的非线性补偿技术等。本书各章具有一定的独立性，在教学中教师可以根据需要选择不同的章节。

本书由季顺宁编写，在编写过程中借鉴和引用了许多高校同行编写的优秀教材内容、相关企业产品及应用案例，并得到了学院领导及相关老师的帮助，在此表示衷心的感谢！

由于编者的水平有限，本书在内容选择和安排上，难免存在疏漏和不足之处，诚请读者批评指正。

编　者

二维码资源清单

序号	名称	图形	页码	序号	名称	图形	页码
1	1.1.2 传感器的定义及组成		3	8	5.2.1 热电偶工作原理		87
2	1.2.1 传感器的静态特性		6	9	5.5.3 电流输出型集成温度传感器——环境温度测量实验		107
3	2.2 电阻应变式传感器		25	10	5.6 湿度传感器——教室环境湿度测量实验		107
4	2.2.3 电阻的应变效应		28	11	6.1.2 光电效应		122
5	3.1 电容传感器		41	12	6.2.1 光电管		124
6	3.2.1 变磁阻式传感器		48	13	6.2.2 光电倍增管及其基本特性		125
7	4.1.1 石英晶体的压电效应		71	14	6.7.4 红外测温仪——热释电传感器应用实验		149

（续）

序号	名称	图形	页码	序号	名称	图形	页码
15	7.1 霍尔元件工作原理		153	18	8.1.2 莫尔条纹		167
16	7.4 霍尔集成电路		160	19	9.2 超声波传感器		184
17	7.5 霍尔传感器的应用		161	20	10.2.1 信号的放大与隔离技术		204

目　　录

第1章　传感器基础知识

世界是由物质组成的，表征物质特性或其运动形式的参数很多，根据物质的电特性，可分为电量和非电量两类。非电量不能直接使用一般电工仪表和电子仪器测量，需要转换成与非电量有一定关系的电量，再进行测量。实现这种转换技术的器件称为传感器。自动检测和自动控制系统处理的大都是电量，通常需要通过传感器对非电量的原始信息进行精确可靠的捕获并将其转换为电量。

"没有传感器就没有现代科学技术"的观点已为全世界所公认。以传感器为核心的检测系统就像神经和感官一样，源源不断地向人类提供宏观与微观世界的种种信息，成为人们认识自然、改造自然的有力工具。

1.1　传感器的组成

1.1.1　自动检测与控制系统

自动检测和自动控制技术是人们对事物的规律进行定性了解和定量掌握，以及定量分析预期效果控制所从事的一系列技术措施。

1. 自动检测系统

自动检测技术是研究自动检测系统中的信息提取、信息转换及信息处理的理论和技术，是自动化技术的四个支柱之一。从信息科学角度考察，检测技术的任务有：寻找与自然信息具有对应关系的种种表现形式的信号，以及确定二者间的定性/定量关系；从反映某一信息的多种信号表现中挑选出所在条件下最为合适的表现形式，以及寻求最佳的采集、变换、处理、显示等的方法并选择相应的设备。

传感器是检测系统的第一个环节。它是以一定的精度把被测量转换成与之有确定关系的、便于应用的某种量值的测量装置。自动检测系统一般由激励装置、被测对象、敏感元件、信号调理电路与输出装置组成，如图 1-1 所示。

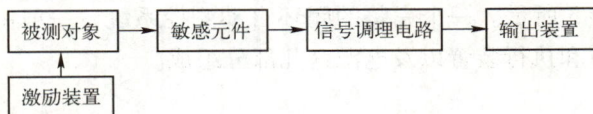

```
┌────────┐    ┌────────┐    ┌──────────┐    ┌────────┐
│ 被测对象 │──▶│ 敏感元件 │──▶│ 信号调理电路 │──▶│ 输出装置 │
└────────┘    └────────┘    └──────────┘    └────────┘
     ▲
┌────────┐
│ 激励装置 │
└────────┘
```

图 1-1　自动检测系统组成

检测系统各部分的特点：

① 有时为了便于测量，需要给被测对象施加激励信号，这样可使被测对象处于预定状态，并将其有关方向的内在联系充分显示出来。

② 被测对象的特性均以信号的形式给出，而被测信号一般都是随时间变化的动态量，即使在检测不随时间变化的静态量时，由于混有动态的干扰噪声，通常也按动态量进行检测。

③ 敏感元件是将感知的被测量按一定规律转化为某一种值输出，通常是电信号。如果不是电信号，就需要经变换电路将其转换成电信号。

④ 信号调理电路一般有两个作用：一是信号转换和放大；二是信号处理，即滤波、衰减运算、数字化处理等。

⑤ 输出装置种类很多，可根据需要进行配置。现代检测系统采用了计算机和网络技术将信号调理电路输出的信号直接送到信号分析设备中，进行在线处理。为了保证测量结果的准确性、稳定性，上述过程中的输出量与输入量之间应保持一一对应关系和尽量不失真。

2. 自动测控系统

自动测控系统是检测、控制器与研究对象的总和，通常可分为开环与闭环两种自动测控系统。

（1）开环自动测控系统

测量电路的输出端与输入端之间不存在反馈，也就是测控系统的输出量不对系统的控制产生任何影响，这样的系统称为开环自动测控系统，如图1-2所示。

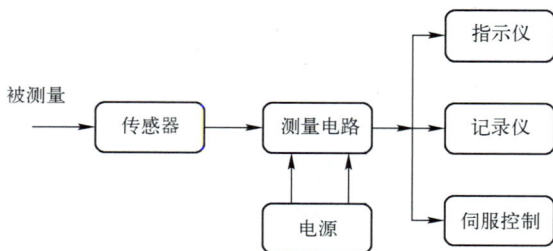

图1-2 开环自动测控系统框图

（2）闭环自动测控系统

测控系统中，将输出量通过适当的检测装置返回到输入端并与输入量进行比较的过程，就是反馈。

由信号正向通路和反馈通路构成闭合回路的自动测控系统称为闭环自动测控系统，又称反馈测控系统，如图1-3所示。一个完整的闭环自动测控系统，一般由传感器、测量电路、显示和记录装置、调节和执行装置以及电源这几部分组成。

① 传感器。

传感器是检测系统与被测对象直接发生联系的部件，是检测系统最重要的环节，检测系统获取信息的质量往往是由传感器的性能一次性确定的，因为检测系统的其他环节无法添加新的检测信息并且不易消除由传感器所引入的误差。

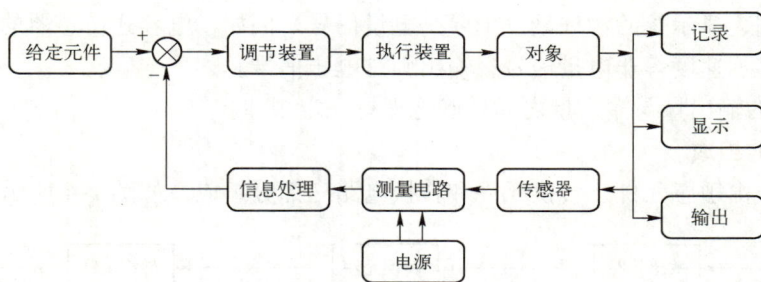

图 1-3　闭环自动测控系统框图

② 测量电路。

测量电路的作用是将传感器的输出信号转换成易于测量的电压或电流信号。通常传感器输出信号是微弱的，就需要由测量电路加以放大，以满足显示记录装置的要求。根据需要测量电路还能进行阻抗匹配、微分、积分、线性化补偿等信号处理工作。

应当指出测量电路的种类和构成是由传感器的类型决定的，不同的传感器所要求配用的测量电路经常具有自己的特色。

③ 显示和记录装置。

显示和记录装置是检测人员和检测系统联系的主要环节，主要作用是使人们了解检测数值的大小或变化的过程。目前，常用的有模拟显示、数字显示和图像显示三种。

模拟显示是利用指针对标尺的相对位置表示被测量数值的大小，如各种指针式电气测量仪表，其特点是读数方便、直观，结构简单、价格低廉，在检测系统中一直被大量应用。但这种显示方式的精度受标尺最小分度限制，而且读数时易引入主观误差。

数字显示则直接以十进制数字形式来显示读数，实际上是专用的数字电压表，它可以附加打印机，打印出所记录的测量数值，并且易于和计算机联机，使数据处理更加方便。这种方式有利于消除由读数的主观误差。

图像显示时，如果被测量处于动态变化之中，用显示仪表读数就十分困难，这时可以将输出信号送至记录仪，从而描绘出被测量随时间变化的曲线，作为检测结果，供分析使用。常用的自动记录仪器有笔式记录仪、光线示波器、磁带记录仪等。

1.1.2　传感器的定义及组成

现代信息技术包括计算机技术、通信技术和传感器技术等，计算机相当于人的大脑，通信相当于人的神经，而传感器则相当于人的感觉器官。如果没有各种精确可靠的传感器去检测原始数据并提供真实的信息，即使是性能非常优越的计算机，也无法发挥其应有的作用。

1. 传感器

从广义上讲，传感器就是能够感觉外界信息，并能按一定规律将这些信息转换成可用的输出信号的器件或装置。这一概念包含了下面 3 方面的含义：

① 传感器是一种能够完成提取外界信息任务的装置。

② 传感器的输入量通常指非电量，如物理量、化学量、生物量等；而输出量是便于传

输、转换、处理、显示等的物理量，主要是电量信号。例如，电容式传感器的输入量可以是力、压力、位移、速度等非电量信号，输出则是电压信号。

③ 传感器的输出量与输入量之间精确地保持一定规律。

2. 传感器的组成

传感器一般由敏感元件、转换元件和转换电路三部分组成，如图1-4所示。

被测量（非电量）→ 敏感元件 →（非电量）转换元件 →（电参量）转换电路 →（电量）输出量

图1-4 传感器组成框图

① 敏感元件。敏感元件是传感器中能直接感受被测量的部分，即直接感受被测量，并输出与被测量呈确定关系的某一物理量。例如金属或半导体应变片，能感受压力大小而引起形变，其形变程度就是对压力大小的响应。铂电阻能感受温度的升降而改变其阻值，阻值的变化就是对温度升降的响应，所以铂电阻就是一种温度敏感元件，而金属或半导体应变片就是一种压力敏感元件。

② 转换元件。转换元件是传感器中将敏感元件输出量转换为适于传输和测量的电信号部分。例如，应变式压力传感器中的电阻应变片将应变转换成电阻的变化。上面介绍的敏感元件，其中有许多可兼作转换元件。转换元件实际上就是将敏感元件感受的被测量转换成电路参数的元件。如果敏感元件本身就能直接将被测量变成电路参数，那么该敏感元件就有了敏感和转换两个功能。如热电阻，它不仅能直接感受温度的变化，而且能够将温度变化转换成电阻的变化，也就是将非电路参数温度直接变成了电路参数（电阻）。

③ 转换电路。转换电路将电量参数转换成便于测量的电压、电流、频率等电量信号。例如：交、直流电桥，放大器，振荡器，电荷放大器等。

应该注意，并不是所有的传感器必须同时包括敏感元件和转换元件。如果敏感元件直接输出的是电量，它就同时兼为转换元件，如热电偶；如果转换元件能直接感受被测量，而输出与之呈一定关系的电量，此时的传感器就没有敏感元件，如压电器件。

1.1.3 传感器的分类

传感器千差万别，种类繁多，分类方法也不尽相同，常用的分类方法有下面几种。

1. 按被测物理量分类

按被测物理量可分为温度、压力、流量、物位、位移、加速度、磁场、光通量等传感器。这种分类方法明确表明了传感器的用途，便于使用者选用，如压力传感器用于测量压力信号。

2. 按传感器工作原理分类

按工作原理可分为电阻式传感器、热敏电阻传感器、光敏电阻传感器、电容式传感器、电感式传感器等，这种方法表明了传感器的工作原理，有利于传感器的设计和应用。例如，电容式传感器就是将被测量转换成电容值的变化。表1-1为用这种分类方法的各类型传感器的名称及典型应用。

表1-1 传感器的分类

传感器分类 转换形式	传感器分类 中间参量	转换原理	传感器名称	典型应用
电参数	电阻	移动电位器触点改变电阻	电位器传感器	位移
电参数	电阻	改变电阻丝或片的尺寸	电阻丝应变传感器、半导体应变传感器	微应变、力、负荷
电参数	电阻	利用电阻的温度效应（电阻温度系数）	热丝式空气流量传感器	气流速度、液体流量
电参数	电阻	利用电阻的温度效应（电阻温度系数）	电阻式温度传感器	温度、辐射热
电参数	电阻	利用电阻的温度效应（电阻温度系数）	热敏电阻传感器	温度
电参数	电阻	利用电阻的光敏效应	光敏电阻传感器	光强
电参数	电阻	利用电阻的湿度效应	湿敏电阻	湿度
电参数	电容	改变电容的几何尺寸	电容式传感器	力、压力、负荷、位移
电参数	电容	改变电容的介电常数	电容式传感器	液位、厚度、含水量
电参数	电感	改变磁路几何尺寸、导磁体位置	电感式传感器	位移
电参数	电感	涡流去磁效应	电涡流位移式传感器	位移、厚度、硬度
电参数	电感	利用压磁效应	压磁式传感器	力、压力
电参数	电感	改变互感	差动变压器	位移
电参数	电感	改变互感	自整角机	位移
电参数	电感	改变互感	旋转变压器	位移
电参数	频率	改变谐振回路中的固有参数	振弦式传感器	压力、力
电参数	频率	改变谐振回路中的固有参数	振筒式传感器	气压
电参数	频率	改变谐振回路中的固有参数	石英谐振传感器	力、温度等
电参数	计数	利用莫尔条纹	光栅	大角位移、大直线位移
电参数	计数	改变互感	感应同步器	大角位移、大直线位移
电参数	计数	利用数字编码	角度编码器	大角位移、大直线位移
电参数	数字	利用数字编码	角度编码器	大角位移
电量	电动势	温差电动势	热电偶	温度、热流
电量	电动势	霍尔效应	霍尔传感器	磁通、电流
电量	电动势	电磁感应	磁电传感器	速度、加速度
电量	电动势	光电效应	光电池	光强
电量	电荷	辐射离离	电离室	离子计数、放射性强度
电量	电荷	压电效应	压电式传感器	动态力、加速度

3. 按传感器转换能量供给形式分类

按转换能量供给形式分为能量变换型（发电型）和能量控制型（参量型）两种。

能量变换型传感器在进行信号转换时无须另外提供能量，就可将输入信号能量变换为另一种形式的能量输出，例如，热电偶传感器、压电式传感器等。

能量控制型传感器工作时必须有外加电源，如电阻、电感、电容、霍尔式传感器等。

4. 按传感器工作机理分类

按工作机理可分为结构型传感器和物性型传感器。

结构型传感器是指被测量变化时引起了传感器结构发生改变，从而引起输出电量变化。例如，电容压力传感器就属于这种传感器，外加压力变化时，电容极板发生位移，结构改变引起电容值变化，输出电压也发生变化。

物性型传感器是利用物质的物理或化学特性随被测参数变化的原理制成的，一般没有可动结构部分，易小型化，如各种半导体传感器。

习惯上常把工作原理和用途结合起来命名传感器，如电容式压力传感器、电感式位移传感器等。

1.2 传感器的基本特性

在工程应用中，任何测量装置性能的优劣总要以一系列的参数指标衡量，通过这些参数可以方便地知道其性能。这些指标又称为特性指标。传感器的特性主要是指输出与输入之间的关系。它通常根据输入（传感器所测量的量）的性质来决定采用何种指标体系来描述其性能。当被测量（输入量）为常量，或变化缓慢时，一般采用静态指标体系，其输入与输出的关系为静态特性；当被测量（输入量）随时间较快地变化时，则采用动态指标体系，其输入与输出的关系为动态特性。

1.2.1 传感器的静态特性

传感器的静态特性是指被测量的值处于稳定状态时的输出与输入的关系。如果被测量是一个不随时间变化，或随时间变化缓慢的量，可以只考虑其静态特性，这时传感器的输入量与输出量之间在数值上一般具有一定的对应关系，关系式中不含有时间变量。对静态特性而言，传感器的输入量 x 与输出量 y 之间的关系通常可用一个多项式表示：

$$y = a_0 + a_1 x + a_2 x^2 + a_3 x^3 + \cdots + a_n x^n$$

式中，y 为传感器输出量；x 为传感器输入量；a_0 为零位输出，零点漂移（零漂）；a_1 为传感器线性灵敏度，常用 K 表示；a_2，a_3，$\cdots$，a_n 为非线性项待定系数。

传感器输出—输入特性有 4 种形式，如图 1-5 所示。

① 理想线性：$y = a_1 x$，如图 1-5a 所示。它通常是希望传感器应具有的特性，只有具备这样的特性才能正确无误地反映被测的真值。灵敏度 $S_n = y/x = a_1 = 常数（K）$。

② 偶次项非线性：$y = a_1 x + a_2 x^2 + a_4 x^4 + \cdots$，如图 1-5b 所示。其线性范围较窄，线性度较差，灵敏度为该曲线的斜率，一般传感器设计很少采用这种特性。

③ 奇次项非线性：$y = a_1 x + a_3 x^3 + a_5 x^5 + \cdots$，如图 1-5c 所示。其线性范围较宽，且相对坐标原点是对称的，线性度较好，灵敏度为该曲线的斜率。使用时一般都加线性补偿措

施，可获得较理想的线性特性。

④ 奇、偶次项非线性：$y = a_1 x + a_2 x^2 + a_3 x^3 + a_4 x^4 + \cdots$，如图 1-5d 所示。

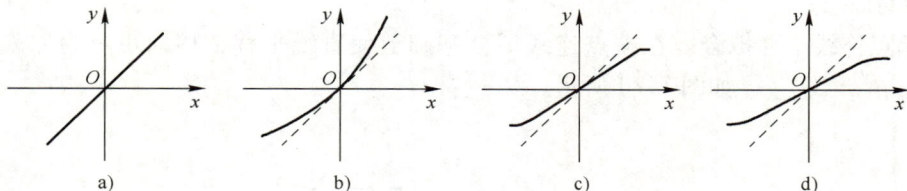

图 1-5 传感器的静态特性

a）理想线性 b）偶次项非线性 c）奇次项非线性 d）奇、偶次项非线性

传感器的静态特性可以用一组性能指标来描述，如线性度、灵敏度、迟滞、重复性、精确度、可靠性和漂移等。

1. 线性度（非线性误差）

传感器的线性度是指传感器的输出与输入之间数量关系的线性程度。输出与输入关系可分为线性特性和非线性特性。从传感器的性能看，希望具有线性关系，即理想输入输出关系。但实际遇到的传感器大多为非线性。

在实际使用中，为了标定和数据处理的方便，希望得到线性关系，因此引入各种非线性补偿环节，如采用非线性补偿电路或计算机软件进行线性化处理，从而使传感器的输出与输入关系为线性或接近线性，但如果传感器非线性项的幂次不高，输入量变化范围较小时，可用一条直线（切线或割线）近似地代表实际曲线的一段，使传感器输入—输出特性线性化，所采用的直线称为拟合直线。

传感器的线性度是指在全量程范围内校准曲线与拟合直线之间的最大偏差值 Δy_{max} 与满量程输出值 y_{FS} 之比。线性度也称为非线性误差，表示实际静态特性曲线与拟合直线之间的偏差（属系统误差）。图 1-6 为传感器线性度示意图。线性度用 δ_L 表示，即

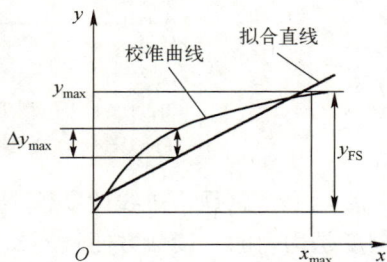

图 1-6 传感器线性度示意图

$$\delta_L = \pm \frac{\Delta y_{max}}{y_{FS}} \times 100\%$$

式中，Δy_{max} 为最大非线性绝对误差；y_{FS} 为输出满量程（测量上限 – 测量下限）。

传感器非线性特性的线性化——直线拟合线性化，其出发点是获得最小的非线性误差。拟合方法有理论拟合、过零旋转拟合、端点连线拟合、端点连线平移拟合、最小二乘拟合和最小包容拟合等。理论拟合直线选取方法不同，线性度的数值就不同。图 1-6 中的拟合直线是一条将传感器的零点与对应于最大输入量的最大输出值点（满量程点）连接起来的直线，这条直线被称为端基直线，由此得到的线性度称为端基线性度。常用的 4 种拟合方式如下。

① 理论拟合。拟合直线为传感器的理论特性，与实际测试值无关。方法十分简单，一般 Δy_{max} 较大，如图 1-7a 所示。

② 过零旋转拟合。曲线过零的传感器，拟合时，使 $\Delta y_1 = |\Delta y_2| = \Delta y_{max}$，如图 1-7b 所示。

③ 端点连线拟合（端基法）。把输出曲线两端点的连线作为拟合直线（$y = a_0 + Kx$），如图 1-7c 所示。

④ 端点连线平移拟合。在端点连线拟合基础上使直线平移，移动距离为原来的一半，$\Delta y_3 = |\Delta y_1| = \Delta y_{max}$，如图 1-7d 所示。

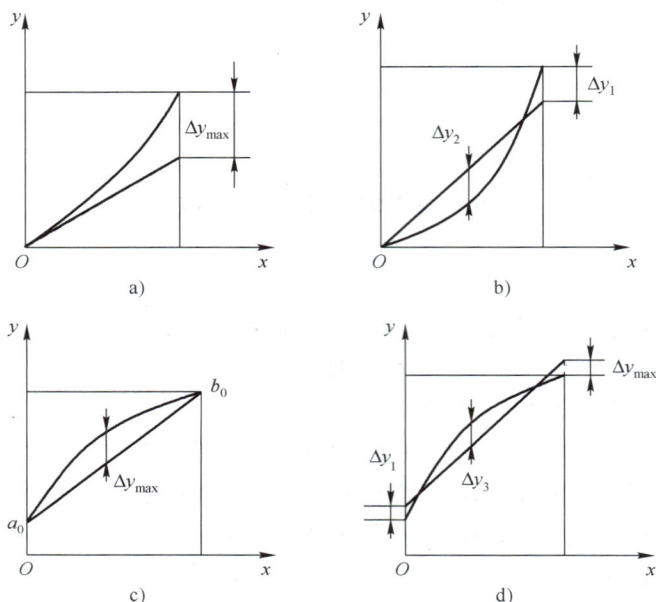

图 1-7 传感器静态特性的非线性
a）理论拟合　b）过零旋转拟合　c）端点连线拟合　d）端点连线平移拟合

实际上，总是希望线性度越小越好，即传感器的静态特性接近于拟合直线，这时传感器的刻度是均匀的，读数方便且不易引起误差，容易标定。检测系统的非线性误差多采用计算机来纠正。

2. 灵敏度

灵敏度是指传感器在稳态下的输出变化与输入变化的比值，用 S_n 表示，即

$$S_n = \frac{输出量的变化量}{输入量的变化量} = \frac{\mathrm{d}y}{\mathrm{d}x}$$

显然灵敏度表示静态特性曲线上相应点的斜率。对于线性传感器，灵敏度为一个常数，如图 1-8a 所示；对于非线性传感器，灵敏度则为一个变量，随着输入量的变化而变化，如图 1-8b 所示。

灵敏度的量纲取决于传感器输入、输出信号的量纲。例如，压力式传感器灵敏度的量纲得到的单位可表示为 mV/Pa。对于数字式仪表，灵敏度以分辨力表示。所谓分辨力是指数字式仪表最后一位数字所代表的值。一般地，分辨力数值小于仪表的最大绝对误差。

在实际中，一般希望传感器的灵敏度高，且在满量程范围内保持恒定值，即传感器的静

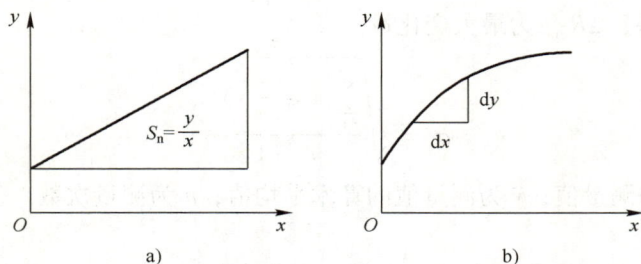

图 1-8 灵敏度定义

a）线性传感器 b）非线性传感器

态特性曲线为直线。

3. 迟滞

迟滞现象是对于同一大小的输入信号，传感器的正（输入量增大）、反（输入量减小）行程的输出信号大小不相等的现象，如图 1-9 所示。

迟滞误差（属系统误差）δ_H：用正、反行程输出值间的最大差值 ΔH_{max} 与满量程输出 y_{FS} 的百分比表示，即

$$\delta_H = \pm \frac{\Delta H_{max}}{y_{FS}} \times 100\%$$

造成迟滞的原因很多，如轴承摩擦、间隙、螺钉松动、电路元件老化、工作点漂移、积尘等。迟滞会引起分辨力变差或造成测量盲区，因此一般希望迟滞越小越好。

4. 重复性

重复性表示传感器在输入量按同一方向做全量程连续多次变动时所得特性曲线不一致的程度，如图 1-10 所示。

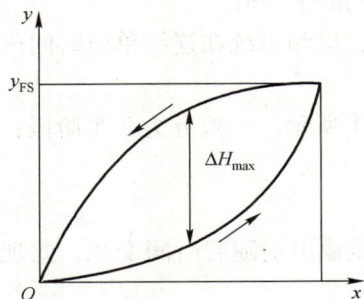

图 1-9 传感器迟滞示意图

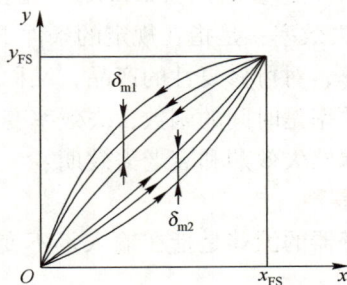

图 1-10 重复性

不重复性误差（属随机误差）δ_R 为

$$\delta_R = \pm \frac{\Delta R_{max}}{y_{FS}} \times 100\%$$

或

$$\delta_R = \pm \frac{(2 \sim 3)\sigma}{y_{FS}} \times 100\%$$

式中，σ 为标准偏差；ΔR_{max} 为最大变化量。

$$\sigma = \sqrt{\frac{\sum\limits_{i=1}^{n}(y_i - \bar{y})^2}{n-1}}$$

式中，y_i 为第 i 次的测量值；$\bar{y}$ 为测量值的算术平均值；n 为测量次数。

5. 精确度[⊖]

精确度是反映测量系统中系统误差和随机误差的综合评定指标。与精确度有关的指标有精密度[⊖]、准确度[⊖]和精度。

传感器的精度是指其测量结果的可靠程度，由其量程范围内的最大基本误差与满量程之比的百分数表示。基本误差由系统误差和随机误差两部分组成，故

$$A = \frac{\Delta A}{y_{FS}} \times 100\% = \delta_L + \delta_H + \delta_R$$

式中，ΔA 为测量范围内允许的最大基本误差。

传感器的精度用精度等级表示，如 0.05、0.1、0.2、0.5、1.0、1.5 级等。

传感器偏离规定的正常工作条件还存在附加误差，测量时应考虑。

6. 可靠性

可靠性是指传感器或检测系统在规定的工作条件和规定的时间内，具有正常工作性能的能力。它是一种综合性的质量指标，包括可靠度、平均无故障工作时间、平均修复时间和失效率。

① 可靠度：传感器在规定的使用条件和工作周期内，达到所规定性能的概率。

② 平均无故障工作时间（MTBF）：指相邻两次故障期间传感器正常工作时间的平均值。

③ 平均修复时间（MTTR）：指排除故障所花费时间的平均值。

④ 失效率：是指在规定的条件下工作到某个时刻，检测系统在连续单位时间内发生失效的概率，对可修复性的产品，又称为故障率。

失效率是时间的函数，失效率变化曲线，如图 1-11 所示。一般分为 3 个阶段：早期失效期、偶然失效期和衰老失效期。

7. 漂移

传感器的漂移是指在输入量不变的情况下，传感器输出量随着时间变化，此现象称为

⊖ 精确度：精密度与准确度两者的总和。精确度高表示精密度和准确度都比较高。在最简单的情况下，精确度可取两者的代数和。机器的精确度常以测量误差的相对值表示。

⊖ 精密度：说明测量传感器输出值的分散性，即对某一稳定的被测量，由同一个测量者，用同一个传感器，在相当短的时间内连续重复多次测量，其测量结果的分散程度。例如，某测温传感器的精密度为 0.5℃。精密度是随机误差大小的标志，精密度高，意味着随机误差小。注意：精密度高不一定准确度高。

⊖ 准确度：说明传感器输出值与真值的偏离程度。如，某流量传感器的准确度为 $0.3 \text{m}^3/\text{s}$，表示该传感器的输出值与真值偏离 $0.3 \text{m}^3/\text{s}$。准确度是系统误差大小的标志，准确度高意味着系统误差小。同样，准确度高不一定精密度高。

漂移。

产生漂移的原因有两个：一是传感器自身结构参数；二是周围环境（如温度、湿度等）。最常见的漂移是温度漂移，即周围环境温度变化而引起输出的变化。温度漂移主要表现为零点漂移和灵敏度漂移。

漂移（ξ）用输出变化量与温度变化量之比来表示，即

$$\xi = \frac{y_t - y_{20}}{\Delta T}$$

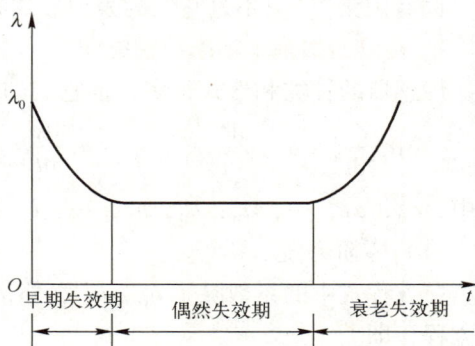

图 1-11　失效率变化曲线

1.2.2　传感器的动态特性

传感器的动态特性是指输入量随时间变化时传感器的响应特性。由于传感器的惯性和滞后，当被测量随时间变化时，传感器的输出往往来不及达到平衡状态，处于动态过渡过程之中，所以传感器的输出量也是时间的函数，其间的关系要用动态特性来表示。一个动态特性好的传感器，其输出将再现输入量的变化规律，即具有相同的时间函数。实际的传感器，输出信号将不会与输入信号具有相同的时间函数，这种输出与输入间的差异就是所谓的动态误差。

为了说明传感器的动态特性，下面简要介绍动态测温的问题。当被测温度随时间变化或将传感器突然插入被测介质中，以及传感器以扫描方式测量某温度场的温度分布等情况时，都存在动态测温问题。如把一支热电偶从温度为 T_0 环境中迅速插入一个温度为 T_1 的恒温水槽中（插入时间忽略不计），这时热电偶测量的介质温度从 T_0 突然上升到 T_1，而热电偶反映出来的温度从 T_0 变化到 T_1 需要经历一段时间，即有一段过渡过程，热电偶的动态误差如图 1-12 所示。热电偶反映出来的温度与其介质温度的差值就称为动态误差。

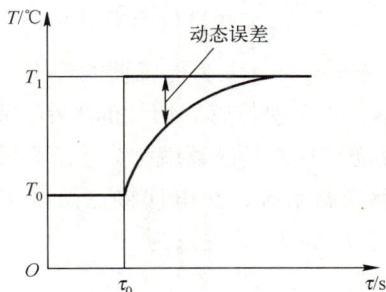

图 1-12　热电偶的动态误差

造成热电偶输出波形失真和产生动态误差的原因，是温度传感器有热惯性（由传感器的比热和质量大小决定），使得在动态测温时传感器的输出总是滞后于被测介质的温度变化。如带有套管的热电偶，其热惯性要比没有套管的热电偶大得多。这种热惯性是热电偶固有的，它使得热电偶测量快速变化的温度时会产生动态误差。任何传感器都有影响动态特性

的"固有因素",只不过它们的表现形式和作用程度不同而已。

1. 传感器的基本动态特性方程

传感器的种类和形式很多,但它们的动态特性一般都可以用下述的微分方程来描述:

$$a_n \frac{\mathrm{d}^n y}{\mathrm{d}t^n} + a_{n-1} \frac{\mathrm{d}^{n-1} y}{\mathrm{d}t^{n-1}} + \cdots + a_1 \frac{\mathrm{d}y}{\mathrm{d}t} + a_0 y = b_m \frac{\mathrm{d}^m x}{\mathrm{d}t^m} + b_{m-1} \frac{\mathrm{d}^{m-1} x}{\mathrm{d}t^{m-1}} + \cdots + b_1 \frac{\mathrm{d}x}{\mathrm{d}t} + b_0 x$$

式中,a_0,a_1,$\cdots$,a_n;b_0,b_1,$\cdots$,b_m 是与传感器的结构特性有关的系数。

(1)零阶系统

在方程式中的系数除了 a_0、b_0 之外,其他的系数均为零,则微分方程就变成简单的代数方程,即

$$a_0 y(t) = b_0 x(t)$$

通常将该代数方程写成

$$y(t) = kx(t)$$

式中,$k = b_0/a_0$ 为传感器的静态灵敏度或放大系数。传感器的动态特性用上述方程来描述的称为零阶系统。

零阶系统具有理想的动态特性,无论被测量 $x(t)$ 如何随时间变化,零阶系统的输出都不会失真,其输出在时间上也无任何滞后,所以零阶系统又称为比例系统。

在工程应用中,电位器式电阻传感器、变面积式电容传感器及静态式压力传感器测量液位均可看作零阶系统。

(2)一阶系统

若在上面微分方程式中的系数除了 a_0、a_1 与 b_0 之外,其他的系数均为零,则微分方程为

$$a_1 \frac{\mathrm{d}y(t)}{\mathrm{d}t} + a_0 y(t) = b_0 x(t)$$

上式通常改写成为

$$\tau \frac{\mathrm{d}y(t)}{\mathrm{d}t} + y(t) = kx(t)$$

式中,τ 为传感器的时间常数,$\tau = a_1/a_0$;k 为传感器的静态灵敏度或放大系数,$k = b_0/a_0$。

时间常数 τ 具有时间的量纲,它反映传感器惯性的大小,静态灵敏度则说明其静态特性。用上面一阶微分方程式描述其动态特性的传感器就称为一阶系统,一阶系统又称为惯性系统。

【例1-1】 图1-13为热电偶测温系统,热电偶接点温度 T_o 低于被测介质温度 T_i 时,则有热流 q 流入热电偶接点,它与 T_i 和 T_o 的关系为

$$q = \frac{T_i - T_o}{R} = C \frac{\mathrm{d}T_o}{\mathrm{d}t}$$

式中,R 为介质的热阻;C 为热电偶的比热容。

令 $\tau = RC$,上式可写为

$$\tau \frac{\mathrm{d}T_o}{\mathrm{d}t} + T_o = KT_i$$

式中,K 为放大倍数,此处 $K = 1$。

上式为一阶传感器微分方程，T_i、T_o 分别为输入量、输出量，相当于一般一阶传感器的 x 和 y。

【例1-2】 图 1-14 为弹簧 - 阻尼器组成的机械系统，弹簧刚度为 k，阻尼器的阻尼系数为 c，微分方程为

$$c \frac{dy(t)}{dt} + ky(t) = b_0 x(t)$$

上式可改写为

$$\tau \frac{dy(t)}{dt} + y(t) = k_o x(t)$$

式中，τ 为时间常数 $(\tau = c/k)$；k_o 为静态灵敏度 $(k_o = b_0/a_0)$。这也是一阶系统。

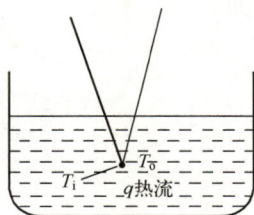

图 1-13　热电偶测温系统

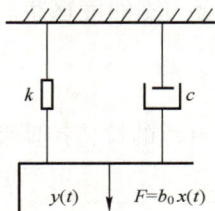

图 1-14　弹簧 - 阻尼器系统

（3）二阶系统

二阶系统的微分方程为

$$a_2 \frac{d^2 y(t)}{dt^2} + a_1 \frac{dy(t)}{dt} + a_0 y(t) = b_0 x(t)$$

二阶系统的微分方程通常改写为

$$\frac{d^2 y(t)}{dt^2} + 2\xi\omega_n \frac{dy(t)}{dt} + \omega_n^2 y(t) = \omega_n^2 k x(t)$$

式中，k 为传感器的静态灵敏度或放大系数，$k = b_0/a_0$；ξ 为传感器的阻尼系数，$\xi = a_1 / (2\sqrt{a_0 a_2})$；$\omega_n$ 为传感器的固有频率，$\omega_n = \sqrt{a_0 a_2}$。

根据二阶微分方程特征方程根的性质不同，二阶系统又可分为

① 二阶惯性系统：其特点是特征方程的根为两个负实根，它相当于两个一阶系统串联。

② 二阶振荡系统：其特点是特征方程的根为一对带负实部的共轭复根。

带有套管的热电偶、电磁式的动圈仪表及 RLC 振荡电路等均可看作二阶系统。

2. 传感器的动态响应特性

传感器的动态响应特性不仅与传感器的"固有因素"有关，还与传感器输入量的变化形式有关。也就是说，同一个传感器在不同形式的输入信号作用下，输出量的变化是不同的，通常选用几种典型的输入信号作为标准输入信号，研究传感器的响应特性。

（1）瞬态响应特性

传感器的瞬态响应是时间响应。在研究传感器的动态特性时，有时需要从时域中对传感

器的响应和过渡过程进行分析，这种分析方法称为时域分析法。在对传感器进行时域分析时，用得比较多的标准输入信号有阶跃信号和脉冲信号，传感器的输出瞬态响应分别称为阶跃响应和脉冲响应。

① 一阶传感器的单位阶跃响应。

一阶传感器的微分方程为

$$\tau \frac{\mathrm{d}y(t)}{\mathrm{d}t} + y(t) = kx(t)$$

设传感器的静态灵敏度 $k=1$，则它的传递函数为

$$H(s) = \frac{Y(s)}{X(s)} = \frac{1}{\tau s + 1}$$

对初始状态为零的传感器，若输入一个单位阶跃信号，即

$$x(t) = \begin{cases} 0 & t \leqslant 0 \\ 1 & t > 0 \end{cases}$$

输入信号 $x(t)$ 的拉普拉斯变换为

$$X(s) = \frac{1}{s}$$

一阶传感器的单位阶跃响应的拉普拉斯变换式为

$$Y(s) = H(s)X(s) = \frac{1}{\tau s + 1} \cdot \frac{1}{s}$$

对上式进行拉普拉斯反变换，可得一阶传感器的单位阶跃响应信号为

$$y(t) = 1 - \mathrm{e}^{-\frac{t}{\tau}}$$

相应的响应曲线如图 1-15 所示。由图 1-15 可见，传感器存在惯性，它的输出不能立即复现输入信号，而是从零开始，按指数规律上升，最终达到稳态值。理论上传感器的响应只在 t 趋于无穷大时才达到稳态值，但通常认为 $t = (3 \sim 4)\tau$ 时，如当 $t = 4\tau$ 时其输出值可达到稳态值的 98.2%，则可以认为已达到稳态。所以，一阶传感器的时间常数 τ 越小，响应越快，响应曲线越接近于输入阶跃曲线，即动态误差小。因此，τ 值是一阶传感器重要的性能参数。

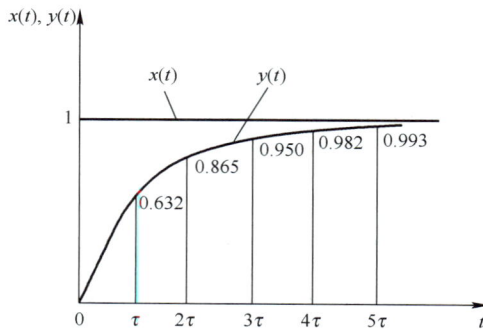

图 1-15　一阶传感器单位阶跃响应

② 二阶传感器的单位阶跃响应。

二阶传感器的微分方程为

$$\frac{\mathrm{d}^2 y(t)}{\mathrm{d}t^2} + 2\xi\omega_n\frac{\mathrm{d}y(t)}{\mathrm{d}t} + \omega_n^2 y(t) = \omega_n^2 kx(t)$$

设传感器的静态灵敏度 $k=1$，其二阶传感器的传递函数为

$$H(s) = \frac{\omega_n^2}{s^2 + 2\xi\omega_n s + \omega_n^2}$$

传感器输出的拉普拉斯变换为

$$Y(s) = H(s)X(s) = \frac{\omega_n^2}{s(s^2 + 2\xi\omega_n s + \omega_n^2)}$$

图 1-16 为二阶传感器的单位阶跃响应曲线，二阶传感器对阶跃信号的响应在很大程度上取决于阻尼比 ξ 和固有角频率 ω_n。$\xi=0$ 时，特征根为一对虚根，阶跃响应是一个等幅振荡过程，这种等幅振荡状态又称为无阻尼状态；$\xi>1$ 时，特征根为两个不同的负实根，阶跃响应是一个不振荡的衰减过程，这种状态又称为过阻尼状态；$\xi=1$ 时，特征根为两个相同的负实根，阶跃响应也是一个不振荡的衰减过程，但是它是一个由不振荡衰减到振荡衰减的临界过程，故又称为临界阻尼状态；$0<\xi<1$ 时，特征根为一对共轭复根，阶跃响应是一个衰减振荡过程，在这一过程中 ξ 值不同，衰减快慢也不同，这种衰减振荡状态又称为欠阻尼状态。

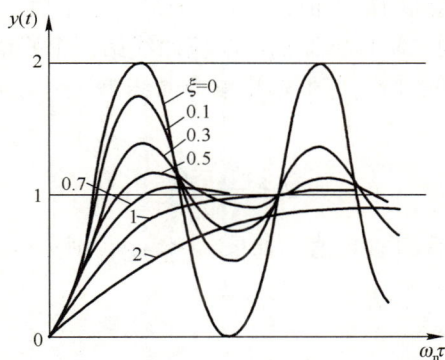

图 1-16　二阶传感器单位阶跃响应曲线

阻尼比 ξ 直接影响超调量和振荡次数，为了获得满意的瞬态响应特性，实际使用中常按稍欠阻尼调整，对于二阶传感器取 $\xi=0.6\sim0.7$，则最大超调量不超过 10%，趋于稳态的调整时间也最短，为 $(3\sim4)/(\xi\omega)$。固有角频率 ω_n 由传感器的结构参数决定，固有角频率 ω_n 即等幅振荡的频率，ω_n 越高，传感器的响应也越快。

③ 传感器的时域动态性能指标。

现采用阶跃输入信号说明时域动态特性，如图 1-17a、b 分别为一阶和二阶传感器的时域动态特性曲线，从图中可以说明时域动态性能指标。

● 时间常数 τ：一阶传感器输出值上升到稳态值的 63.2% 所需的时间，称为时间常数。

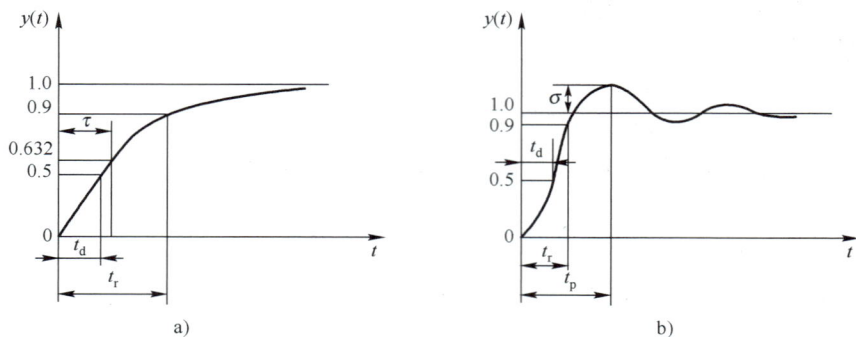

图 1-17 传感器的时域动态特性曲线

a) 一阶传感器的时域动态特性曲线 b) 二阶传感器的时域动态特性曲线

- 延迟时间 t_d：传感器输出值达到稳态值的 50% 所需的时间。
- 上升时间 t_r：传感器输出值从最终稳定值的 5%（或 10%）变到最终稳定值的 95%（或 90%）所需要的时间。
- 峰值时间 t_p：二阶传感器输出响应曲线达到第一个峰值所需的时间。
- 超调量 σ：二阶传感器输出值超过稳态值的最大值。其公式为

$$\sigma = \frac{y_{max} - y(\infty)}{y(\infty)} \times 100\%$$

式中，y_{max} 为输出第一次所达到的最大值；$y(\infty)$ 为最终稳定值。

- 衰减比 d：衰减振荡的二阶传感器输出响应曲线第一个峰值与第二个峰值之比。
- 衰减度 ψ：衰减振荡的二阶传感器输出响应曲线第一个峰值与第二个峰值之差与第一个峰值之比，即

$$\psi = \frac{y_m - y_1}{y_m}$$

式中，y_1 为出现 y_m 一个周期后的 $y(t)$ 值。如果 $y_1 \ll y_m$，则 $\psi \approx 1$，表明衰减很快，该系统很稳定，振荡很快停止。

（2）频率响应特性

传感器对不同频率成分的正弦输入信号的响应特性，称为频率响应特性。一个传感器输入端有正弦信号作用时，其输出响应仍然是同频率的正弦信号，只是与输入端正弦信号的幅值和相位不同。频率响应法是从传感器的频率特性出发，研究传感器的输出与输入的幅值比和两者相位差的变化。

① 一阶传感器的频率响应。

将一阶传感器传递函数式中的 s 用 $j\omega$ 代替后，得到的频率特性表达式为

$$H(j\omega) = \frac{1}{j\omega\tau + 1} = \frac{1}{1 + (\omega\tau)^2} - j\frac{\omega\tau}{1 + (\omega\tau)^2}$$

幅频特性：

$$A(\omega) = \frac{1}{\sqrt{1 + (\omega\tau)^2}}$$

相频特性：
$$\Phi(\omega) = -\arctan(\omega t)$$

根据频率特性可以看出，时间常数 τ 越小，频率响应特性越好。当 $\omega\tau \ll 1$ 时，$A(\omega) \approx 1$，$\Phi(\omega) \approx 0$，表明传感器输出与输入呈线性关系，且相位差也很小，输出 $y(t)$ 比较真实地反映了输入 $x(t)$ 的变化规律。因此减小 τ 可改善传感器的频率特性。除了用时间常数 τ 表示一阶传感器的动态特性外，在频率响应中也用截止频率来描述传感器的动态特性。所谓截止频率，是指幅值比下降到零频率幅值比的 $1/\sqrt{2}$ 时所对应的频率，截止频率反映传感器的响应速度，截止频率越高，传感器的响应越快。对于一阶传感器，其截止频率为 $1/\tau$。图 1-18 为一阶传感器的频率响应特性曲线。

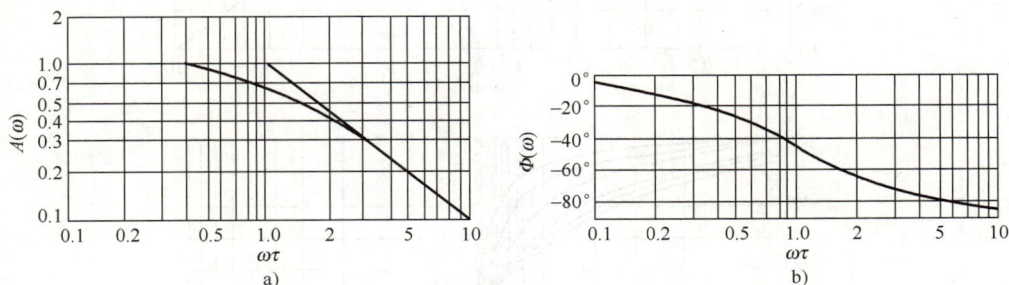

图 1-18 一阶传感器频率响应特性曲线
a）幅频特性 b）相频特性

② 二阶传感器的频率响应。

由二阶传感器的传递函数式可写出二阶传感器的频率特性表达式，即

$$H(j\omega) = \frac{\omega_n^2}{(j\omega)^2 + 2\xi\omega_n(j\omega) + \omega_n^2} = \frac{1}{1 - \left(\frac{\omega}{\omega_n}\right)^2 + j2\xi\frac{\omega}{\omega_n}}$$

其幅频特性、相频特性分别为

$$A(\omega) = |H(j\omega)| = \frac{1}{\sqrt{\left[1-\left(\frac{\omega}{\omega_n}\right)^2\right]^2 + \left(2\xi\frac{\omega}{\omega_n}\right)^2}}$$

$$\Phi(\omega) = \angle H(j\omega) = -\arctan\frac{2\xi\frac{\omega}{\omega_n}}{1-\left(\frac{\omega}{\omega_n}\right)^2}$$

相位角为负值表示相位滞后。二阶传感器的幅频特性曲线和相频特性曲线，如图 1-19 所示。

可见，传感器的频率响应特性好坏主要取决于传感器的固有频率 ω_n 和阻尼比 ξ。当 $\xi < 1$，$\omega_n \gg \omega$ 时，$A(\omega) \approx 1$，$\Phi(\omega)$ 很小，此时，传感器的输出 $y(t)$ 再现了输入 $x(t)$ 的波形，通常固有频率 ω_n 至少应为被测信号频率 ω 的 (3~5) 倍，即 $\omega_n \geq (3\sim5)\omega$。

为了减小动态误差和扩大频率响应范围，一般是提高传感器固有频率 ω_n，而固有频率

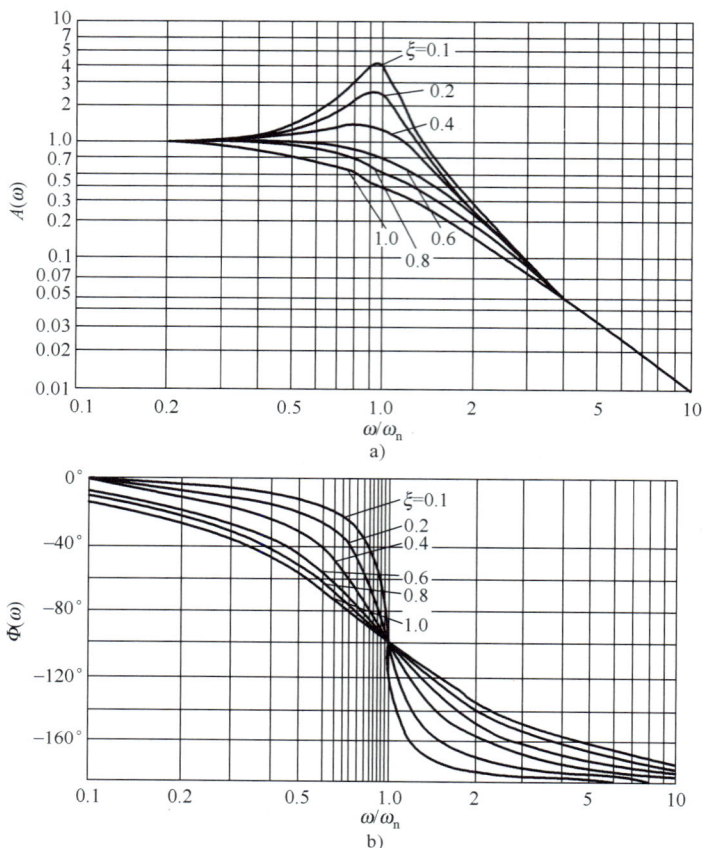

图 1-19 二阶传感器频率响应特性曲线
a）幅频特性 b）相频特性

ω_n 与传感器运动部件质量 m 和弹性敏感元件的刚度 k 有关，即 $\omega_n = k/(2m)$。增大刚度 k 和减小质量 m 都可提高固有频率，但刚度 k 增加，会使传感器灵敏度降低。所以在实际中，应综合各种因素来确定传感器的各个特征参数。

③ 频率响应特性指标。

传感器的频域动态特性曲线如图 1-20 所示，根据频域动态特性曲线，频率响应主要特性指标有通频带、工作频带、时间常数、固有频率、相位误差等。

- 通频带 $\omega_{0.707}$：传感器在对数幅频特性曲线上幅值衰减 3dB 时所对应的频率范围。
- 工作频带 $\omega_{0.95}$（或 $\omega_{0.90}$）：当传感器的幅值误差为 ±5%（或 ±10%）时其增益保持在一定值内的频率范围。
- 时间常数 τ：用时间常数 τ 来表征一阶传感器的动态特性。τ 越小，频带越宽。
- 固有频率 ω_n：二阶传感器的固有频率 ω_n 表征其动态特性。
- 相位误差：在工作频带范围内，传感器的实际输出与所希望的无失真输出间的相位差值，即相位误差。

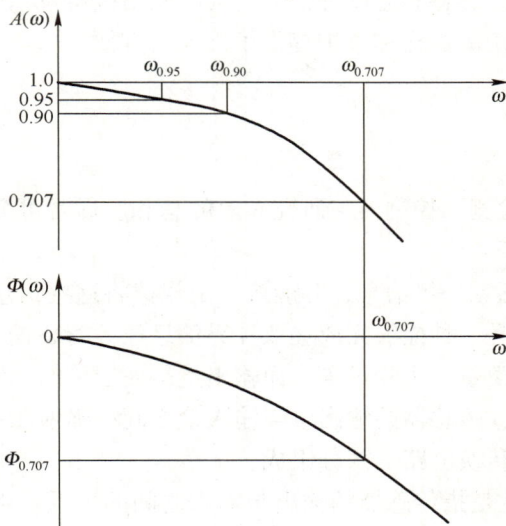

图 1-20 传感器的频域动态特性曲线

- 跟随角 $\Phi_{0.707}$：当 $\omega = \omega_{0.707}$ 时，对应于相频特性上的相角，即跟随角。

1.3 传感器技术的发展趋势

目前，传感器技术已从单一的物性型传感器进入功能更强大、技术高度集成的新型传感器阶段。新型传感器的开发和应用已成为现代传感器技术和系统的核心和关键。21 世纪传感器发展的总趋势是微型化、多功能化、数字化、智能化、系统化和网络化。

1）传感器的微型化。微型传感器是以微机电系统（Micro-Electro Mechanical Systems，MEMS）技术为基础的。MEMS 主要包括体硅微机械加工技术、表面硅微加工技术、LIGA 技术（即 X 光深层光刻、微电铸和微复制技术）、激光微加工技术和微型封装技术等。微型传感器具有体积小、重量轻、反应快、灵敏度高及成本低等特点。比较成熟的微型传感器有压力传感器、微加速度传感器、微机械陀螺等。

2）传感器的多功能化与集成化。由于传统的传感器只能用于检测一种物理量，但在许多应用领域，为了能准确反映客观事物和环境，通常需要同时测量大量参数，由若干种敏感元件组成的多功能传感器应运而生，多种功能集成于一个传感器系统中，即在同一芯片上或将众多同一类型的单个传感器集成为一维、二维阵列型传感器，或将传感器与调整、补偿等电路集成化。半导体、电介质材料的进一步开发和集成技术的不断发展为集成化提供了基础。

3）传感器的数字化、智能化、网络化与系统化。智能化的传感器是一种涉及多学科的新型传感器系统，是一种带微处理器的具有自校准、自补偿、自诊断、数据处理、网络通信和数字信号输出功能的新型传感器。

嵌入式技术、集成电路技术和微控制器的引入，使传感器成为硬件和软件的结合体，一方面传感器的功耗降低、体积减小、抗干扰性和可靠性提高；另一方面利用软件技术实现了传感器的非线性补偿、零点漂移和温度补偿等；同时网络接口技术的应用使传感器能方便地接入工业控制网络，为系统的扩充和维护提供了极大的方便。

1.4　知识梳理

1）自动测控系统是检测、控制器与研究对象的总和。通常可分为开环与闭环两种自动测控系统。

2）传感器就是能够感觉外界信息，并能按一定规律将这些信息转换成可用的输出信号的器件或装置。①传感器是一种能够完成提取外界信息任务的装置。②传感器的输入量通常指非电量，如物理量、化学量、生物量等；而输出量是便于传输、转换、处理、显示等的物理量，主要是电量信号。③传感器的输出量与输入量之间精确地保持一定规律。传感器一般由敏感元件、转换元件和转换电路三部分组成。

3）传感器的基本特性是指传感器的输出与输入之间的关系。由于传感器测量的参数一般有两种形式：一种是不随时间的变化而变化（或变化极其缓慢）的静态特性；另一种是随时间的变化而变化的动态特性。衡量静态特性的主要指标有：精确度、重复性、灵敏度、线性度、迟滞和可靠性等。

1.5　习题

1. 一个完整的自动测控系统，一般由哪几部分组成？
2. 说明传感器由哪几部分组成及各部分的作用。
3. 画出传感器组成框图。
4. 传感器的静态特性由哪些性能指标来描述？
5. 传感器的静态数学模型 $y = a_0 + a_1 x + a_2 x^2 + \cdots + a_n x^n$，其中 a_1 为传感器线性项系数，也称为什么？
6. 灵敏度是传感器静态特性的一个重要指标。其定义是什么？
7. 某线性位移测量仪，当被测位移由 4.5mm 变到 5.0mm 时，位移测量仪的输出电压由 3.5V 减至 2.5V，则仪器的灵敏度为多少？
8. 有一台测量压力的仪表，测量范围为 $0 \sim 10^6 Pa$，压力 p 与仪表输出电压之间的关系为

$$U_o = a_0 + a_1 p + a_2 p^2$$

式中，$a_0 = 2mV$；$a_1 = 10mV/(10^5 Pa)$；$a_2 = -0.5mV/(10^5 Pa)^2$，求：

1）列出该仪表的输出特性方程。
2）画出输出特性曲线示意图（x 轴、y 轴均要标出单位）。
3）列出该仪表的灵敏度表达式。
4）画出灵敏度曲线图。
5）求出该仪表的线性度。

第2章 电阻式传感器

2.1 电位器式传感器

由于电位器式传感器可以测量位移、压力、加速度、容量、高度等多种物理量，且具有结构简单、尺寸小、质量小、价格便宜、测量精度高、性能稳定、输出信号大、受环境影响小等优点，因而在自动监测与自动控制中有着广泛的用途。但电位器式传感器的动触头因与线绕电阻或电阻膜的摩擦而存在磨损，因此可靠性差、寿命较短、分辨力较低、动态性能差、干扰（噪声）大，一般用于静态和缓变量的检测。

电位器式传感器通过滑动触点把位移转换为电阻丝的长度变化，从而改变电阻值的大小，进而把这种变化值转换成电压或电流的变化值。根据电位器的输出特性，电位器可分为线性电位器和非线性电位器。下面以线绕式电位器为例分析其特性。

2.1.1 线性电位器

线性电位器由绕于骨架上的电阻丝线圈和沿电位器滑动的滑臂，以及安装在滑臂上的电刷组成。线绕电位器传感元件有直线式、旋转式或两者相结合的形式。线性线绕电位器骨架的截面积处处相等，由材料和截面积均匀的电阻丝等节距绕制而成。直线位移电位器式传感器如图2-1所示。

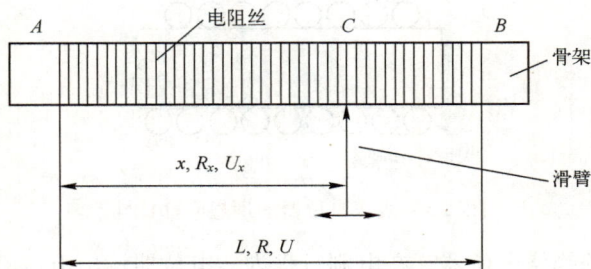

图2-1 直线位移电位器式传感器示意图

假定全长为 L 的电位器其总电阻为 R，电阻沿长度的分布是均匀的，则当滑臂由 A 向 B 移动距离为 x 后至 C 点，则 A 点到电刷 C 间的阻值为

$$R_x = \frac{x}{L}R$$

若加在电位器 A、B 两端的电压为 U，则 A、C 间的输出电压为

$$U_x = \frac{x}{L}U$$

图 2-2 所示为电位器式角度传感器。同理，电阻与角度的关系为

$$R_\alpha = \frac{\alpha}{\theta}R$$

输出电压与角度的关系为

$$U_\alpha = \frac{\alpha}{\theta}U$$

1. 阶梯特性

电刷在电位器的线圈上移动时，线圈长度一匝一匝变化，因此电位器阻值不是随电刷移动呈连续变化。电

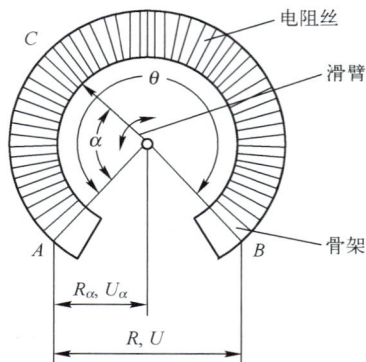

图 2-2　电位器式角度传感器

刷在与导线中某一匝接触的过程中，虽有微小的位移，但电阻值并无变化，因而输出电压也不会改变，在输出特性曲线上对应出现平直段；当电刷离开这一匝而与下一匝接触时，电阻突然增加一匝阻值，因此特性曲线相应出现阶跃段。这一特性称为线绕电位器的理想阶梯特性，如图 2-3 所示。

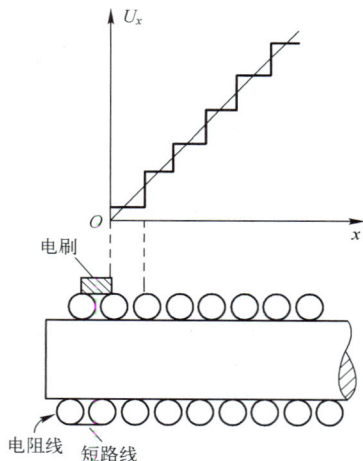

图 2-3　线绕电位器的理想阶梯特性

对理想阶梯特性的线绕电位器，在电刷行程内，电位器输出电压阶梯的最大值与最大输出电压之比的百分数，称为电位器的电压分辨率，即

$$e = \frac{\frac{U}{n}}{U} = \frac{1}{n} \times 100\%$$

式中，n 为线绕式电位器线圈的总匝数。

2. 负载特性

电位器空载特性相当于负载开路或负载等效电阻为无穷大时的情况。而一般情况下，电位器接有负载，如图 2-4 所示，接入负载时，由于负载电阻与电位器的比值为有限值，所以负载特性曲线与理想空载特性有一定差异。一般表达式为

$$Y = \frac{r}{1 + \dfrac{r}{K_L} + \dfrac{r^2}{K_L}}$$

式中，$Y = \dfrac{U_x}{U}$ 为相对输出电压；$r = \dfrac{R_x}{R}$ 为电刷的相对变化；$K_L = \dfrac{R_f}{R}$ 为负载系数的倒数。

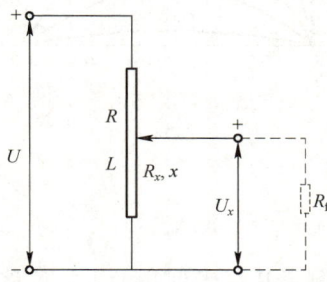

图 2-4　带负载的电位器电路

3. 负载误差

负载特性曲线偏离理想空载特性曲线的偏差称为电位器的负载误差，对于线性电位器，负载误差为其非线性误差。

线性电位器负载误差的大小可由下式计算：

$$\delta_f = \left[1 - \frac{1}{1 + mX(1 - X)} \right] \times 100\%$$

式中，$X = \dfrac{x}{L}$ 为电阻相对变化率；$m = \dfrac{R}{R_f}$ 为电位器的负载系数。

线性电位器负载误差 δ_f 与 m、X 的曲线关系如图 2-5 所示。

由图 2-5 可见，无论 m 为何值，$X = 0$ 和 $X = 1$，即电刷分别在起始位置和最终位置时，负载误差都为 0；当 $X = 1/2$ 时，负载误差最大，且增大负载系数时，负载误差也会随之增加。

若要求负载误差在整个行程中都保持在 3% 以内，就必须要求在负载误差最大的 $X = 1/2$ 时，其负载误差也要小于 3%，即

$$\delta_f = \left[1 - \frac{1}{1 + m\frac{1}{2}\left(1 - \frac{1}{2}\right)} \right] \times 100\% = \left(\frac{m}{4 + m} \right) \times 100\% < 3\%$$

由上式可知，m 应小于 0.12，即必须使 $R_f > 10R$。但是，有时负载满足不了这个条件，一般可以采取限制电位器工作区间的办法减小误差，或将电位器的空载特性设计为某种上凸的曲线，即设计出非线性电位器，使其带负载时满足线性关系，以消除误差。

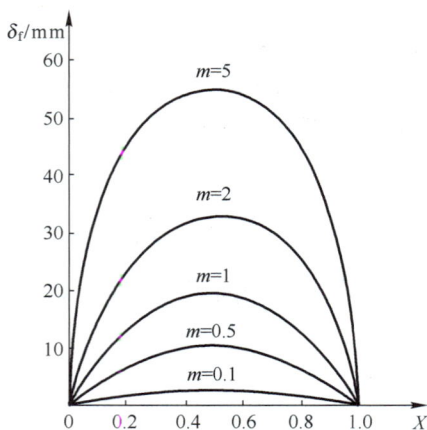

图 2-5　线性电位器负载误差 δ_f 与 m、X 的曲线关系

2.1.2　电位器式传感器应用

1. 位移传感器

电位器式位移传感器常用于测量几毫米到几十米的位移和几度到 360° 的角度。

如图 2-6 所示的推杆式位移传感器可测量 5 ~ 200mm 的位移。传感器由外壳、带齿条的推杆和齿轮系统组成。由 3 个齿轮组成的齿轮系统将被测位移转换成旋转运动，旋转运动通过离合器被送到线绕电位器的轴上，电位器轴上装有电刷，电刷因推杆位移而沿电位器绕组滑动，通过轴套、焊在轴套上的螺旋弹簧及电刷来输出电信号，弹簧还可以保证传感器的所有活动系统复位。

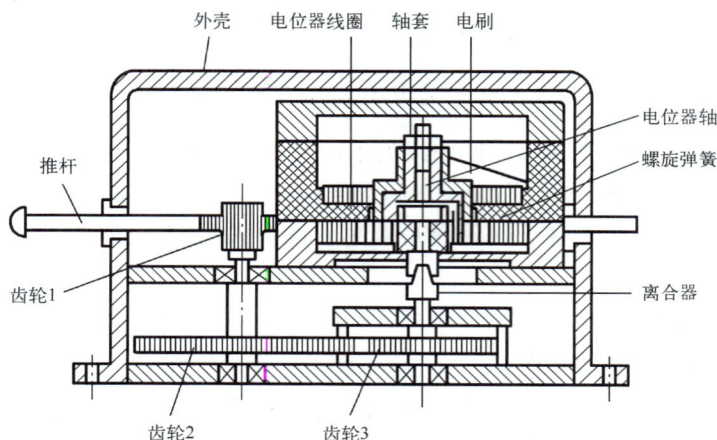

图 2-6　推杆式位移传感器

电位器传感器结构简单、价格低廉、性能稳定、能承受恶劣环境条件、输出功率大，一般不需要对输出信号进行放大就可以直接驱动伺服元件和显示仪表；其缺点是精度不高、动

态响应差，不适合测量快速变化的量。

2. 电位器式压力传感器

电位器式压力传感器由弹簧管和电位器组成，如图 2-7 所示。电位器被固定在壳体上，电刷与弹簧管的传动机构相连。当被测压力 p 变化时，弹簧管的自由端产生位移，带动指针偏转，同时带动电刷在线绕电位器上滑动，就能输出与被测压力呈正比的电压信号。

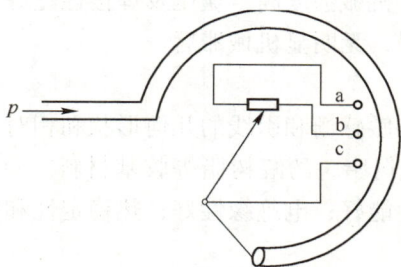

图 2-7　电位器式压力传感器

2.2　电阻应变式传感器

电阻应变式传感器的工作原理是将电阻应变片粘贴到各种弹性敏感元件上，使物理量的变化变成应变片的应力、应变变化，从而变成电阻值变化。电阻应变式传感器可测量位移、加速度、力、力矩、压力等参数，是目前应用最广泛的传感器之一。它具有结构简单、使用方便、性能稳定、运行可靠、灵敏度高、测量速度快等诸多优点，被广泛应用于航空、机械、电力、化工、建筑、医学等领域。

2.2.1　电阻应变片的分类与结构

电阻应变片（简称应变片或应变计）种类繁多、形式各样、分类方法各异，主要的分类方法是根据敏感元件的不同，将应变计分为金属式和半导体式两大类。

1. 丝式应变片

丝式应变片是将电阻丝绕制成敏感栅再将其黏结在各种绝缘基底上而制成的，是一种常用的应变片，其基本结构如图 2-8 所示。

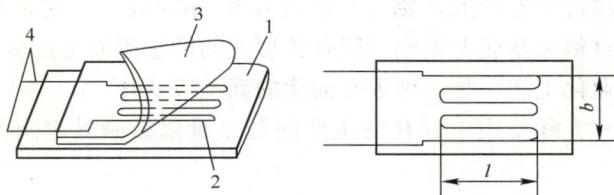

图 2-8　电阻丝应变片的基本结构
1—基底　2—敏感栅　3—盖片　4—引线

（1）敏感栅

敏感栅是实现应变与电阻转换的敏感元件，由直径为 0.015～0.05mm 的金属细丝绕成栅状或用金属箔腐蚀成栅状制成。敏感栅的电阻值有 60Ω、120Ω、200Ω 等各种规格，以 120Ω 最为常用。敏感栅材料的性能要求：①应变灵敏系数较大，且在所测应变范围内保持常数；②电阻率高而稳定，便于制造较小栅长的应变片；③电阻温度系数较小，电阻—温度间的线性关系和重复性好；④机械强度高，辗压及焊接性能好，与其他金属之间的接触电势小；⑤抗氧化、耐腐蚀性能强，无明显机械滞后。

（2）基底和盖片

基底和盖片的作用是保持敏感栅和引线的几何形状和相对位置，并且有绝缘作用。一般为厚度 0.02～0.05mm 的环氧树脂、酚醛树脂等胶基材料。对基底和盖片材料的性能要求：机械强度好、挠性好；黏结性能好；电绝缘性好；热稳定性和温度特性好；无滞后和蠕变。

（3）引线

引线是从应变片的敏感栅中引出的细金属线，一般采用直径 0.05～0.1mm 的银铜线、铬镍线、卡马线、铁铅丝与敏感栅点焊焊接。

2. 箔式应变片

箔式应变片利用照相制版或光刻腐蚀的方法，将电阻箔材在绝缘基底下制成各种图形的应变片，如图 2-9 所示。箔材厚度多为 0.001～0.01mm。箔式应变片的应用日益广泛，在常温条件下已逐步取代了线绕式应变片。它具有的主要优点有：①制造技术能保证敏感栅尺寸准确、线条均匀，可以制成任意形状以适应不同的测量要求。②敏感栅薄而宽，黏结情况好，传递试件应变性能好。③散热性能好，允许通过较大的工作电流，从而可增大输出信号。④敏感栅弯头横向效应可以忽略。⑤蠕变、机械滞后较小，抗干扰能力强。

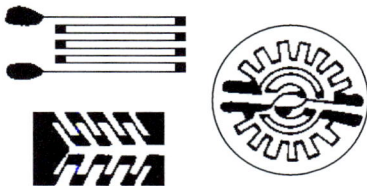

图 2-9　箔式应变片

3. 薄膜应变片

薄膜应变片是薄膜技术发展的产物，其厚度在 0.1μm 以下。它是采用真空蒸发或真空沉积等方法，将电阻材料在基底上制成一层各种形式的敏感栅而形成应变片。这种应变片灵敏系数高，易实现工业化生产，是一种很有前途的新型应变片。

目前，该种应变片实际使用中存在的主要问题是难以控制其电阻与温度和时间的变化关系。

4. 半导体应变片

半导体应变片的优点是尺寸、横向效应、机械滞后较小，灵敏系数极大，因而输出也大，可以无须放大器直接与记录仪器连接，使得测量系统简化；它们的缺点是电阻值和灵敏系数的稳定性差，测量较大应变时非线性严重，灵敏系数随受拉或受压而变化，且分散度大，一般在（3~5）%之间，因而使测量结果有±(3~5)%的误差。

2.2.2　电阻应变片的主要特性

1. 应变片的电阻值（R_0）

应变片不受外力作用情况下，在室温条件测定的电阻值（原始电阻值）已标准化，主要有60Ω、120Ω、350Ω、600Ω和1000Ω等规格。

2. 绝缘电阻

应变片与基底之间绝缘电阻值，一般应大于10^4MΩ。

3. 灵敏系数（K）

电阻应变片的电阻应变特性主要由灵敏系数K决定，需要用实验法对电阻应变片的灵敏系数K重新测定。测定时将应变片安装于试件（泊松比$\mu = 0.285$的钢材）表面，在其轴线方向的单向应力作用下，且保证应变片轴向与主应力轴向一致的条件下，应变片阻值的相对变化与试件表面上安装应变片区域的轴向应变之比为灵敏系数（K），即$K = (\Delta R/R)/(\Delta l/l)$，而且一批产品只能进行抽样（5%）测定。

4. 允许电流

由于电流的热效应，电流产生的热量会影响测量精度，所以应变片允许通过的最大电流为允许电流。静态测量时，允许电流一般为25mA；动态测量时，允许电流在75~100mA。

5. 横向效应与横向灵敏系数

将金属丝绕成敏感栅构成应变片后，在轴向单向应力作用下，由于敏感栅"横栅段"（圆弧或直线）上的应变状态不同于敏感栅"直线段"上的应变，使应变片敏感栅的电阻变化较相同长度直线金属丝在单向应力作用下的电阻变化小，因此其灵敏系数有所降低，这种现象称为应变片的横向效应，如图2-10所示。

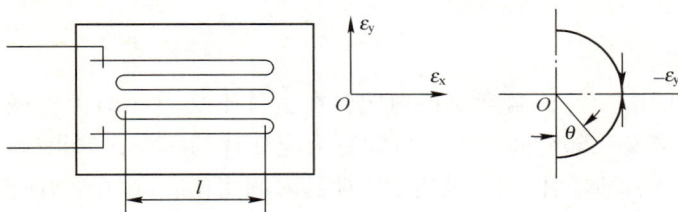

图2-10　横向效应

将应变片粘贴在受单向拉伸应力试件时，其电阻相对变化可表示为

$$\frac{\Delta R}{R} = K_x \varepsilon_x + K_y \varepsilon_y$$

当$\varepsilon_y = 0$时，可得轴向灵敏系数为

$$K_x = \frac{(\Delta R/R)_x}{\varepsilon_x}$$

当 $\varepsilon_x = 0$ 时，可得横向灵敏系数为

$$K_y = \frac{(\Delta R/R)_y}{\varepsilon_y}$$

应当指出，制造厂商在标定应变片的灵敏系数 K 时，是按规定的特定应变场（单向应力场，$\mu = 0.285$）进行的，标定出的 K 值实际上也将横向效应的影响包括在内，只要应变片在实际使用时，符合特定条件（如平面应力状态，或试件的 $\mu \neq 0.285$），则会引起一定的横向效应误差，需进行修正。

6. 机械滞后

应变片粘贴在试件上时，应变片的指示应变 ε_i 与试件的机械应变 ε_m 之间应当是一种确定的关系。但在实际应用时，在加载和卸载过程中，对于某一机械应变 ε_j，应变片卸载时的指示应变高于加载时的指示应变，这种现象称为应变片的机械滞后，如图 2-11 所示。其最大差值 $\Delta \varepsilon_m$ 称为应变片的机械滞后值。

7. 应变极限

对于已粘贴好的应变片，其应变极限是指在一定温度下，指示应变 ε_m 与受力试件的真实应变 ε_i 的相对误差达到规定值（一般为 10%）时的真实应变 ε_j，如图 2-12 所示。

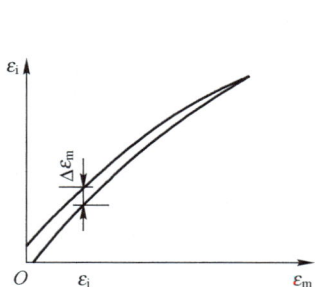

图 2-11　应变片的机械滞后

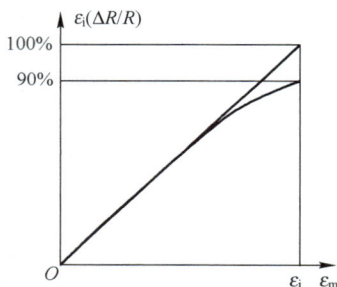

图 2-12　应变极限

8. 零漂和蠕变

粘贴在试件上的应变片，温度保持恒定，在试件不受力（即无机械应变）的情况下，其电阻值（即指定应变）随时间变化的特性称为应变片的零漂；如果应变片承受恒定机械应变（$1000\mu\varepsilon$ 内）的长时间作用，其指示应变随时间变化的特性称为应变片的蠕变。

2.2.3　电阻的应变效应

2.2.3
电阻的应变效应

电阻应变片的工作原理是基于金属的电阻应变效应：导体或半导体材料的电阻随着它所受的机械变形（拉伸或压缩）的大小而发生相应变化。即导体或半导体材料在外力的作用下产生机械变形时，其电阻值相应发生变化，这种现象称为"电阻的应变效应"。

电阻丝的电阻随着应变而产生变化的原因是：电阻丝的电阻与材料的电阻率及其几何尺寸有关，而电阻丝在承受机械变形的过程中，两者都要发生变化，因而引起电阻丝的电阻

变化。

设有一根金属丝，如图 2-13 所示，其电阻为

$$R = \rho \frac{l}{S}$$

式中，R 为电阻丝的电阻（Ω）；ρ 为电阻丝的电阻率（$\Omega \cdot m$）；l 为电阻丝的长度（m）；S 为电阻丝的截面面积（m^2）。

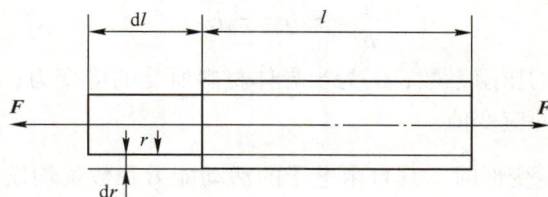

图 2-13 金属电阻丝应变效应

当电阻丝受到拉力 F 作用时，其长度将伸长 dl，横截面积将相应减小 dS，电阻率因材料晶格发生变形等因素影响而改变了 $d\rho$，从而引起电阻值变化量 dR 为

$$dR = \frac{\rho}{S}dl - \frac{\rho l}{S^2}dS + \frac{l}{S}d\rho$$

电阻相对变化量（即两边分别除以 $R = \rho \frac{l}{S}$），得

$$\frac{dR}{R} = \frac{dl}{l} - \frac{dS}{S} + \frac{d\rho}{\rho}$$

式中，dl/l 为长度相对变化量，用应变 ε_x 表示为 $dl/l = \varepsilon_x$，表示电阻丝的轴向应变量；dS/S 为圆形电阻丝的截面面积相对变化量，设 r 为电阻丝的半径，则 $S = \pi r^2$ 经微分后可得 $dS = 2\pi r dr$，则

$$\frac{dS}{S} = 2\frac{dr}{r}$$

式中，dr/r 为半径相对变化量，用应变 ε_y 表示为 $dr/r = \varepsilon_y$，表示电阻丝的径向应变量。

根据材料力学原理，在弹性范围内，电阻丝受拉力时，沿轴向伸长，沿径向缩短，轴向应变和径向应变的关系可表示为

$$\varepsilon_y = \frac{dr}{r} = -\mu \frac{dl}{l} = -\mu \varepsilon_x$$

式中，μ 为电阻丝材料的泊松比，负号表示应变方向相反。将上式代入，得

$$\frac{dR}{R} = (1 + 2\mu)\varepsilon_x + \frac{d\rho}{\rho}$$

或

$$\frac{dR/R}{\varepsilon_x} = (1 + 2\mu) + \frac{d\rho/\rho}{\varepsilon_x}$$

电阻丝的灵敏系数（物理意义）为单位应变所引起的电阻相对变化量。其表达式为

$$K = \frac{dR/R}{\varepsilon_x} = (1 + 2\mu) + \frac{d\rho/\rho}{\varepsilon_x}$$

K 称为电阻丝的灵敏系数，表示电阻丝产生单位变形时，电阻相对变化的大小。显然，K 越大，单位变形引起的电阻相对变化越大，故灵敏度越高。

从灵敏系数的定义式可以看出，电阻丝的灵敏系数 K 受两个因素影响：

1) $(1+2\mu)$。它是由于电阻丝受拉伸后，材料的几何尺寸发生变化而引起的；

2) $\dfrac{\mathrm{d}\rho/\rho}{\varepsilon_x}$。它表示半导体应变片的电阻率相对变化量与所受的应变力有关，即

$$\frac{\mathrm{d}\rho}{\rho} = \pi_1\sigma = \pi_1 E\varepsilon_x$$

式中，π_1 为半导体材料的压阻系数；σ 为半导体材料所受的应变力；E 为半导体材料的弹性模量；ε_x 为半导体材料的应变值。

$\dfrac{\mathrm{d}\rho/\rho}{\varepsilon_x}$ 是由于材料发生变形时，其自由电子的活动能力和数量均发生变化的缘故，这项可能是正值，也可能为负值，但作为应变片材料都选为正值，否则会降低灵敏度。电阻丝电阻的变化主要由材料的几何形变引起。因此电阻变化率公式可以得到

$$\frac{\mathrm{d}R}{R} = (1 + 2\mu + \pi_1 E)\varepsilon_x$$

实验证明，$\pi_1 E$ 比 $1+2\mu$ 大上百倍，所以 $1+2\mu$ 可以忽略，因而半导体应变片的灵敏系数为

$$K = \frac{\mathrm{d}R/R}{\varepsilon_x} = \pi_1 E$$

在电阻丝变形的弹性范围内，电阻的相对变化 $\mathrm{d}R/R$ 与应变 ε_x 是呈正比的，因而 K 为一常数，因此上式以增量表示为

$$\frac{\Delta R}{R} = K\varepsilon_x$$

半导体应变片的灵敏系数比电阻应变片高 $50\sim80$ 倍，但半导体材料的温度系数大，应变时非线性比较严重，使它的应用范围受到一定的限制。

2.2.4 应变片测试原理

测量应变片的应变或应力时，是将应变片粘贴于被测对象上的。在外力作用下，被测对象表面产生微小机械变形，粘贴在其表面上的应变片也会随其发生相同的变化，同时应变片电阻值也发生相应变化。当测得应变片电阻值变化量为 ΔR 时，便可以得到被测对象的应变值 ε_x，在材料力学中，根据应力与应变的关系，得到应力值 F 为

$$F = AE\varepsilon_x$$

式中，F 为试件的应力；E 为半导体材料的弹性模量；ε_x 为试件的应变；A 为试件的面积。

通过弹性敏感元件转换作用，将位移、力、力矩、加速度、压力等参数转换为应变，因此可以由测量应变片应变扩展到测量上述参数，从而形成各种电阻应变片传感器。

【例2-1】电阻应变片的灵敏度 $K=2$，沿纵向粘贴于直径为 $0.05\mathrm{m}$ 的圆形钢柱表面，钢材的 $E = 2\times10^{11}\mathrm{N/m^2}$，$\mu = 0.3$。求钢柱受 $10t$ 拉力作用时，应变片电阻的相对变化量。若

应变片沿钢柱圆周方向粘贴，受同样拉力作用时，应变片电阻的相对变化量为多少？

解：

$$A = \frac{\pi}{4}D^2 = \frac{\pi}{4} \times 0.05^2\,\mathrm{m}^2 = 0.00196\,\mathrm{m}^2$$

$$\varepsilon_{\mathrm{x}} = \frac{F}{AE} = \frac{10 \times 9.8 \times 10^3}{0.00196 \times 2 \times 10^{11}} = 2.5 \times 10^{-4}$$

$$\varepsilon_{\mathrm{y}} = -\mu\varepsilon_{\mathrm{x}} = -0.3 \times 2.5 \times 10^{-4} = -0.75 \times 10^{-4}$$

$$\frac{\Delta R}{R} = K\varepsilon_{\mathrm{x}} = 2 \times 2.5 \times 10^{-4} = 5 \times 10^{-4}$$

$$\frac{\Delta R_1}{R} = K\varepsilon_{\mathrm{y}} = 2 \times (-0.75 \times 10^{-4}) = -1.5 \times 10^{-4}$$

2.2.5 测量电路

由于弹性元件产生的机械变形微小，引起的应变量也很微小（通常在 $5000\mu\varepsilon$ 以下），从而引起的电阻应变片的电阻变化率 $\mathrm{d}R/R$ 也很小，为了把微小的电阻变化率反映出来，必须采用测量电桥，把应变电阻的变化转换成电压或电流变化，从而达到精确测量的目的。

1. 直流电桥工作原理

图 2-14 所示为一直流供电的平衡电阻电桥。它的四个桥臂由电阻 R_1、R_2、R_3、R_4 组成。E 为直流电源，接入桥的两个顶点，从电桥的另两个顶点得到输出，输出电压为 U_{o}。

当电桥输出端开路时，根据分压原理，电阻 R_1 两端的电压为

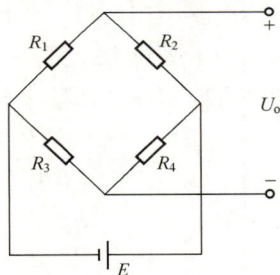

图 2-14 直流供电的平衡电阻电桥

$$U_1 = \frac{R_1}{R_1 + R_2}E$$

电阻 R_3 两端的电压为

$$U_3 = \frac{R_3}{R_3 + R_4}E$$

则输出端电压 U_{o} 为

$$U_{\mathrm{o}} = U_1 - U_3 = \frac{R_1}{R_1 + R_2}E - \frac{R_3}{R_3 + R_4}E = \frac{R_1 R_4 - R_2 R_3}{(R_1 + R_2)(R_3 + R_4)}E$$

由上式可知，当电桥各桥臂电阻满足条件

$$R_1 R_4 = R_2 R_3$$

则电桥的输出电压 U_{o} 为 0，电桥处于平衡状态。上式称为电桥的平衡条件。

2. 电阻应变片测量电桥

应变片测量电桥之前应使电桥平衡（称为预调平衡），使工作时的电桥输出电压只与应变所引起的电阻变化有关。初始条件为

$$R_1 = R_2 = R_3 = R_4 = R$$

（1）应变片单臂工作直流电桥

单臂工作电桥只有一只应变片 R_1 接入，如图 2-15 所示，图中，$R_1 = R_2 = R_3 = R_4 = R$，测量时应变片的电阻变化为 ΔR。电路输出端电压为

$$U_o = \frac{(R_1 + \Delta R_1)R_4 - R_2 R_3}{(R_1 + \Delta R_1 + R_2)(R_3 + R_4)}E = \frac{R\Delta R}{2R(2R + \Delta R)}E$$

一般情况下，$\Delta R \ll R$，所以

$$U_o \approx \frac{R\Delta R}{2R(2R)}E = \frac{E}{4}\frac{\Delta R}{R}$$

根据电阻 – 应变效应可知

$$\frac{\Delta R}{R} = K\varepsilon$$

则上式可写为

$$U_o = \frac{E}{4}K\varepsilon$$

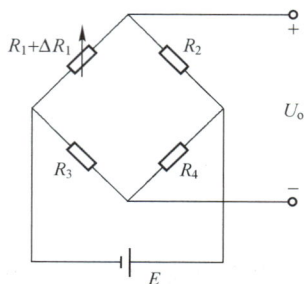

图 2-15　单臂工作直流电桥

（2）应变片双臂工作直流电桥（半桥）

半桥电路中用两只应变片，把两只应变片接入电桥的相邻两支桥臂。根据被测试件的受力情况，一个受拉力，另一个受压力，如图 2-16 所示。使两支桥臂的应变片的电阻变化大小相同且方向相反，即处于差动工作状态，此时输出端电压为

$$U_o = \frac{(R_1 + \Delta R_1)R_4 - (R_2 - \Delta R_2)R_3}{(R_1 + \Delta R_1 + R_2 - \Delta R_2)(R_3 + R_4)}E$$

若 $\Delta R_1 = \Delta R_2 = \Delta R$，则

$$U_o \frac{2R\Delta R}{2R(2R)}E = \frac{E}{2}\frac{\Delta R}{R}$$

同理，上式可写为

$$U_o = \frac{E}{2}K\varepsilon$$

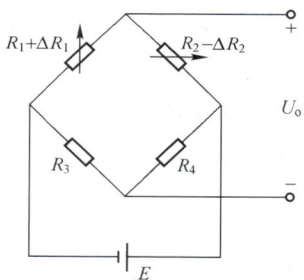

图 2-16　双臂工作直流电桥

（3）应变片直流全桥电路

把四只应变片接入电桥，并且差动工作，即两个应变片受拉力，另两个受压力，如图 2-17 所示，则

$$U_o = \frac{(R_1 + \Delta R_1)(R_4 + \Delta R_4) - (R_2 - \Delta R_2)(R_3 - \Delta R_3)}{(R_1 + \Delta R_1 + R_2 - \Delta R_2)(R_3 - \Delta R_3 + R_4 + \Delta R_4)}E$$

若 $R_1 = R_2 = R_3 = R_4 = R$，$\Delta R_1 = \Delta R_2 = \Delta R_3 = \Delta R_4 = \Delta R$，则

$$U_o = \frac{4R\Delta R}{2R(2R)}E = \frac{\Delta R}{R}E = EK\varepsilon$$

对比三种电路可知，用直流电桥作为应变的测量电路时，电桥输出电压与被测应变量呈线性关系，而在相同条件下（供电电源和应变片的型号不变），差动工作电路输出信号大，半桥差动输出是单臂输出的 2 倍，全桥差动输出是单臂输出的 4 倍，即全桥工作时，输出电压最大，检测的灵敏度最高。

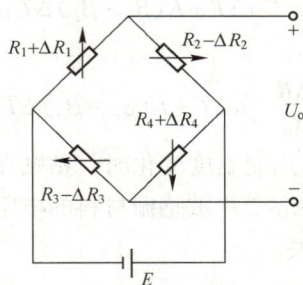

图 2-17　直流全桥电路

若全桥工作时，各应变片的应变所引起的电阻变化不等，即分别为 R_1、R_2、R_3、R_4，将其代入，可得全桥工作时的输出电压为

$$U_o = \frac{E}{4}\left(\frac{\Delta R_1}{R_1} + \frac{\Delta R_2}{R_2} + \frac{\Delta R_3}{R_3} + \frac{\Delta R_4}{R_4}\right) = \frac{E}{4}K(\varepsilon_1 + \varepsilon_2 + \varepsilon_3 + \varepsilon_4)$$

在上式中，可以是轴向应变，也可以是径向应变。当应变片的粘贴方向确定后若为压应变，则 ε 以负值代入；若是拉应变，则 ε 以正值代入。

3. 应变片的温度误差及其补偿

（1）温度误差

测量时，希望应变片的阻值仅随应变量变化，而不受其他因素的影响，而且温度变化所引起的电阻变化与试件应变所造成的电阻变化几乎处于相同的数量级。为补偿温度对测量的影响，要了解因环境温度变化而引起电阻变化的主要因素。事实上，因环境温度改变而引起电阻变化的两个主要因素如下。

① 应变片的电阻丝具有一定的温度系数。

由于环境温度的变化 ΔT，使得敏感栅材料的电阻温度系数引起应变片电阻的相对变化 ΔR_1。电阻丝电阻与温度的关系可用下式表达

$$R_T = R_0(1 + \alpha \Delta T) = R_0 + R_0 \alpha \Delta T$$

式中，R_T 是温度为 T 时的电阻值；R_0 是温度为 T_0 时的电阻值；ΔT 为温度的变化值；α 为敏感栅材料的电阻温度系数。则应变片由于电阻温度系数产生的电阻的相对变化为

$$\Delta R_1 = R_T - R_0 R_0 \alpha \Delta T$$

② 电阻丝材料与测试材料的线膨胀系数不同。

由于环境温度变化 ΔT，使得敏感栅材料与试件材料的线膨胀系数不同，应变片产生附加拉伸（或压缩）变形，引起应变片电阻的相对变化 ΔR_2。如果敏感栅材料线膨胀系数与被测构件材料线膨胀系数不同，则环境温度变化时，也将引起应变片的附加应变，其对电阻产生的变化值为

$$\Delta R_2 = R_0 K(\beta_e - \beta_g)\Delta T$$

式中，β_e 为被测构件（弹性元件）的线膨胀系数；β_g 为敏感栅（应变丝）材料的线膨胀系数。

因此，由温度变化形成的总电阻变化为

$$\Delta R = \left[\alpha \Delta T + K(\beta_e - \beta_g)\Delta T\right] R_0$$

电阻的相对变化量为

$$\frac{\Delta R}{R_0} = \alpha \Delta T + K(\beta_e - \beta_g)\Delta T$$

由上式可知，试件不受外力作用而温度变化时，粘贴在试件表面上的应变片会产生温度效应。它表明应变片输出的大小与应变片敏感栅材料的电阻温度系数 α、线膨胀系数 β_g，以及被测试材料的线膨胀系数 β_e 有关。

（2）温度补偿

为了使应变片的输出不受温度变化影响，必须进行温度补偿。

① 单丝自补偿应变片。

根据 $\Delta R = \left[\alpha \Delta T + K(\beta_e - \beta_g)\Delta T\right]R_0$，使应变片在温度变化时电阻误差为零的条件是

$$\alpha \Delta T + K(\beta_e - \beta_g)\Delta T = 0$$

即

$$\alpha = -K(\beta_e - \beta_g)$$

根据上述条件，选择合适的敏感栅材料，即可达到温度自补偿。

单丝自补偿应变片的优点是结构简单，制造和使用都比较方便，但它必须在具有一定线膨胀系数材料的试件上使用，否则不能达到温度补偿的目的，因此局限性很大。

② 敏感栅由温度系数不同（一个为正，一个为负）的材料组成。

将两者串联绕制成敏感栅，若两段敏感栅电阻 R_1 和 R_2 由于温度变化而产生的电阻变化分别为 R_{1T} 和 R_{2T}，且大小相等、符号相反，就可以实现温度补偿。

③ 桥式电路补偿。

桥式电路补偿也称为补偿片法，测量应变时，使用两个应变片，一片贴在被测试件的表面，一片贴在与被测试件材料相同的补偿块上，称为补偿应变片。在工作过程中，补偿块不承受应变，仅随温度产生变形。当温度发生变化时，工作片 R_1 和补偿片 R_2 的阻值都会发生变化，而它们的温度变化相同。R_1 和 R_2 为同类应变片，又贴在相同的材料上，因此 R_1 和 R_2 的变化也相同，即 $R_1 = R_2$，如图 2-18 所示，R_1 和 R_2 分别接入相邻的两桥臂，则因温度变化引起的电阻变化 ΔR_1 和 ΔR_2 的作用相互抵消，这样就起到了温度补偿的作用。

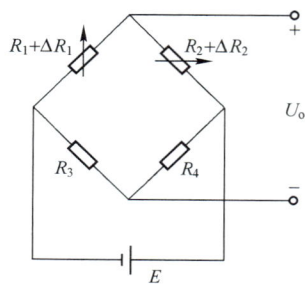

图 2-18 桥式电路补偿

桥式电路补偿的优点是简单、方便，在常温下补偿效果较好；其缺点是在温度变化梯度较大的条件下，很难做到工作片与补偿片处于温度完全一致的情况，因而影响补偿效果。

④ 热敏电阻补偿。

如图 2-19 所示，热敏电阻 R_T 与应变片处在相同的温度下，当应变片的灵敏度随温度升高而下降时，热敏电阻 R_T 的阻值下降，使电桥的输入电压随温度升高而增加，从而提高电桥的输出电压。选择合适的分流电阻 R_5，可以使应变片灵敏度下降，从而实现对电桥输出的补偿。

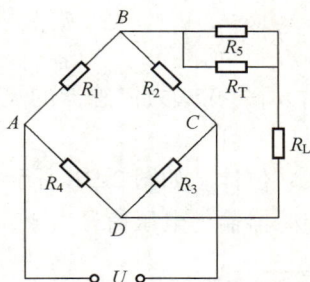

图 2-19　热敏电阻补偿

2.3　电阻应变式传感器的应用

2.3.1　测力传感器

电阻应变式传感器常应用在称重和测力领域。这种测力传感器由应变计、弹性元件、测量电路等组成。根据弹性元件结构形式（柱形、筒形、环形、梁式、轮辐式等）和受载性质（拉、压、弯曲、剪切等）的不同，它们可分为许多种类。

1. 柱式力传感器

柱式力传感器的弹性元件如图 2-20 所示。设圆柱的有效截面积为 S、泊松比为 μ、弹性模量为 E，4 片相同特性的应变片贴在圆筒的外表面，再接成全桥形式。如外加荷重为 F，R_1、R_3 受压应力，R_2、R_4 受拉应力，则传感器的输出为

$$U_o = \frac{E}{4}K(-\varepsilon_1 + \varepsilon_2 - \varepsilon_3 + \varepsilon_4)$$

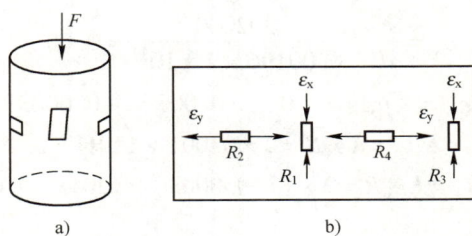

图 2-20　应变片粘贴在柱式力传感器的弹性元件上
a）正视图　b）展开图

把相关式代入上式，得

$$U_o = \frac{E}{2}K(1+\mu)\varepsilon_x = \frac{E}{2}K(1+\mu)\frac{F}{SE}$$

由此可见，输出 U_o 正比于荷重 F，有

$$\frac{U_o}{U_{om}} = \frac{F}{F_m}$$

$$U_o = \frac{F}{F_m} U_{om} = K_f \frac{E}{F_m} F$$

式中，U_{om} 为满量程时的输出电压；K_f 为柱式力传感器的灵敏度（mV/V），$K_f = U_{om}/E$；F_m 为柱式力传感器满量程时的值。

用柱式力传感器可制成称重式料位计。如图 2-21 所示，把 3 个柱式力传感器按 120° 分布式安装，支起料位计，并根据传感器输出电压信号大小，标注料位。

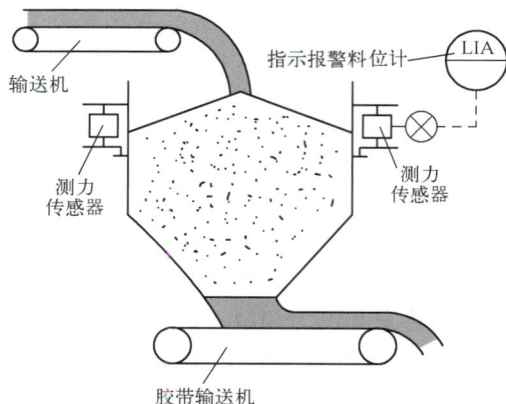

图 2-21　称重式料位计

【例 2-2】有一测量吊车起吊物重量的拉力传感器。起吊物体的重量为 40t，电阻应变片 R_1、R_2、R_3、R_4 贴在等截面轴上。已知等截面轴的截面积为 0.00196m^2，弹性模量 E 为 $2.0 \times 10^{11} N/m^2$，泊松比为 0.3，R_1、R_2、R_3、R_4 标称值为 120Ω，灵敏度为 2.0，它们组成全桥电路，桥路电压为 2V，测得输出电压为 2.6mV，求等截面轴的纵向应变及横向应变解。

解：

$$\varepsilon_x = \frac{F}{AE} = \frac{392000}{0.00196 \times 2 \times 10^{11}} = 0.001$$

$$\varepsilon_y = -\mu\varepsilon_x = -0.3 \times 0.001 = -0.0003$$

$$\Delta R_1 = \Delta R_3 = K\varepsilon_x R = 2 \times 0.001 \times 120\Omega = 0.24\Omega$$

$$\Delta R_2 = \Delta R_4 = K\varepsilon_y R = 2 \times (-0.0003) \times 120\Omega = -0.072\Omega$$

2. 梁式力传感器

梁式力传感器是在等强度梁上距离作用点距离为 x 处，上下各粘贴 4 片相同的应变片，并接成全桥。用这样的方法，可制成称重用的电子秤、加速度传感器等。

应变式加速度传感器是梁式力传感器的典型范例，其结构如图 2-22 所示。在一悬臂梁的自由端固定一质量块。当壳体与待测物一起做加速运动时，梁在质量块的惯性力的作用下发生形变，使粘贴于其上的应变片阻值发生变化。检测阻值的变化即可求得待测物的加速度。

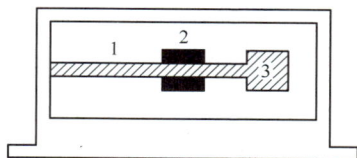

图 2-22　应变式加速度传感器的结构
1—等强度悬臂梁　2—应变片　3—质量块

2.3.2　压力传感器

压力传感器主要用于测量流体的压力。根据其弹性体的结构形式可分为单一式和组合式两种。

1. 单一式压力传感器

单一式是指应变片直接粘贴在受压弹性膜片或筒上。图 2-23 所示为筒式应变压力传感器。其中图 2-23a 所示为结构示意图；图 2-23b 所示为筒式弹性元件；图 2-23c 所示为 4 片应变计的布片，工作应变片 R_1、R_3 沿筒外壁周向粘贴，温度补偿应变片 R_2、R_4 贴在筒底外壁，并接成全桥。当应变筒内壁感受压力 p 时，筒外壁会产生周向应变，从而改变电桥的输出。

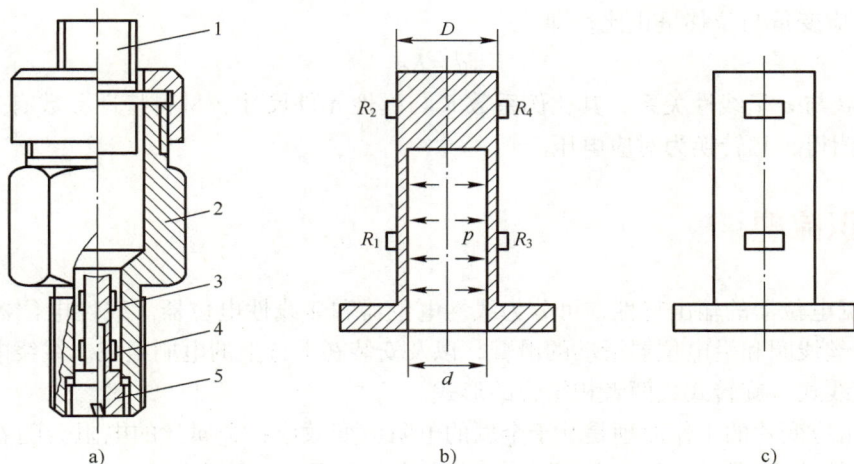

图 2-23　筒式应变压力传感器

a）结构示意图　b）筒式弹性元件　c）应变计布片

1—插座　2—基体　3—温度补偿应变片　4—工作应变片　5—应变筒

2. 组合式压力传感器

组合式压力传感器则由受压弹性元件（膜片、膜盒或波纹管）和应变弹性元件（如各种梁）组合而成。前者承受压力，后者粘贴应变片。两者之间通过传力件传递压力作用。这种结构的优点是受压弹性元件能对流体高温、腐蚀等影响起到隔离作用，使应变片具有良好的工作环境。

2.3.3　位移传感器

应变式位移传感器是把被测位移量转变成弹性元件的变形和应变，然后通过应变片和应变电桥，输出正比于被测位移的电量。它可用于近测或远测静态或动态的位移量。

图 2-24a 所示为国产 YW 型应变式位移传感器结构。这种传感器由于采用了悬臂梁 – 螺旋弹簧串联的组合结构，因此适用于 10～100mm 位移的测量。其工作原理如图 2-24b 所示。当测量杆上的测量头产生位移时，悬臂梁测量杆推动悬臂梁，使粘贴于上面的应变片产

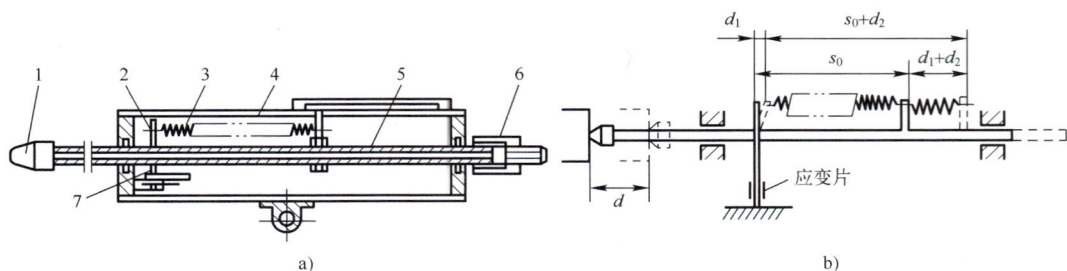

图 2-24　YW 型应变式位移传感器
a）传感器结构　b）工作原理
1—测量头　2—弹性元件　3—弹簧　4—外壳　5—测量杆　6—调整螺母　7—应变片

生应变，且应变量与位移呈正比，即

$$d = K\varepsilon$$

上式表明：d 与 ε 呈线性关系，其比例系数 K 与弹性元件尺寸、材料特性参数有关；ε 通过 4 片应变片测得，且转换为对应电压。

2.4　知识梳理

1）根据电位器的输出特性，可分为线性电位器和非线性电位器。线性电位器由绕于骨架上的电阻丝线圈和沿电位器滑动的滑臂，以及安装在滑臂上的电刷组成。线绕电位器的传感元件有直线式、旋转式或两者相结合的形式。

2）电阻应变片的工作原理是基于金属的电阻应变效应：金属丝的电阻会随着它所受的机械变形（拉伸或压缩）的大小而发生相应变化。电阻应变片主要的分类方法是根据敏感元件的不同，将其分为金属式和半导体式两大类。采用测量电桥，可把应变电阻的变化转换成电压或电流变化，从而达到精确测量的目的。

2.5　习题

1. 根据电位器的输出特性，可分为哪几类？

2. 电阻应变片的电阻值有哪几种规格？以哪种最为常用？

3. 电阻应变片因环境温度改变而引起电阻变化的两个主要因素是什么？

4. 为了使应变片的输出不受温度变化影响，必须进行温度补偿。温度补偿的方法有哪些？

5. 电阻应变片的灵敏度 $K = 4$，沿纵向粘贴于直径为 $0.1m$ 的圆形钢柱表面，钢材的 $E = 4 \times 10^{11} N/m^2$，$\mu = 0.4$，$\varepsilon_x = 5 \times 10^4$，试计算钢柱所受的拉力 F 及径向应变量 ε_y。

6. 图 2-25 所示为一直流供电的旦阻电桥，它的 4 个桥臂电阻分别为 $R_1 = 100\Omega$、$R_2 = 200\Omega$、$R_3 = 300\Omega$、$R_4 = 100\Omega$，电源电压 $E = 20V$，试计算输出电压 U_o。

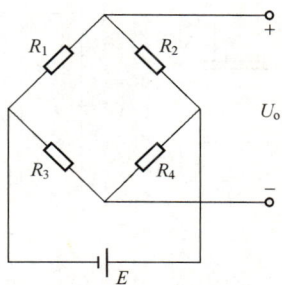

图 2-25　习题 6 图

7. 单臂工作电桥只有一只应变片 $R_1 = 200\Omega$ 接入，如图 2-26 所示，测量时应变的电阻变化为 $\Delta R = 5\Omega$。求：（1）电路输出端电压 U_o。（2）设 $\Delta R \ll R$，$\Delta R/R = K\varepsilon$，电路输出端电压 U_o。

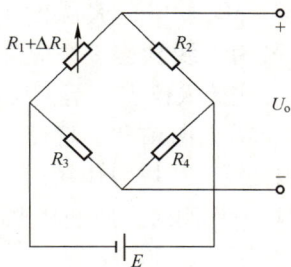

图 2-26　习题 7 图

8. 有一测量吊车起吊物重量的拉力传感器。电阻应变片 R_1、R_2、R_3、R_4 贴在等截面轴上。已知等截面轴的截面积为 $0.002m^2$，弹性模量 E 为 $2.0 \times 10^{11} N/m^2$，泊松比为 0.4，R_1、R_2、R_3、R_4 标称值为 160Ω，灵敏度为 2.0，桥路电压 2V，测得输出电压 3mV，求：等截面轴的纵向应变及横向应变。

9. 什么叫应变效应？试利用应变效应解释金属电阻应变片的工作原理。

10. 为什么应变片传感器大多采用不平衡电桥作为测量电路？该电桥为什么又都采用半桥和全桥方式？

11. 简述电阻应变式传感器的温度补偿原理。

12. 何谓半导体的压阻效应？扩散硅传感器的结构有什么特点？

13. 图 2-27 所示为等截面梁和电阻应变片构成的测力传感器，若选用特性相同的 4 片电阻应变片 $R_1 \sim R_4$，它们不受力时阻值均为 120Ω，灵敏度 $K = 2$，在 Q 点作用力 F。求：

（1）在测量电路图 2-27b 中，标出应变片受力情况及其符号（应变片受拉力时用↑，受压力时用↓）。

（2）当作用力 $F = 20N$ 时，应变片 $\varepsilon = 4.8 \times 10^{-5}$，若作用力 $F = 80N$ 时，ε 为多少？电阻应变片 R_1、R_2、R_3、R_4 为何值？

（3）若每个电阻应变片阻值变化为 0.3Ω，则输出电压为多少？（$R_L = \infty$）

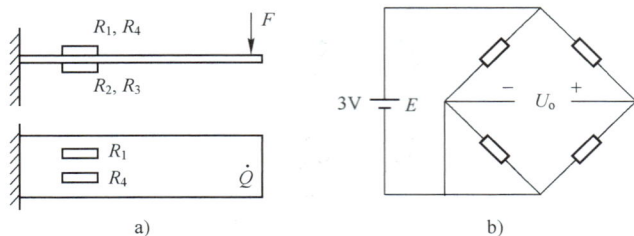

图 2-27 习题 13 图
a）测力传感器 b）测量电路

14. 试比较热电阻和半导体热敏电阻的异同。

15. 电阻式温度传感器有哪几种？各有何特点及用途？

16. 铜热电阻的阻值 R_T 与温度 T 的关系可用式 $R_T \approx R_0(1 + \alpha\Delta T)$ 表示。已知 0℃时铜热电阻的 R_0 为 50Ω，温度系数为 $4.28 \times 10^{-3}/℃$，求温度为 100℃时的电阻值。

17. 用热电阻测温时为什么常采用三线制连接？应怎样连接才能确保实现了三线制连接？若在导线敷设至控制室后再分三线接入仪表，是否实现了三线制连接？

18. 电阻应变片的灵敏度 $K = 2$，沿纵向粘贴于直径为 0.01m 的圆形钢柱表面，钢材的 $E = 2.5 \times 10^{11}$ N/m²，$\mu = 0.4$。求钢柱受 15t 拉力作用时，应变片电阻的相对变化量。若应变片沿钢柱圆周方向粘贴，受同样拉力作用时，应变片电阻的相对变化量为多少？

第3章 阻抗式传感器

阻抗式传感器主要有电阻传感器、电容式传感器、电感式传感器等。本章主要介绍电容传感器和电感传感器。

3.1 电容传感器

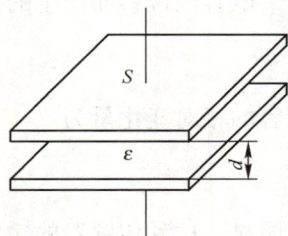

电容式传感器是把被测量的变化转换成电容量变化的一种传感器。电容式传感器不但广泛用于位移、振动、角度、加速度等机械量的精密测量，而且还逐步用于压力、差压、液位、物位或成分含量等方面的测量。

图 3-1　平板电容器

平板电容器是由绝缘介质隔开的两个平行金属板组成的，如图 3-1 所示，当忽略边缘效应影响时，其电容量与绝缘介质的介电常数 ε、极板的有效面积 S 以及两极板间的距离 d、相对介电常数 ε_r、真空介电常数 $\varepsilon_0(\varepsilon_0 = 8.85\text{pF/m})$ 有关，即

$$C = \frac{\varepsilon S}{d} = \frac{\varepsilon_r \varepsilon_0 S}{d}$$

若被测量的变化使电容的 d、S、ε 三个参量中的一个参数改变，则电容量就将产生变化。如果变化的参数与被测量之间存在一定的函数关系，那么被测量的变化就可以直接由电容量的变化反映出来。所以电容式传感器可以分成 3 种类型：改变极板面积的变面积式、改变极板距离的变间隙式和改变介电常数的变介电常数式。

3.1.1 变面积式电容传感器

变面积式电容传感器的两个极板中，一个是固定不动的，称为定极板；另一个是可移动的，称为动极板。根据动极板相对定极板的移动情况，变面积式电容传感器又分为直线位移式和角位移式两种。

1. 直线位移式

直线位移式电容传感器结构如图 3-2 所示，被测量通过使动极板移动，引起两极板有效覆盖面积 S 改变，从而使电容量发生变化。设动极板相对定极板沿极板长度 a 方向平移 Δx 时，电容为

$$C = \frac{\varepsilon(a - \Delta x)b}{d} = \frac{\varepsilon ab}{d} - \frac{\varepsilon \Delta x b}{d} = C_0 - \Delta C$$

式中，$C_0 = \dfrac{\varepsilon ab}{d}$，为电容初始值。

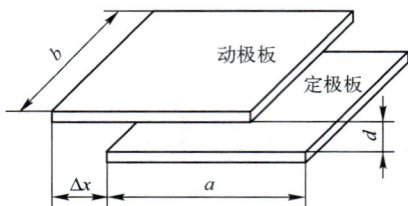

图 3-2　直线位移式电容传感器结构

电容因位移而产生的变化量为

$$\Delta C = C_0 - C = \frac{\varepsilon b}{d}\Delta x = C_0 \frac{\Delta x}{a}$$

电容的相对变化量为

$$\frac{\Delta C}{C_0} = \frac{\Delta x}{a}$$

很明显，这种传感器的输出特性呈线性，因而其量程不受范围的限制，适合测量较大的直线位移。它的灵敏度为

$$K = \frac{\Delta C}{\Delta x} = \frac{\varepsilon b}{d}$$

由上式可知，直线位移式传感器的灵敏度与极板间距呈反比，适当减小极板间距，可提高灵敏度。同时，灵敏度还与极板宽度呈正比。为提高测量精度，也常用如图 3-3 所示的中间极板移动变面积式电容传感器的结构形式，以减少动极板与定极板之间的相对极距变化而引起的测量误差。

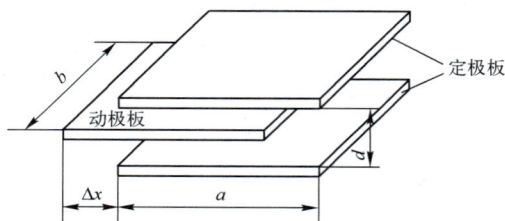

图 3-3　中间极板移动变面积式电容传感器结构形式

2. 角位移式

角位移式电容传感器工作原理如图 3-4 所示。当被测的变化量使动极板有一角位移 θ 时，两极板间互相覆盖的面积被改变，从而改变两极板间的电容量 C。

当 $\theta = 0$ 时，初始电容量为

$$C_0 = \frac{\varepsilon S}{d}$$

当 $\theta \neq 0$ 时，电容量就变为

$$C = \frac{\varepsilon S \dfrac{\pi - \theta}{\pi}}{d} = \frac{\varepsilon S}{d}\left(1 - \frac{\theta}{\pi}\right) = C_0\left(1 - \frac{\theta}{\pi}\right)$$

由上式可见，电容量 C 与角位移 θ 呈线性关系。

在实际应用中，也采用差动结构，以提高灵敏度。角位移测量用的差动角位移式电容传感器结构如图 3-5 所示。A、B、C 均为尺寸相同的半圆形极板。A、B 固定，作为定极板，且角度相差 180°，C 为动极板，置于 A、B 极板中间，且能随着外部输入的角位移转动。当外部输入角度改变时，可改变极板间的有效覆盖面积，从而使传感器电容随之改变。C 的初始位置必须保证其与 A、B 的初始电容值相同。

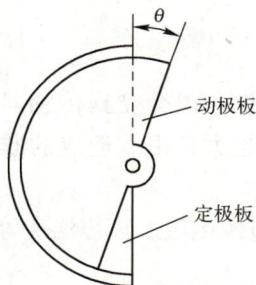

图 3-4　角位移式电容传感器工作原理图

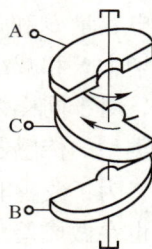

图 3-5　差动角位移式电容传感器结构图

3.1.2　变间隙式电容传感器

基本的变间隙式电容传感器有一个定极板和一个动极板，如图 3-6 所示，当动极板随被测量变化而移动时，两极板的间距 d 就发生了变化，从而也就改变了两极板间的电容量 C。

图 3-6　基本的变间隙式电容传感器

设动极板在初始位置时与定极板的间距为 d_0（极板间初始距离），此时的初始电容量为

$$C_0 = \frac{\varepsilon S}{d_0}$$

当可动极板向上移动 Δd 时，即电容器极板间距离由初始值 d_0 缩小了 Δd，电容量增大了 ΔC，则有

$$C = C_0 + \Delta C = \frac{\varepsilon S}{d_0 - \Delta d} = \frac{\varepsilon S}{d_0 \left(1 - \frac{\Delta d}{d_0}\right)} = \frac{C_0}{1 - \frac{\Delta d}{d_0}}$$

上式说明，ΔC 与 Δd 不是线性关系。在上式中，若 $\Delta d / d_0 \ll 1$ 时，则展成级数形式为

$$C = C_0 \left[1 + \frac{\Delta d}{d_0} + \left(\frac{\Delta d}{d_0}\right)^2 + \left(\frac{\Delta d}{d_0}\right)^3 + \cdots \right] \approx C_0 \left(1 + \frac{\Delta d}{d_0}\right) = C_0 + \Delta C$$

此时，C 与 Δd 近似呈线性关系，所以变间隙式电容传感器只有在 $\Delta d / d_0$ 很小时，才有近似的线性关系。只有当 $\Delta d \ll d_0$（即量程远小于极板间初始距离）时，才可以认为 ΔC 与 Δd 是线性的，即

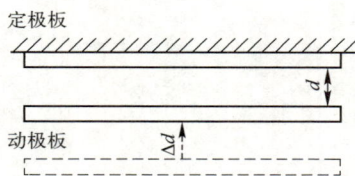

$$\Delta C = \frac{\Delta d}{d_0} C_0$$

则有

$$\frac{\Delta C}{C_0} = \frac{\Delta d}{d_0}$$

传感器被近似看作是线性时，其灵敏度为

$$K = \frac{\Delta C}{\Delta d} = \frac{C_0}{d_0} = \frac{\varepsilon S}{d_0^2}$$

当动极板下移时，电容量 C 和 ΔC 可自行推导。

由上式可见，增大 S 和减小 d_0 均可提高传感器的灵敏度，但会受到传感器体积和击穿电压的限制。此外，对于同样大小的 Δd，d_0 越小则 $\Delta d / d_0$ 越大，由此造成的非线性误差也越大。因此，这种类型的传感器一般用于测量微小的变化量。

在实际应用中，为了改善非线性，提高灵敏度及减少电源电压、环境温度等外界因素的影响，电容传感器也常做成差动形式，如图 3-7 所示。

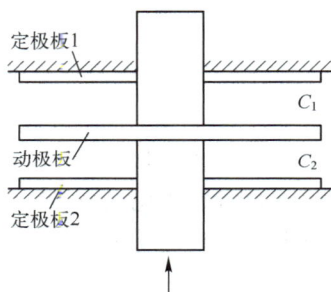

图 3-7 差动结构的变间隙电容传感器

当动极板向上移动 Δd 时，上电容 C_1 电容量增加，下电容 C_2 电容量减少，而其电容值分别为

$$C_1 = C_0 + \Delta C_1 = \frac{\varepsilon S}{d_0 - \Delta d} = \frac{\varepsilon S}{d_0} \frac{1}{1 - \frac{\Delta d}{d_0}} = \frac{C_0}{1 - \frac{\Delta d}{d_0}} = \frac{C_0 \left(1 + \frac{\Delta d}{d_0} \right)}{1 - \left(\frac{\Delta d}{d_0} \right)^2}$$

$$C_2 = C_0 - \Delta C_2 = \frac{\varepsilon S}{d_0 + \Delta d} = \frac{\varepsilon S}{d_0} \frac{1}{1 + \frac{\Delta d}{d_0}} = \frac{C_0}{1 + \frac{\Delta d}{d_0}} = \frac{C_0 \left(1 - \frac{\Delta d}{d_0} \right)}{1 - \left(\frac{\Delta d}{d_0} \right)^2}$$

当 $\Delta d << d_0$ 时，$1 - \left(\frac{\Delta d}{d_0} \right)^2 \approx 1$，$\Delta C = C_1 - C_2 = 2 C_0 \frac{\Delta d}{d_0}$

即

$$\frac{\Delta C}{C_0} = 2 \frac{\Delta d}{d_0}$$

此时传感器的灵敏度为

$$K = \frac{\Delta C}{\Delta d} = 2\frac{\Delta d}{d_0} = \frac{2\varepsilon S}{d_0^2}$$

与基本结构的间隙式电容传感器相比，差动式传感器的非线性误差减少了一个数量级，而且提高了测量灵敏度，所以在实际应用中被较多采用。

【例3-1】 电容测微仪的电容器极板面积 $S = 28\text{cm}^2$，间隙 $d = 1.1\text{mm}$，相对介电常数 $\varepsilon_r = 1$，$\varepsilon_0 = 8.84 \times 10^{-12}\text{F/m}$，求：（1）电容器电容量；（2）若间隙减少 0.12mm，电容量又为多少？

解：（1）电容器电容量为

$$C_0 = \frac{\varepsilon_0\varepsilon_r S}{d_0} = \frac{1 \times 8.84 \times 10^{-12} \times 28 \times 10^{-4}}{1.1 \times 10^{-3}}\text{F} = 22.5 \times 10^{-12}\text{F}$$

（2）间隙减少 0.12mm，电容量为

$$C = \frac{\varepsilon_0\varepsilon_r S}{d_0 - \Delta d} = \frac{1 \times 8.84 \times 10^{-12} \times 28 \times 10^{-4}}{1.1 \times 10^{-3} - 0.12 \times 10^{-3}}\text{F} = 25.3 \times 10^{-12}\text{F}$$

【例3-2】 电容传感器初始极板间隙 $d_0 = 1.2\text{mm}$，电容量 $C = 117.1\text{pF}$，外力作用使极板间隙减少 0.03mm。计算：（1）电容器电容量为多少？（2）若原初始电容传感器在外力作用后，间隙发生变化，测得电容量为 96pF，则极板间隙变化了多少？变化方向又如何？

解：（1）电容器电容量为

$$C = C_0\left(1 + \frac{\Delta d}{d_0}\right) = 117.1 \times \left(1 + \frac{0.03}{1.2}\right)\text{pF} = 120\text{pF}$$

（2）C_0 从 117.1pF 变化到 96pF 时间隙增加为

$$C = C_0\left(1 - \frac{\Delta d}{d_0}\right)，即 117.1 \times \left(1 - \frac{\Delta d}{1.2}\right) = 96$$

$$\Delta d = 1.2 \times \left(1 - \frac{96}{117.1}\right)\text{mm} = 0.216\text{mm}$$

即间隙增加了 0.216mm。

3.1.3 变介电常数式电容传感器

变介电常数式电容传感器的工作原理是：当电容式传感器中的电介质改变时，其介电常数会发生变化，从而引起电容量发生变化。

这种电容传感器有较多的结构形式，可以用于测量纸张、绝缘薄膜等的厚度，也可以用于测量粮食、纺织品、木材或煤等非导电固体物质的湿度，还可以用于测量物位、液位、位移、物体厚度等多种物理量。变介电常数式传感器经常采用平面式或圆柱式电容器。

1. 平面式

平面式变介电常数电容传感器有多种形式，可用于测量位移，如图 3-8 所示。

假定无位移时，$\Delta x = 0$，电容初始值为

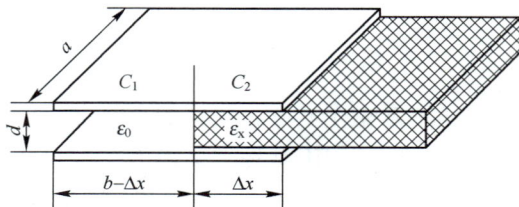

图 3-8　平面式变介电常数电容传感器

$$C_0 = \frac{\varepsilon_0 S}{d} = \frac{\varepsilon_0 ab}{d}$$

当有位移输入时，介质板向左移动，使部分介质的介电常数改变，则此时其等效电容相当于 C_1、C_2 并联，即

$$C = C_1 + C_2 = \frac{\varepsilon_0 a(b-\Delta x)}{d} - \frac{\varepsilon_r \varepsilon_0 a\Delta x}{d}$$

$$\Delta C = C - C_0 = \frac{\varepsilon_r \varepsilon_0 a\Delta x}{d} - \frac{\varepsilon_0 a\Delta x}{d} = \frac{\varepsilon_r - 1}{d}\varepsilon_0 a\Delta x$$

式中，ε_0 是空气介电常数；ε_r 是介质的介电常数。

由此可见，电容变化量 ΔC 与位移 Δx 呈线性关系。

图 3-9 所示为一种电容式测厚仪的原理图，它是直板式变介电常数式的另一种形式，可用于测量被测介质的厚度或介电常数。两电极间距为 d，被测介质厚度为 x，介电常数为 ε_x，另一种介质的介电常数为 ε，S 为电容极板的有效面积。

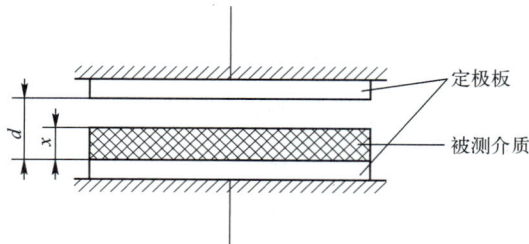

图 3-9　电容式测厚仪原理图

该电容器的总电容 C 等于由两种介质分别组成的两个电容 C_1 与 C_2 串联后的总容量，即

$$C = \frac{C_1 C_2}{C_1 + C_2} = \frac{\frac{\varepsilon S}{d-x}\frac{\varepsilon_x S}{x}}{\frac{\varepsilon S}{d-x} + \frac{\varepsilon_x S}{x}} = \frac{\varepsilon \varepsilon_x S}{\varepsilon x + \varepsilon_x d - \varepsilon_x x} = \frac{\varepsilon \varepsilon_x S}{\varepsilon_x d + (\varepsilon - \varepsilon_x)x}$$

由上式可知，若被测介质的介电常数 ε_x 已知，测出输出电容 C 的值，可求出待测材料的厚度 x。若厚度 x 已知，测出输出电容 C 的值，也可求出待测材料的介电常数 ε_x。因此，可将此传感器用作介电常数 ε_x 测量仪。电介质材料的相对介电常数见表 3-1。

表 3-1　电介质材料的相对介电常数

材　料	相对介电常数 ε_r	材　料	相对介电常数 ε_r
真空	1	硬橡胶	4.3
其他气体	1~1.2	石英	4.5
纸	2.0	玻璃	5.3~7.5
聚四氟乙烯	2.1	陶瓷	5.5~7.0
石油	2.2	盐	6
聚乙烯	2.3	云母	6~8.5
硅油	2.7	三氧化二铝	8.5
米及谷类	3~5	乙醇	20~25
环氧树脂	3.3	乙二醇	35~40
石英玻璃	3.5	甲醇	37
二氧化硅	3.8	丙三醇	47
纤维素	3.9	水	80
聚氯乙烯	4.0	钛酸钡	1000~10000

2. 圆柱式

变介电常数式电容传感器大多采用圆柱式。其基本结构如图 3-10 所示。

内外筒为两个同心圆筒，分别作为电容的两个极。圆柱式电容的计算公式为

$$C = \frac{2\pi\varepsilon h}{\ln \dfrac{R}{r}}$$

式中，r 为内筒半径；R 为外筒半径；h 为筒长；ε 为介电常数。该圆柱式电容式传感器可用于制作电容式液位计。

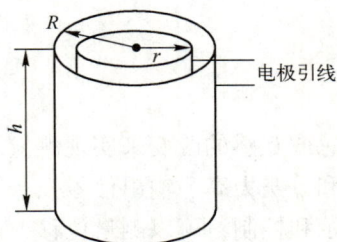

图 3-10　圆柱式变介电常数电容式传感器基本结构图

　　图 3-11 所示为一种电容式液位计的原理图。在介电常数为 ε_x 的被测液体中，放入该圆柱式电容式传感器，液体上面气体的介电常数为 ε，液体浸没电极的高度就是被测量 x。该电容式传感器的总电容 C 等于上半部分的电容 C_1 与下半部分的电容 C_2 的并联，即 $C = C_1 + C_2$。因为

$$C_2 = \frac{2\pi\varepsilon_x x}{\ln\dfrac{R}{r}}$$

所以

$$C = C_1 + C_2 = \frac{2\pi(\varepsilon h - \varepsilon x + \varepsilon_x x)}{\ln\dfrac{R}{r}} = \frac{2\pi\varepsilon h}{\ln\dfrac{R}{r}} + \frac{2\pi(\varepsilon_x - \varepsilon)}{\ln\dfrac{R}{r}}x = a + bx$$

式中，$a = \dfrac{2\pi\varepsilon h}{\ln\dfrac{R}{r}}$，$b = \dfrac{2\pi(\varepsilon_x - \varepsilon)}{\ln\dfrac{R}{r}}$，均为常数。

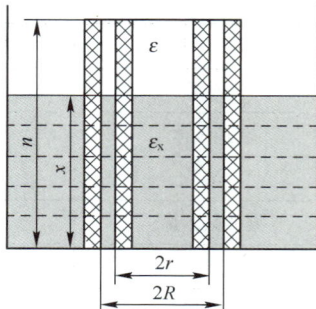

图 3-11　电容式液位计原理图

上式表明，液位计的输出电容 C 与液面高度 x 呈线性关系。

【例 3-3】一个用于位移测量的电容式传感器，两个极板是边长为 5cm 的正方形，间距为 1mm，气隙中恰好放置一个边长 5cm、厚度 1mm、相对介电常数为 4 的正方形介质板，该介质板可在气隙中自由滑动。试计算当输入位移（即介质板向某一方向移出极板相互覆盖部分的距离）分别为 0.0cm、2.5cm、5.0cm 时，该传感器的输出电容值各为多少？

解：（1）输入位移为 0.0cm 时，介电常数为 $\varepsilon = \varepsilon_0\varepsilon_r$，则电容值为

$$C_0 = \frac{\varepsilon_0\varepsilon_r S}{d} = \frac{8.85\times10^{-12}\times4\times5^2\times10^{-4}}{1\times10^{-3}}\,\text{pF} = 88.5\,\text{pF}$$

（2）输入位移为 5cm 时，介电常数为 $\varepsilon = \varepsilon_0$，则电容值为

$$C_1 = \frac{\varepsilon_0 S}{d} = \frac{8.85\times10^{-12}\times5^2\times10^{-4}}{1\times10^{-3}}\,\text{pF} = 22.1\,\text{pF}$$

（3）输入位移为 2.5cm 时，介电常数发生变化，则电容值为

$$C = C_1 + C_2 = \frac{\varepsilon_0 S_1}{d} + \frac{\varepsilon_0\varepsilon_r S_2}{d} = \frac{8.85\times10^{-12}\times\dfrac{5^2}{2}\times10^{-4}}{1\times10^{-3}}\,\text{pF} + \frac{8.85\times10^{-12}\times4\times\dfrac{5^2}{2}\times10^{-4}}{1\times10^{-3}}\,\text{pF}$$

$$= 11.1\,\text{pF} + 44.3\,\text{pF} = 55.4\,\text{pF}$$

3.2　电感式传感器

电感式传感器是利用线圈自感或互感的改变来实现测量的装置。其结构简单、无活动电触点、工作寿命长，而且灵敏度和分辨力高、输出信号强；线性度和重复性都比较好，能实现信息的远距离传输、记录、显示和控制；可以测量位移、振动、压力流量、密度等参数。

3.2.1　变磁阻式传感器

3.2.1
变磁阻式传感器

变磁阻式传感器（又称自感式电感传感器）属于电感式传感器的一种。它是利用线圈自感量的变化来实现测量的，由线圈、定铁心和衔铁（动铁心）三部分组成。其原理是利用被测量的变化引起线圈自感或互感的变化，从而导致线圈电感量改变这一物理现象来实现测量。变磁阻式传感器可以用于测量位

移和尺寸，也可以测量能够转换为位移量的其他参数力、张力、压力、压差、应变、转矩、速度和加速度等。

1. 变隙式自感传感器

（1）结构和工作原理

变隙式自感传感器原理图如图3-12所示，由线圈、定铁心和衔铁（动铁心）三部分组成。定铁心和衔铁由导磁材料如硅钢片或坡莫合金制成，在定铁心和衔铁之间有气隙，气隙厚度为 δ，传感器的运动部分与衔铁相连。当衔铁移动时，气隙厚度发生改变，引起磁路中磁阻变化，从而导致电感线圈的电感值变化，因此只要能测出这种电感值的变化，就能确定衔铁位移的大小和方向。由磁路基本知识可得线圈自感为

$$L = \frac{N^2}{R_M}$$

$$R_F = \frac{l_1}{\mu_1 S_1} + \frac{l_2}{\mu_2 S_2}, \quad R_\delta = \frac{2\delta}{\mu_0 S}$$

$$R_M = R_F + R_\delta = \frac{l_1}{\mu_1 S_1} + \frac{l_2}{\mu_2 S_2} + \frac{2\delta}{\mu_0 S}, \quad L = \frac{N^2}{R_M} = N^2 \bigg/ \left(\frac{l_1}{\mu_1 S_1} + \frac{l_2}{\mu_2 S_2} + \frac{2\delta}{\mu_0 S} \right)$$

式中，l_1 为定铁心磁路总长；l_2 为衔铁的磁路长；S 为气隙磁通截面积；S_1 为铁心横截面面积；S_2 为衔铁横截面面积；μ_1 为定铁心磁导率；μ_2 为衔铁磁导率；μ_0 为真空磁导率，$\mu_0 = 4\pi \times 10^{-7} \text{H/m}$；$\delta$ 为气隙厚度。

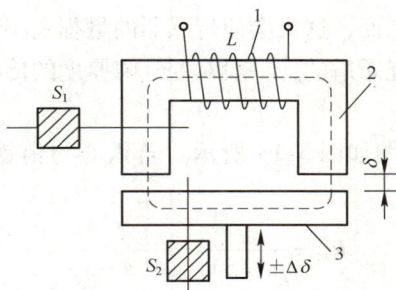

图 3-12　变隙式自感传感器原理图

1—线圈　2—铁心（定铁心）　3—衔铁（动铁心）

由于自感传感器的铁心一般在非饱和状态下，其磁导率远大于空气的磁导率，因此铁心磁阻远比气隙磁阻小，所以自感的表达式可简化为

$$L = \frac{N^2 \mu_0 S}{2\delta}$$

由上式可见，线圈匝数确定之后，只要气隙厚度 δ 和气隙截面面积 S 二者之一发生变化，传感器的电感量就会发生变化。因此，有变气隙厚度和变气隙截面面积电感传感器之分，前者常用来测量线位移，后者常用于测量角位移。

（2）输出特性

设衔铁处于起始位置时，传感器的初始气隙厚度为 δ_0，初始电感为

$$L_0 = \frac{N^2 \mu_0 S}{2\delta_0}$$

当衔铁向上移动 $\Delta\delta$ 时，传感器的气隙厚度将减少，即 $\delta = \delta_0 - \Delta\delta$，这时的电感量为

$$L = \frac{N^2 \mu_0 S}{2(\delta_0 - \Delta\delta)}$$

相对变化量为

$$\frac{\Delta L}{L_0} = \frac{\Delta\delta}{\delta_0 - \Delta\delta} = \frac{\Delta\delta}{\delta_0} \times \frac{1}{1 - \dfrac{\Delta\delta}{\delta_0}}$$

当 $\Delta\delta/\delta_0 \ll 1$ 时，可将上式展开成级数为

$$\frac{\Delta L}{L_0} = \frac{\Delta\delta}{\delta_0}\left[1 + \frac{\Delta\delta}{\delta_0} + \left(\frac{\Delta\delta}{\delta_0}\right)^2 + \cdots\right] = \frac{\Delta\delta}{\delta_0} + \left(\frac{\Delta\delta}{\delta_0}\right)^2 + \left(\frac{\Delta\delta}{\delta_0}\right)^3 + \cdots$$

同理，当衔铁向下移动 $\Delta\delta$ 时，传感器气隙将增大，即 $\delta = \delta_0 + \Delta\delta$，电感量的变化量为

$$\Delta L = L_0 - L = L_0 \frac{\Delta\delta}{\delta_0 + \Delta\delta}$$

相对变化量为

$$\frac{\Delta L}{L_0} = \frac{\Delta\delta}{\delta_0} - \left(\frac{\Delta\delta}{\delta_0}\right)^2 + \left(\frac{\Delta\delta}{\delta_0}\right)^3 - \cdots$$

可以看出，只有在忽略高次项时，ΔL 才与 $\Delta\delta$ 呈线性关系。当然，$\Delta\delta/\delta_0$ 越小，高次项迅速减小，非线性可得到改善。然而，这又会使传感器的量程变小。所以，对输出特性线性度的要求和对测量范围的要求是相互矛盾的。一般对变气隙厚度的传感器，取 $\Delta\delta/\delta_0 = 0.1 \sim 0.2$。

2. 变面积式自感传感器

变面积式自感传感器原理图如图 3-13 所示。若铁心与衔铁间的气隙厚度可忽略，则磁阻为

$$R_M = \frac{1}{\mu A(x)} = \frac{1}{\mu b(a - x)}$$

式中，$A(x)$ 为面积；x 为上下移动距离；a 为宽度；b 为厚度。

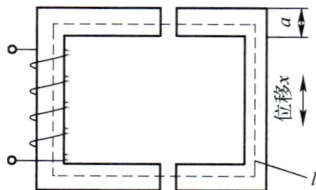

图 3-13 变面积式自感传感器原理图

自感 L 为

$$L(x) = \frac{N^2}{R_M} = \frac{N^2 \mu A(x)}{l} = \frac{N^2 \mu ab\left(1 - \dfrac{x}{a}\right)}{l} = l_0\left(1 - \frac{x}{a}\right)$$

由上式可见，保持磁导率 μ 和气隙厚度不变，只要改变气隙有效接触面积 S，传感器的电感量就会发生变化。

3. 螺旋式自感传感器

螺旋式自感传感器原理如图 3-14 所示。

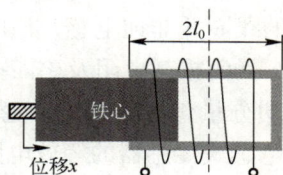

图 3-14 螺旋式自感传感器原理图

传感器工作时，因铁心在线圈中伸入长度的变化，引起螺管线圈自感值的变化。当用恒流源激励时，则线圈的输出电压与铁心的位移量有关。传感器工作时，因铁心在线圈中伸入长度的变化，引起螺管线圈自感值的变化。当用恒流源激励时，则线圈的输出电压与铁心的位移量有关。其磁阻为

$$R_M = \frac{x}{\mu A} + \frac{2l_0 - x}{\mu_0 A} \approx \frac{2l_0 - x}{\mu_0 A}$$

式中，A 为面积。

其自感为

$$L(x) = \frac{N^2}{R_M} = \frac{N^2 \mu_0 A}{2l_0 - x} = L_0 \frac{1}{1 - \frac{x}{2l_0}}$$

4. 差动式自感传感器

差动式自感传感器原理如图 3-15 所示。在起始位置时，衔铁处于中间位置，两边的气隙相等，两只线圈的电感量相等，电桥处于平衡状态，电桥的输出电压 $U_s = 0$。

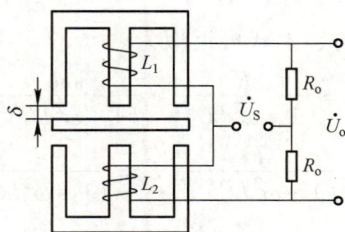

图 3-15 差动式自感传感器原理图

当衔铁偏离中间位置向上或向下移动时，两边气隙不等，两只电感线圈的电感量一增一减，电桥失去平衡。电桥输出电压的幅值大小与衔铁移动量的大小呈比例，其相位则与衔铁移动方向相反。其磁阻为

$$R_M = \frac{x}{\mu A} + \frac{2l_0 - x}{\mu_0 A} \approx \frac{2l_0 - x}{\mu_0 A}$$

其自感为

$$L(x) = \frac{N^2}{R_M} = \frac{N^2 \mu_0 A}{2l_0 - x} = L_0 \frac{1}{1 - \dfrac{x}{2l_0}}$$

5. 电感式传感器的等效电路

从电路角度看，电感式传感器的线圈并非纯电感，该电感由有功分量和无功分量两部分组成。有功分量包括线圈线绕电阻、涡流损耗电阻及磁滞损耗电阻，这些都可折合成为有功电阻，其总电阻可用 R 来表示；无功分量包含线圈的自感 L 和绕线间分布电容，为简便起见可视为集中参数，用 C 来表示。电感式传感器的等效电路如图 3-16 所示。

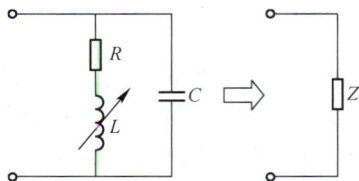

图 3-16 电感式传感器的等效电路

图中 R 为总电阻，是线圈线绕电阻、涡流损耗电阻及磁滞损耗电阻，L 为线圈的自感，C 为绕线间分布电容。等效线圈阻抗为

$$Z = \frac{(R + j\omega L)\left(\dfrac{-j}{\omega C}\right)}{R + j\omega L - \dfrac{j}{\omega C}}$$

将品质因数 $Q = \omega L / R$ 代入上式并化简可得

$$Z = \frac{R}{(1 - \omega^2 LC)^2 + \left(\dfrac{\omega^2 LC}{Q}\right)^2} + \frac{j\omega L\left(1 - \omega^2 LC - \dfrac{\omega^2 LC}{Q^2}\right)}{(1 - \omega^2 LC)^2 + \left(\dfrac{\omega^2 LC}{Q}\right)^2}$$

当 $Q \gg \omega^2 LC$ 且 $\omega^2 LC \ll 1$ 时，上式可近似为

$$Z = \frac{R}{(1 - \omega^2 LC)^2} + \frac{j\omega L}{(1 - \omega^2 LC)^2}$$

令

$$R' = \frac{R}{(1 - \omega^2 LC)^2}, \quad L' = \frac{L}{(1 - \omega^2 LC)^2}$$

则

$$Z = R' + j\omega L'$$

从以上分析可以看出，并联电容的存在，使有效串联损耗电阻及有效电感增加，在有效阻抗不大的情况下，它会使灵敏度有所提高，从而引起传感器性能的变化。因此在测量中若更换连接电缆线的长度，在激励频率较高时则应对传感器的灵敏度重新进行校准。

3.2.2 互感式传感器

互感式传感器原理及等效电路如图 3-17 所示。

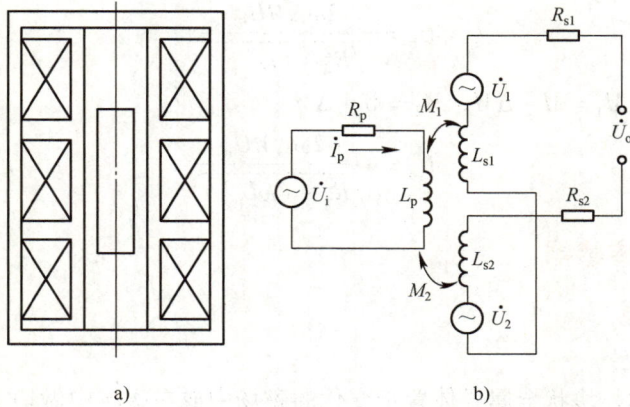

图 3-17 互感式传感器原理图及等效电路图

a）原理图 b）等效电路图

设一次线圈激励电压为 $\dot{U}_i$，一次线圈中的电感和电阻分别为 L_p、R_p，一次线圈与两个二次线圈之间的互感分别为 M_1、M_2，两个二次线圈的电感分别为 L_{s1}、L_{s2}，两个二次线圈的电阻为 R_{s1}、R_{s2}，输出电压为 $\dot{U}_o$。则一次线圈中的电流为

$$\dot{I}_p = \frac{\dot{U}_i}{R_p + j\omega L_p}$$

一次线圈和二次线圈中的电压分别为

$$\dot{U}_1 = -j\omega M_1 \dot{I}_p$$

$$\dot{U}_2 = -j\omega M_2 \dot{I}_p$$

互感分别为

$$M_1 = \frac{N_2 N_1}{R_{m1}}, \quad M_2 = \frac{N_2 N_1}{R_{m2}}$$

式中，R_{m1} 及 R_{m2} 分别为磁通通过一次线圈及两个二次线圈的磁阻；N_1 为一次线圈匝数；N_2 为二次线圈匝数。

输出电压为

$$U_o = \frac{\omega(M_1 - M_2)U_i}{\sqrt{R_p^2 + (\omega L_p)^2}}$$

$$\dot{I}_p = \frac{\dot{U}_i}{R_p + j\omega L_p}, \quad \dot{U}_1 = -j\omega M_1 \dot{I}_p$$

$$\dot{U}_2 = -j\omega M_2 \dot{I}_p, \quad M_1 = \frac{N_2 N_1}{R_{m1}}, \quad M_2 = \frac{N_2 N_1}{R_{m2}}$$

当磁心平衡时，$M_1 = M_2 = M$，$U_o = 0$

当磁心上升时，$M_1 = M + \Delta M$，$M_2 = M - \Delta M$

$$U_o = \frac{2\omega\Delta M U_i}{\sqrt{R_p^2 + (\omega L_p)^2}}$$

当磁心下降时，$M_1 = M - \Delta M$，$M_2 = M + \Delta M$

$$U_o = \frac{-2\omega\Delta M U_i}{\sqrt{R_p^2 + (\omega L_p)^2}}$$

3.2.3 电涡流式传感器

1. 基本工作原理

（1）电涡流效应

根据法拉第定律，块状金属导体置于变化的磁场中或在磁场中做切割磁力线运动时，导体内部将产生漩涡状的感应电流，称为电涡流，这种现象称为电涡流效应。根据电涡流的特点制作的传感器可以对位移、厚度、表面温度、速度、应力、材料损伤等进行非接触式连续测量。

（2）工作原理

如图 3-18 所示，根据法拉第定律，当传感器线圈通以正弦交变电流 I_1 时，线圈周围空间必然产生正弦交变磁场 H_1，使置于此磁场中的金属导体中感应电涡流 I_2，I_2 又产生新的交变磁场 H_2。根据楞次定律，H_2 的作用将反抗原磁场 H_1，由于磁场 H_2 的作用，涡流要消耗一部分能量，导致传感器线圈的等效阻抗发生变化。由上述讨论可知，线圈阻抗的变化完全取决于被测金属导体的电涡流效应。

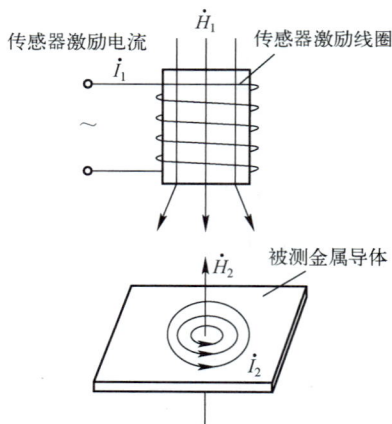

图 3-18　涡流产生的原理图

2. 电涡流形成范围

（1）电涡流的径向形成范围

线圈与导体系统产生的电涡流密度既是线圈与导体间距离 x 的函数，又是沿线圈半径方向 r 的函数。当 x 一定时，电涡流密度 J 与半径 r 的关系曲线如图 3-19 所示。J_0 为金属导体表面电涡流密度，即电涡流密度最大值。J_r 为半径 r 处的金属导体表面电涡流密度。由图 3-19 可知：

① 电涡流径向形成范围在传感器线圈外径 r_{as} 的 $1.8 \sim 2.5$ 倍范围内，且分布不均匀。

② 电涡流密度在 $r_i = 0$ 处为零。

③ 电涡流的最大值在 $r = r_{as}$ 附近的一个狭窄区域内。

④ 可以用一个平均半径为 $r_{as} [r_{as} = (r_i + r_a)/2]$ 的短路环来集中表示分散的电涡流（图 3-19 中阴影部分）。

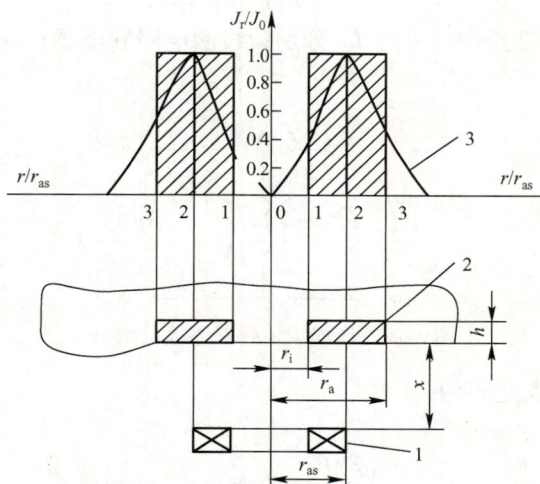

图 3-19 电涡流密度 J 与半径 r 的关系曲线图
1—电涡流线圈 2—等效短路环 3—电涡流密度分布

（2）电涡流强度与距离的关系

理论分析和实验都已证明，当 x 改变时，电涡流密度也发生变化，即电涡流强度随距离 x 的变化而变化。根据线圈与导体系统的电磁作用，可以得到金属导体表面的电涡流强度为

$$I_2 = I_1 \left[1 - \frac{x}{\sqrt{x^2 + r_{as}^2}} \right]$$

式中，I_1 为线圈激励电流；I_2 为金属导体中等效电流；x 为线圈到金属导体表面的距离；r_{as} 为线圈外径。以上分析表明：

① 电涡流强度与距离 x 呈非线性关系，且随着 x/r_{as} 的增加而迅速减小。

② 当利用电涡流式传感器测量位移时，只有在 $x/r_{as} \ll 1$（一般取 $0.05 \sim 0.15$）的条件下才能得到较好的线性和较高的灵敏度。

（3）电涡流的轴向贯穿深度

所谓贯穿深度是指把电涡流强度减小到表面强度的 $1/e$ 处的表面厚度。由于电磁场不能穿过导体的无限厚度，仅作用于表面薄层和一定的径向范围内，并且导体中产生的电涡流强度是随导体厚度的增加按指数规律下降的。其按指数衰减的分布规律可用下式表示：

$$J_d = J_0 e^{-d/h}$$

式中，d 为金属导体中某一点与表面的距离；J_d 为沿 H_1 轴向 d 处的电涡流密度；J_0 为金属导体表面电涡流密度，即电涡流密度最大值；h 为电涡流轴向贯穿的深度（趋肤深度）。

3. 电涡流传感器等效电路

电涡流传感器等效电路如图 3-20 所示。根据基尔霍夫定律可列如下方程：

$$\begin{cases} R\dot{I} + j\omega L\dot{I} - j\omega M\dot{I}_1 = \dot{U}_1 \\ -j\omega M\dot{I} + R_1\dot{I}_1 + j\omega L_1\dot{I}_1 = 0 \end{cases}$$

式中，ω 为线圈励磁电流角频率；R_1、L_1 分别为线圈电阻和电感；M 为互感。

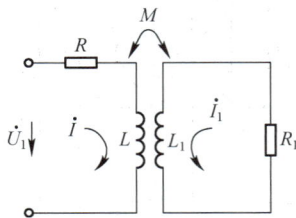

图 3-20　电涡流传感器等效电路图

解得等效阻抗 Z 的表达式为

$$Z = \frac{\dot{U}_1}{\dot{I}} = R + \frac{\omega^2 M^2}{R_1^2 + \omega^2 L_1^2}R_1 + j\omega\left(L - \frac{\omega^2 M^2}{R_1^2 + \omega^2 L_1^2}L_1\right)$$

$$= R_{eq} + j\omega L_{eq}$$

R_{eq} 为线圈受电涡流影响后的等效电阻，即

$$R_{eq} = R + \frac{\omega^2 M^2}{R_1^2 + \omega^2 L_1^2}R_1$$

L_{eq} 为线圈受电涡流影响后的等效电感，即

$$L_{eq} = L - \frac{\omega^2 M^2}{R_1^2 + \omega^2 L_1^2}L_1$$

线圈的等效品质因数 Q 值为

$$Q = \frac{\omega L_{eq}}{R_{eq}}$$

3.3　测量电路

电容式传感器的输出电容值一般十分微小，几乎都在几皮法至几十皮法，如此小的电容量不便于直接测量和显示，因而必须借助于一些测量电路，将微小的电容值呈比例地转换为电压、电流或频率信号。根据电路输出量的不同，可分为调幅型电路、脉宽调制型电路和调

频型电路。

3.3.1 交流电桥式测量电路

1. 交流电桥电路

交流电桥电路如图 3-21 所示。把传感器的两个线圈或两个电容作为电桥的两个桥臂 Z_1 和 Z_2，另外两个相邻的桥臂用阻抗 Z_x（感抗或容抗）代替。设 $Z_1 = Z + \Delta Z_1$，$Z_2 = Z - \Delta Z_2$，Z 是衔铁在中间位置时单个线圈的复阻抗，ΔZ_1、ΔZ_2 分别是衔铁偏离中心位置时两线圈阻抗的变化量。对于差动式电感传感器，有 $\Delta Z_1 + \Delta Z_2 \approx j\omega (\Delta L_1 + \Delta L_2)$，则电桥输出电压为

$$\dot{U}_o = \frac{\dot{U}_{AC}}{2} \frac{\Delta Z_1}{Z_1}$$

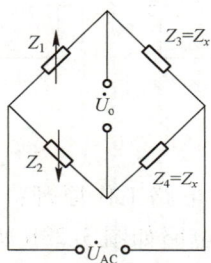

图 3-21　交流电桥电路

2. 变压器式交流电桥

变压器式交流电桥电路如图 3-22 所示。电桥两臂 Z_1、Z_2 为传感器线圈阻抗或电容阻抗，另外两桥臂为交流变压器二次线圈的 1/2 阻抗。当负载阻抗为无穷大时，桥路输出电压为

$$\dot{U}_o = \frac{Z_1}{Z_1 + Z_2} \dot{U}_{AC} - \frac{1}{2} \dot{U}_{AC} = \frac{Z_1 - Z_2}{Z_1 + Z_2} \frac{\dot{U}_{AC}}{2}$$

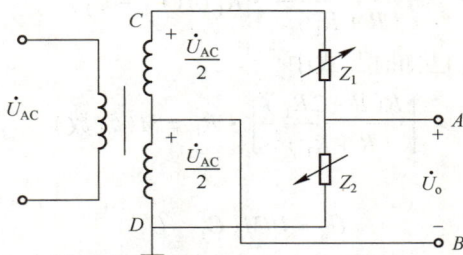

图 3-22　变压器式交流电桥电路

3. 二极管双 T 形交流电桥电路

二极管双 T 形交流电桥电路如图 3-23 所示。e 是高频电源，它提供了幅值为 U 的对称方波，VD_1、VD_2 为特性完全相同的两只二极管，固定电阻 $R_1 = R_2 = R$，C_1、C_2 为传感器的

两个差动电容。

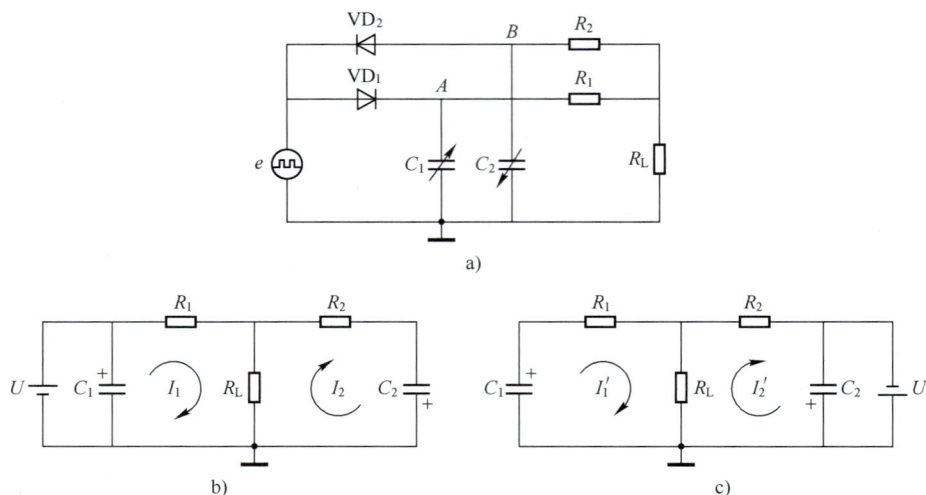

图 3-23   二极管双 T 形交流电桥电路

当传感器没有输入时，$C_1 = C_2$。电路工作原理：当 e 在正半周时，二极管 VD_1 导通、VD_2 截止，于是电容 C_1 充电，其等效电路如图 3-23b 所示；在随后负半周出现时，电容 C_1 上的电荷通过电阻 R_1 和负载电阻 R_L 放电，流过 R_L 的电流为 I_1。当 e 为负半周时，VD_2 导通、VD_1 截止，则电容 C_2 充电，其等效电路如图 3-23c 所示；在随后出现正半周时，C_2 通过电阻 R_2 和负载电阻 R_L 放电，流过 R_L 的电流为 I_2。电流 $I_1 = I_2$，且方向相反，在一个周期内流过 R_L 的平均电流为零。

若传感器输入不为 0，则 $C_1 \neq C_2$，$I_1 \neq I_2$，此时在一个周期内通过 R_L 上的平均电流不为零，因此产生输出电压，输出电压在一个周期内的平均值为

$$U_o = I_L R_L = \frac{1}{T}\int_0^T [I_1(t) - I_2(t)]\,\mathrm{d}t R_L$$

$$\approx \frac{R(R+2R_L)}{(R+R_L)^2} \cdot R_L Uf(C_1 - C_2)$$

式中，f 为电源频率。当 R_L 已知时，式中

$$\left[\frac{R(R+2R_L)}{(R+R_L)^2}\right] \cdot R_L = M(\text{常数})$$

则输出电压 U_o 可改写为

$$U_o = UfM(C_1 - C_2)$$

根据上式可知，输出电压 U_o 不仅与电源电压幅值和频率有关，而且与 T 形网络中的电容 C_1 和 C_2 的差值有关。当电源电压确定后，输出电压 U_o 是电容 C_1 和 C_2 的函数。电路的灵敏度与电源电压幅值和频率有关，故输入电源要求稳定。当 U 幅值较高，使二极管 VD_1、VD_2 工作在线性区域时，测量的非线性误差很小。电路的输出阻抗与电容 C_1、C_2 无关，而仅与 R_1、R_2 及 R_L 有关，为 $1 \sim 100\mathrm{k}\Omega$。输出信号的上升沿时间取决于负载电阻。对于 $1\ \mathrm{k}\Omega$

的负载电阻其上升时间为 $20\mu s$ 左右，故可用来测量高速的机械运动。

3.3.2　集成运算放大器

由于集成运算放大器的放大倍数非常大，而且输入阻抗 Z_i 很高，集成运算放大器的这一特点可以作为电容式传感器的比较理想的测量电路，如图 3-24 所示。由集成运算放大器工作原理可得其输出电压与输入电压之间的关系为

$$\dot{U}_o = -\frac{C}{C_x}\dot{U}_i$$

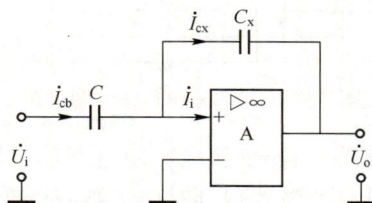

图 3-24　运算放大器式测量电路

式中，C 为固定电容；C_x 为电容式传感器。如果传感器是一只平板电容，则 $C_x = \dfrac{\varepsilon S}{d}$，将其代入后可得

$$\dot{U}_o = -\dot{U}_i \frac{C}{\varepsilon S}d$$

式中，负号表示输出电压 U_o 的相位与电源电压反相。

可见集成运算放大器的输出电压与极板间距离 d 呈线性关系，使变间隙电容式传感器的输出特性具有线性特性。集成运算放大器式电路虽解决了变间隙电容式传感器的非线性问题，但要求 Z_i 及放大倍数足够大。为保证仪器精度，还要求电源电压 U_i 的幅值和固定电容 C 值稳定。

在该集成运算放大电路中，选择输入阻抗和放大增益足够大的集成运算放大器，以及具有一定精度的输入电源、固定电容，则可使用变间隙电容式传感器测出 $0.1\mu m$ 的微小位移。该集成运算放大器电路在初始状态时，若输出电压不为零，则电路存在漂移等缺点。因此，在测量中常在集成运算放大电路中加入调零电路。

在上述集成运算放大器电路中，固定电容 C 在对电容式传感器 C_x 的检测过程中还起到了参比测量的作用。因而当 C 和 C_x 结构参数及材料完全相同时，环境温度对测量的影响可以得到补偿。

3.3.3　差动脉冲宽度调制电路

图 3-25 所示为差动脉冲宽度调制电路（简称差动脉宽调制电路）。其中，A_1、A_2 为理想运算放大器，组成比较器，F 为双稳态基本 RS 触发器，R_1、C_1 和 R_2、C_2（电阻与电容）分别构成充电回路。VD_1、C_1 和 VD_2、C_2 分别构成放电回路，u_r 为输入的标准电源，而将双

稳态触发器的输出作为电路脉冲输出。

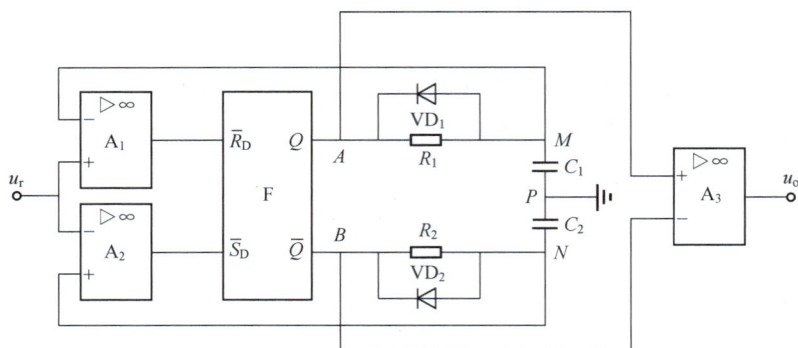

图 3-25　差动脉冲宽度调制电路

电路的工作原理：利用传感器电容充/放电，使电路输出脉冲的占空比随电容式传感器的电容量变化而变化，再通过低频滤波器得到对应于被测量变化的直流信号。分析如下：

$Q = 1$，$\overline{Q} = 0$ 时，A 点通过 R_1 对 C_1 充电，同时电容 C_2 通过 VD_2 迅速放电，使 N 点电压钳位在低电平。在充电过程中，M 点对地电位不断升高，当 $u_M > u_r$ 时，A_1 输出为 " $-$ "，即 $\overline{R}_D = 0$，此时双稳态触发器翻转，使 $Q = 0$，$\overline{Q} = 1$。

$Q = 0$，$\overline{Q} = 1$ 时，B 点通过 R_2 对 C_2 充电，同时电容 C_1 通过 VD_1 迅速放电，使 M 点电压钳位在低电平。在充电过程中，N 点对地电位不断升高，当 $u_N > u_r$ 时，A_2 输出为 " $-$ "，即 $\overline{S}_D = 0$，此时，双稳态触发器翻转，使 $Q = 1$，$\overline{Q} = 0$。

此过程周而复始。

电路输出脉冲由 A、B 两点电平决定，高电平电压为 U_H，低电平为 0。电路各点的充/放电波形如图 3-26 所示。

当 $C_1 = C_2$，$R_1 = R_2$ 时，A 点脉冲与 B 点脉冲宽度相同且方向相反，波形如图 3-26a 所示。

当 C_1 增大，C_2 减小时，R_1、C_1 充电时间变长，$Q = 1$ 的时间延长，U_A 的脉宽变宽；而 R_2、C_2 充电时间变短，$Q = 0$ 的时间缩短，U_B 的脉宽变窄。把 A、B 接到低通滤波器，得到与电容变化相应的电压输出，即 U_o 脉冲变宽。波形如图 3-26b 所示。

当 C_1 减小，C_2 增大时，R_1、C_1 充电时间变短，$Q = 1$ 的时间缩短，U_A 的脉宽变窄；而 R_2、C_2 充电时间变长，$Q = 0$ 的时间延长，U_B 的脉宽变宽。同样，把 A、B 接到低通滤波器，得到与电容变化相对应的电压输出，即 U_o 脉冲变窄。

由以上分析可知，当 $C_1 = C_2$ 时，两个电容充电时间常数相等，两个输出脉冲宽度相等，输出电压的平均值为零。当差动电容式传感器处于工作状态，即 $C_1 \neq C_2$ 时，两个电容的充电时间常数发生变化，R_1、C_1 充电时间 T_1 正比于 C_1，而 R_2、C_2 充电时间 T_2 正比于 C_2，这时输出电压的平均值不等于零。输出电压为

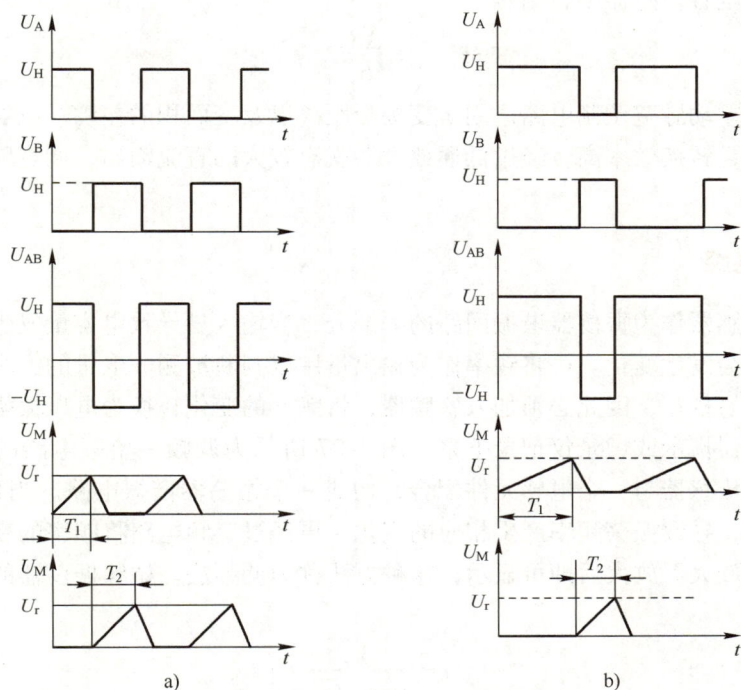

图 3-26　电路各点的充/放电波形
a) $C_1 = C_2$　b) $C_1 > C_2$

$$U_o = U_A - U_B = U_1 \frac{T_1 - T_2}{T_1 + T_2}$$

式中，U_1 为触发器输出的电平；T_1、T_2 分别为 C_1、C_2 充电至 U_r 时所需时间，即

$$T_1 = R_1 C_1 \ln \frac{U_1}{U_1 - U_r}$$

$$T_2 = R_2 C_2 \ln \frac{U_2}{U_2 - U_r}$$

将 T_1、T_2 代入输出电压的表达式，得

$$U_o = \frac{C_1 - C_2}{C_1 + C_2} U_1$$

把平行板电容的公式代入输出电压的表达式，在变极板距离的情况下可得

$$U_o = \frac{d_1 - d_2}{d_1 + d_2} U_1$$

式中，d_1、d_2 分别为 C_{x1}、C_{x2} 极板间距离。

当差动电容 $C_{x1} = C_{x2} = C_0$，即 $d_1 = d_2 = d_0$ 时，$U_o = 0$；若 $C_1 \neq C_2$，设 $C_1 > C_2$，即 $d_1 = d_0 - \Delta d$，$d_2 = d_0 + \Delta d$，则有

$$U_o = \frac{\Delta d}{d_0} U_1$$

同样，在变面积电容传感器中，则有

$$U_o = \frac{\Delta S}{S} U_1$$

由此可见，差动脉宽调制电路适用于变极板距离以及变面积的差动式电容式传感器，并具有线性特性，且转换效率高，经过低通放大器就有较大的直流输出，调宽频率的变化对输出没有影响。

3.3.4 调频电路

把电容式传感器作为振荡器谐振回路的一部分，当输入量导致电容量发生变化时，振荡器的振荡频率就会发生变化。可将频率作为输出量用以判断被测非电量的大小，但此时系统是非线性的，不易校正，因此必须加入鉴频器，将频率的变化转换为电压振幅的变化，经过放大就可以用仪器指示或记录仪记录下来。图3-27所示为调频 – 鉴频电路的原理图。该测量电路把电容式传感器与一个电感元件配合，构成一个振荡器谐振电路。当传感器工作时，电容量发生变化，导致振荡频率产生相应的变化。再经过鉴频电路将频率的变化转换为电压振幅的变化，经放大器放大后即可显示，这种方法称为调频法。调频振荡器的振荡频率由下式决定：

$$f = \frac{1}{2\pi \sqrt{LC}}$$

式中，L 为振荡回路电感；C 为振荡回路总电容。

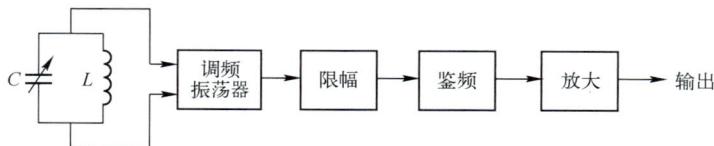

图3-27　调频 – 鉴频电路原理图

调频电容式传感器测量电路具有较高的灵敏度，可以测量 $0.01\,\mu m$ 级的位移变化量。信号的输出频率易于用数字仪器测量，便于与计算机通信，抗干扰能力强，可以发送、接收，以达到遥测遥控的目的。

3.4　电容式传感器的应用

随着新工艺、新材料的问世，特别是电子技术的发展，使得电容式传感器得到越来越广泛的应用。电容式传感器可用于测量直线位移、角位移、振动振幅，还可测量压力、液位、料面、粮食中的水分含量、非金属材料的涂层和油膜厚度，以及测量电介质的湿度、密度、厚度等，尤其适合测量高频振动的振幅、精密轴系回转精度、加速度等机械量，在自动检测与控制系统中也常常用作位置信号发生器。

3.4.1　电容式位移传感器

电容式位移传感器的结构如图 3-28 所示，这种传感器采用了差动式结构。当测量杆随被测位移运动而带动活动电极发生位移时，导致活动电极与两个固定电极间的覆盖面积发生变化，其电容量也相应产生变化。这种传感器具有良好的线性度。

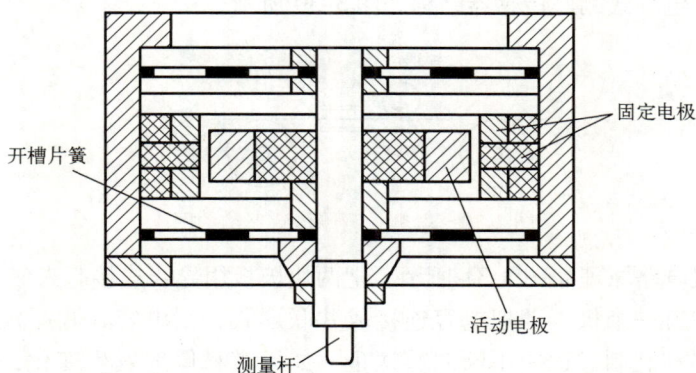

图 3-28　电容式位移传感器结构图

3.4.2　电容式压力传感器

图 3-29 所示为差动电容式压力传感器原理图。把绝缘的玻璃或陶瓷材料内侧磨成球面，在球面上镀上金属镀层作为两个固定的电极板。在两个电极板中间焊接一金属膜片，作为可动电极板，用于感受外界的压力。在动极板和定极板之间填充硅油。无压力时，膜片位于电极中间，上下两电路相等。加入压力时，在被测压力的作用下，膜片弯向低压的一边，从而使一个电容量增加，另一个电容量减少，电容量变化的大小反映了压力变化的大小。该压力传感器可用于测量微小压差。

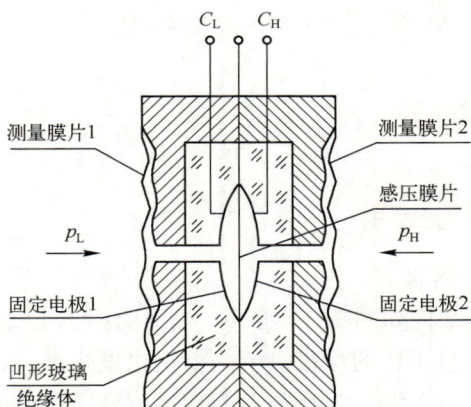

图 3-29　差动电容式压力传感器原理图

3.4.3 电容式测厚仪

电容式测厚仪的关键部件之一就是电容测厚传感器，主要用来对金属带材在轧制过程中的厚度进行检测，其工作原理是在被测带材的上下两侧各放置一块面积相等、与带材距离相等的极板，这样极板与带材就构成了两个电容器 C_1、C_2。在轧制过程中由它监测金属带材的厚度变化情况。电容式测厚传感器结构如图 3-30 所示。

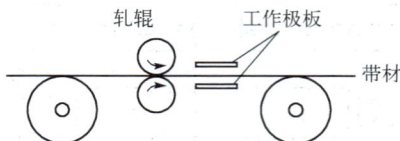

图 3-30 电容式测厚传感器结构图

电容式测厚仪电路原理如图 3-31 所示，把两块极板用导线连接起来成为电容的一个极，而带材就是电容的另一个极，即把电容连接成并联形式，则电容式测厚仪输出的总电容为 $C_1 + C_2$。金属带材在轧制过程中不断向前送进，如果带材厚度发生变化，将引起带材与上下两个极板间距的变化，即引起电容量的变化，如果把总电容量 C 作为交流电桥的一个臂，电容的变化 ΔC 引起电桥输出的变化，然后经过放大、检波、滤波电路，最后在仪表上显示出带材的测量厚度。这种测厚仪的优点是带材的振动不影响测量精度。

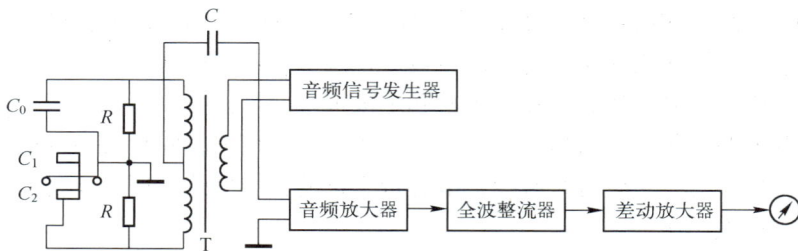

图 3-31 电容式测厚仪电路原理

3.5 电感传感器的应用

3.5.1 变磁阻式传感器的应用

（1）变隙电感式压力传感器

变隙电感式压力传感器结构如图 3-32 所示。当压力进入膜盒时，膜盒的底端在压力 P 的作用下产生与压力 P 大小呈正比的位移，于是衔铁也发生移动，从而使气隙 δ 发生变化，流过线圈的电流也发生相应的变化，电流表 A 的指示值就反映了被测压力的大小。

（2）变隙式差动电感压力传感器

变隙式差动电感压力传感器如图 3-33 所示。它主要由 C 形弹簧管、衔铁、铁心和线

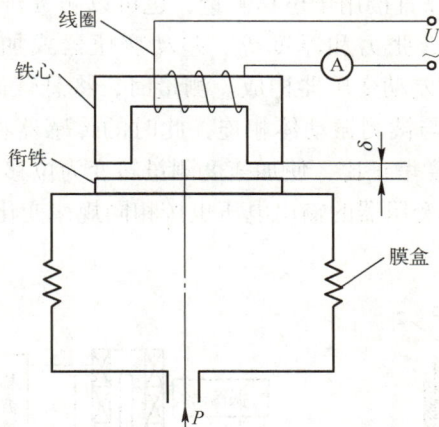

图 3-32　变隙电感式压力传感器结构图

圈等组成。

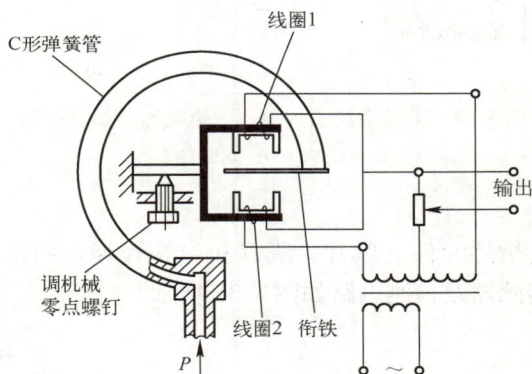

图 3-33　变隙式差动电感压力传感器

当被测压力进入 C 形弹簧管时，C 形弹簧管产生变形，其自由端发生位移，带动与自由端连接成一体的衔铁运动，使线圈 1 和线圈 2 中的电感发生大小相等、符号相反的变化。即一个电感量增大，另一个电感量减小。电感的这种变化通过电桥电路转换成电压输出。由于输出电压与被测压力之间呈比例关系，所以只要用检测仪表测量出输出电压，即可得知被测压力的大小。

3.5.2　互感式传感器的应用

互感式传感器在测量振动、厚度、应变、压力、加速度等物理量的应用如下。

（1）差动变压器式加速度传感器

用于测定振动物体的频率和振幅时，其励磁频率必须是振动频率的 10 倍以上，才能得到精确的测量结果。可测量的振幅为 0.1～5mm，振动频率为 0～150Hz。

差动变压器式传感器可以直接用于位移测量，也可以测量与位移有关的任何机械量，如振动、加速度、应变、比重、张力和厚度等。差动变压器式加速度传感器及检测电路如图 3-34 所示。它由悬臂梁和差动变压器构成。测量时，将悬臂梁底座及差动变压器的线圈骨架固定，而将衔铁的 A 端与被测振动体相连，此时的传感器将作为加速度测量中的惯性元件，它的位移与被测加速度呈正比，使加速度测量转变为位移的测量。当被测体带动衔铁以 $\Delta x(t)$ 振动时，导致差动变压器的输出电压也按相同规律变化。

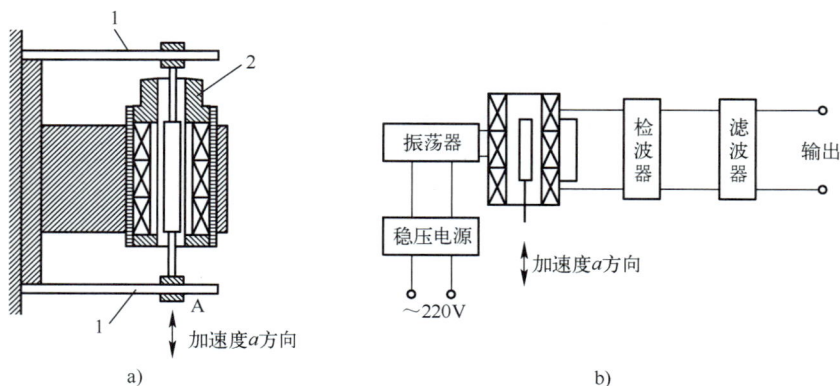

图 3-34　差动变压器式加速度传感器及检测电路
1—悬臂梁　2—线圈骨架

（2）微压力传感器

将差动变压器和弹性敏感元件（膜片、膜盒和弹簧管等）相结合，可以组成各种形式的压力传感器。微压力传感器及检测电路如图 3-35 所示。

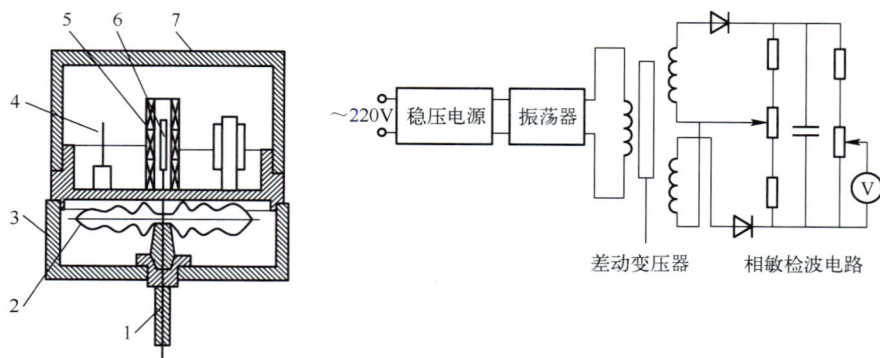

图 3-35　微压力传感器及检测电路
1—接头　2—膜盒　3—底座　4—线路板　5—差动变压器　6—衔铁　7—罩壳

这种变送器可分档测量（$-5 \times 10^5 \sim 6 \times 10^5$）N/m² 压力，输出信号电压为 0～50mV，精度为 1.5 级。

3.5.3 电涡流传感器的应用

（1）低频透射式涡流厚度传感器

低频透射式涡流厚度传感器原理如图 3-36 所示。在被测金属板的上方设有发射传感器线圈 L_1，在被测金属板下方设有接收传感器线圈 L_2。当在 L_1 上加低频电压 $\dot{U}_1$ 时，L_1 上产生交变磁通 Φ_1，若两线圈间无金属板，则交变磁通直接耦合至 L_2 中，L_2 产生感应电压 $\dot{U}_2$。如果将被测金属板放入两线圈之间，则 L_1 线圈产生的磁场将导致在金属板中产生电涡流，并将贯穿金属板，此时磁场能量受到损耗，使到达 L_2 的磁通减弱为 Φ_1'，从而使 L_2 产生的感应电压 $\dot{U}_2$ 下降。金属板越厚，涡流损失就越大，电压 $\dot{U}_2$ 就越小。因此，可根据电压 $\dot{U}_2$ 的大小得知被测金属板的厚度。透射式涡流厚度传感器的检测范围为 1~100mm，分辨率为 0.1μm，线性度为 1%。

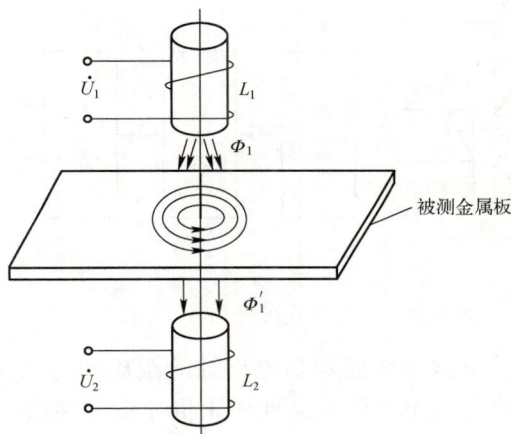

图 3-36 低频透射式涡流厚度传感器原理图

（2）高频反射式涡流厚度传感器

为了克服带材不够平整或运行过程中上下波动的影响，在带材的上、下两侧对称地设置了两个特性完全相同的涡流传感器 S_1 和 S_2。S_1 和 S_2 与被测带材表面之间的距离分别为 x_1 和 x_2。若带材厚度不变，则被测带材上、下表面之间的距离总有 $x_1 + x_2 =$ 常数的关系存在。高频反射式涡流厚度传感器如图 3-37 所示，两传感器的输出电压之和为 $2U_0$，数值不变。如果被测带材厚度改变量为 $\Delta\delta$，则两传感器与带材之间的距离也改变一个 $\Delta\delta$，两传感器输出电压此时为 $2U_0 \pm \Delta U$。ΔU 经放大器放大后，通过指示仪表即可指示出带材的厚度变化值。带材厚度给定值与偏差指示值的代数和就是被测带材的厚度。

（3）电涡流式转速传感器

图 3-38 所示为电涡流式转速传感器工作原理图。

在软磁材料制成的输入轴上加工一键槽，在距输入表面 d_0 处设置电涡流传感器，输入轴与被测旋转轴相连。

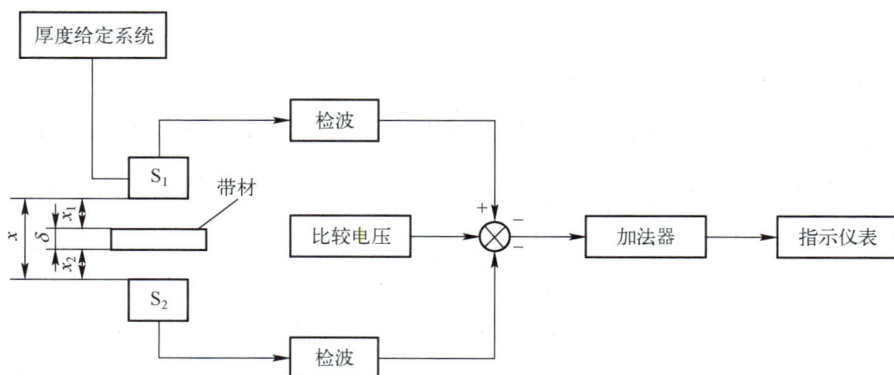

图 3-37　高频反射式涡流厚度传感器示意图

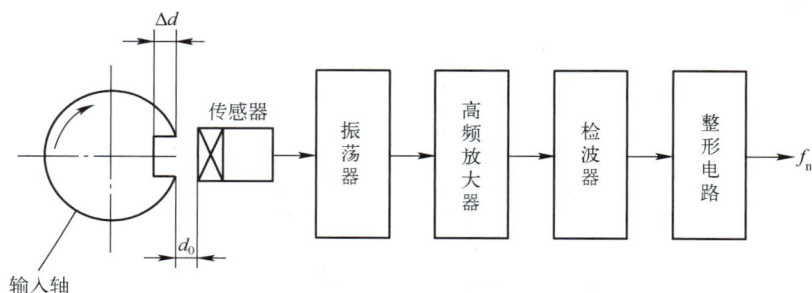

图 3-38　电涡流式转速传感器工作原理图

当被测旋转轴转动时，电涡流传感器与输出轴的距离变为 $d_0 + \Delta d$。由于电涡流效应，使传感器线圈阻抗随 Δd 的变化而变化，这种变化将导致振荡谐振回路的品质因数发生变化，它们将直接影响振荡器的电压幅值和振荡频率。因此，随着输入轴的旋转，从振荡器输出的信号中包含有与转速呈正比的脉冲频率信号。该信号由检波器检出电压幅值的变化量，然后经整形电路输出频率为 f_n 的脉冲信号。该信号经电路处理后便可得到被测转速。

这种转速传感器可实现非接触式测量，抗污染能力很强，可安装在旋转轴近旁长期对被测转速进行监视。最高测量转速可达 $600000\mathrm{r/min}$。

3.6　知识梳理

1）电容式传感器是将被测量的变化转换为电容量变化的一种传感器。它具有结构简单、分辨率高、抗过载能力强、动态特性好等优点，且能在高温、辐射和强烈振动等恶劣条件下工作。

2）平行板电容器的电容量为 $C = \dfrac{\varepsilon S}{d}$，只要固定 3 个参量 d、S、ε 中的两个，另外一个参数改变，则电容量就将产生变化，所以电容式传感器可以分成 3 种类型：变面积式、变间隙式与变介电常数式。

3）电感式传感器是利用线圈自感或互感的改变来实现测量的装置，可以测量位移、振动、压力、流量、比重等参数。电感式传感器的核心部分是可变的自感或互感，在将被测量转换成线圈自感或互感的变化时，一般要利用磁场作为媒介或利用铁磁体的某些现象。这类传感器的主要特征是具有电感绕组。其结构简单、无活动电触点、工作寿命长，而且灵敏度和分辨力高、输出信号强，线性度和重复性都比较好，能实现信息的远距离传输、记录、显示和控制。

4）测量电路大致分为三类：

① 调幅型电路，即将电容值或电感值转换为相应幅值的电压，常见的有交流电桥电路和集成运算式放大电路。

② 脉宽调制电路，将电容值或电感值转换为相应宽度的脉冲。

③ 调频型电路，将电容值或电感值转换为相应的频率。因此选择测量电路时，可根据电容传感器或电感传感器的变化量，选择合适的电路。

3.7 习题

1. 电容式传感器可以分成哪几种类型？

2. 为什么电容式传感器经常采用差动形式？

3. 电容器极板的面积为 $48cm^2$，极板之间的距离为 $0.6mm$。相对介电常数 $\varepsilon_r = 1$，真空中的介电常数 $\varepsilon_0 = 8.85 \times 10^{-12} F/m$。计算：（1）电容器的电容。（2）若极板之间的距离扩大 1 倍，则电容器的电容为多少？

4. 电容式传感器极板之间的距离为 $2mm$，电容为 $120pF$，外力作用使极板之间的距离缩小 1 倍，试计算电容器的电容。

5. 说明变介电常数电容式传感器的工作原理。

6. 一个用于位移测量的电容式传感器，两个极板是边长为 $10cm$ 的正方形，间距为 $2mm$，气隙中恰好放置一个边长是 $10cm$，厚度为 $2mm$，相对介电常数为 4 的正方形介质板，该介质板可以在气隙中自由滑动。计算当输入位移（即介质板向某一方向移出极板相互覆盖部分的距离）分别为 $0cm$、$5cm$、$10cm$ 时，该传感器的输出电容各为多少？

7. 电容式传感器初始极板间隙 $d_0 = 1.5mm$，外力作用使极板间隙减少 $0.03mm$，并测得电容量为 $180pF$。求：（1）初始电容为多少？（2）若原初始电容式传感器在外力作用后，引起间隙变化，测得电容为 $170pF$，则极板间隙变化了多少？变化方向又是如何？

8. 电容式测微仪的电容器极板面积 $S = 32cm^2$，间隙 $d = 1.2mm$，相对介电常数 $\varepsilon_r = 1$，$\varepsilon_0 = 8.85 \times 10^{-12} F/m$。求：（1）电容器电容。（2）若间隙减少 $0.15mm$，电容又为多少？

9. 电容式传感器的初始间隙 $d_0 = 2mm$，在被测量的作用下间隙减少了 $500\mu m$，此时电容量为 $120pF$，则电容初始值为多少？

10. 电容式测厚仪的关键部件之一就是电容式测厚传感器。试说明其工作原理。

11. 差动结构的电容传感器有什么优点？

12. 电容式传感器有哪几种类型的测量电路？各有什么特点？

13. 一个用于位移测量的电容式传感器，两个极板是边长为 10cm 的正方形，间距为 1mm，气隙中恰好放置一个边长为 10cm，厚度为 1mm，相对介电常数为 4 的正方形介质板，该介质板可在气隙中自由滑动。试计算当输入位移（即介质板向某一方向移出极板相互覆盖部分的距离）分别为 0.0cm、10.0cm 时，该传感器的输出电容各为多少？

14. 比较差动式自感传感器和差动变压器在结构上及工作原理上的异同之处。

15. 变间隙式、变面积式和螺旋式三种电感式传感器各适用于什么场合？它们各有什么优缺点？

16. 螺旋式电感传感器做成细长形有什么好处？欲扩大螺旋式电感传感器的线性范围，可以采取哪些措施？

17. 差动变压器式传感器采用恒流励磁有什么好处？

18. 电源频率波动对电感式传感器的灵敏度有何影响？如何确定传感器的电源频率？

19. 试从电涡流式传感器的基本原理简要说明它的各种应用。

第4章 压电式传感器

压电式传感器是以某些电介质的压电效应为基础，在外力作用下，在电介质的表面上产生电荷，从而实现非电量测量。压电式传感元件是力敏感元件，所以它能测量最终能变换为力的那些物理量，例如力、压力、加速度等。压电式传感器具有响应频带宽、灵敏度高、信噪比大、结构简单、工作可靠、重量轻等优点。近年来，由于电子技术的飞速发展，随着与之配套的二次仪表以及低噪声、小电容、高绝缘电阻电缆的出现，使压电式传感器的使用更为方便。因此，在工程力学、生物医学、石油勘探、声波测井、电声学等许多技术领域中获得了广泛的应用。

4.1 压电效应

对某些电介质，当沿着一定方向对它施加压力时，内部会产生极化现象，同时在它的两个表面上产生符号相反的电荷；当外力去掉后，它又重新恢复为不带电状态；当作用力方向改变时，电荷的极性也随之改变。晶体受力所产生的电荷量与外力的大小呈正比，这种现象称为压电效应。相反，当在电介质的极化方向上施加电场时，这些电介质也会产生变形，当外电场撤离时，变形也随之消失，这种现象称为逆压电效应。具有压电效应的物质很多，如石英晶体、压电陶瓷、压电半导体等。

4.1.1 石英晶体的压电效应

石英晶体是最常用的压电晶体之一。图 4-1a 所示为天然结构的石英晶体理想外形。它是一个正六面体，可以用三根相互垂直的轴 x、y、z 来表示它们的坐标，如图 4-1b 所示。z 轴为光轴（中性轴），是晶体的对称轴，晶体沿光轴 z 方向受力时不产生压电效应；经过正六面体棱线并垂直于光轴的 x 轴为电轴，晶体在沿电轴 x 方向力的作用下产生电荷的压电效应称为纵向压电效应，纵向压电效应最为显著；与 z 轴和 x 轴同时垂直的轴为 y 轴，y 轴垂直于正六面体的棱面，称为机械轴，晶体沿机械轴 y 方向的力作用下产生电荷的压电效应称为横向压电效应，在 y 轴上加力产生的变形最大。从石英晶体上沿轴线切下的一片平行六面体称为压电晶体切片，如图 4-1c 所示。

若从晶体上沿机械轴 y 轴方向切下一块晶片，当在电轴 x 方向施加作用力 F_x 时，在与 x 轴垂直的平面上将产生电荷 q_x，其大小为

$$q_x = d_{11} F_x$$

式中，d_{11} 为电轴 x 方向受力的压电系数；F_x 为沿电轴 x 方向施加的作用力。

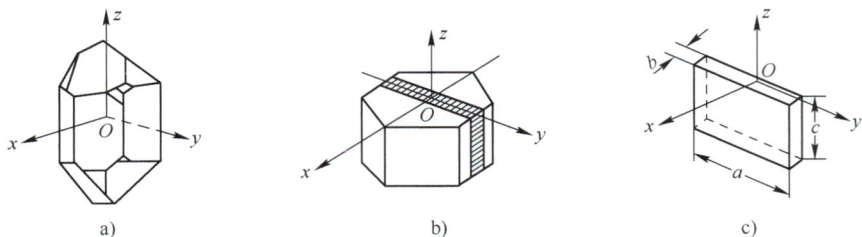

图 4-1 石英晶体

a）石英晶体的理想外形 b）坐标系 c）压电晶体切片

若在同一切片上，沿机械轴 y 轴方向施加作用力 F_y 时，则仍在与 x 轴垂直的平面上产生电荷 q_y，其大小为

$$q_y = d_{12} \frac{a}{b} F_y$$

式中，d_{12} 为机械轴 y 方向受力的压电系数，$d_{12} = -d_{11}$；F_y 为沿机械轴 y 方向施加的作用力；a、b 分别为晶体切片长度和厚度。

电荷 q_x 和 q_y 的符号由所受力的性质决定，当作用力 F_x 和 F_y 的方向相反时，电荷的极性也会随之改变。

石英晶体受压力或拉力时，电荷的极性如图 4-2 所示。

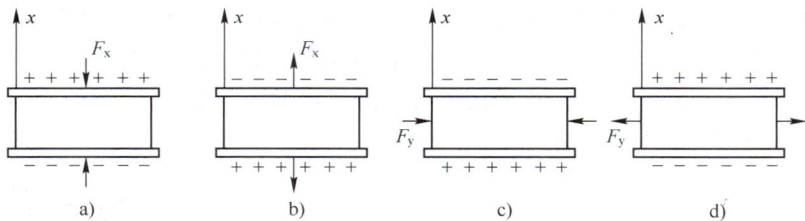

图 4-2 石英晶体受力方向与电荷极性的关系

石英晶体在机械力的作用下为什么会在其表面产生电荷呢？石英晶体的每一个晶体单元中，有三个硅离子和六个氧离子，正、负离子分布在正六边形的顶角上，如图 4-3a 所示。当作用力为零时，正负电荷相互平衡，所以外部没有带电现象。

如果在 x 轴方向施加压力，如图 4-3b 所示，则氧离子挤入硅离子 2 和 6 间，而硅离子 4 挤入氧离子 3 和 5 之间，结果在表面 A 上出现正电荷，而在表面 B 上出现负电荷。如果所受的力为拉力时，在表面 A 和 B 上的电荷极性就与前面的情况刚好相反。

如果在 y 轴方向施加压力，则在表面 A 和 B 上呈现的极性如图 4-3c 所示，施加拉力时，电荷的极性与它相反。

如果在 z 轴方向施加力的作用时，由于硅离子和氧离子是对称平移的，故在表面没有电荷出现，因而不产生压电效应。

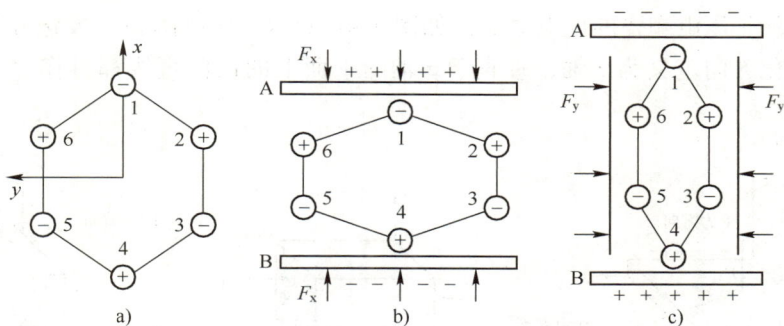

图 4-3 石英晶体的压电效应

4.1.2 压电陶瓷的压电效应

压电陶瓷是人工制造的多晶体压电材料。压电陶瓷内部的晶粒有许多自发极化的电畴，电畴是无规则排列的，电畴结构类似于铁磁性材料的磁畴结构。它有一定的极化方向，从而存在电场。在无外电场作用时，电畴在晶体中杂乱分布，它们各自的极化效应被相互抵消，压电陶瓷内极化强度为零。原始的压电陶瓷，不具有压电性质，如图 4-4a 所示。因此压电陶瓷在没有极化之前呈中性，不具有压电性，是非压电体，为使其具有压电性，就必须在一定温度下做极化处理。

所谓极化，就是以强电场使电畴规则排列，从而呈现出压电性。在 100～170℃ 温度下，在外电场（1～4kV/mm）的作用下，电畴的极化方向发生转动，趋向于按外电场的方向排列，从而使材料得到极化。在陶瓷上施加外电场时，电畴的极化方向发生转动，趋向于按外电场方向的排列，从而使材料得到极化。外电场越强，就会有更多的电畴完全地转向外电场方向。当外电场强度大到使材料的极化达到饱和的程度，即所有电畴极化方向都整齐地与外电场方向一致时，如图 4-4b 所示。当极化电场去掉后，电畴的极化方向基本保持不变，即剩余极化强度很大，这时的材料才具有压电特性。

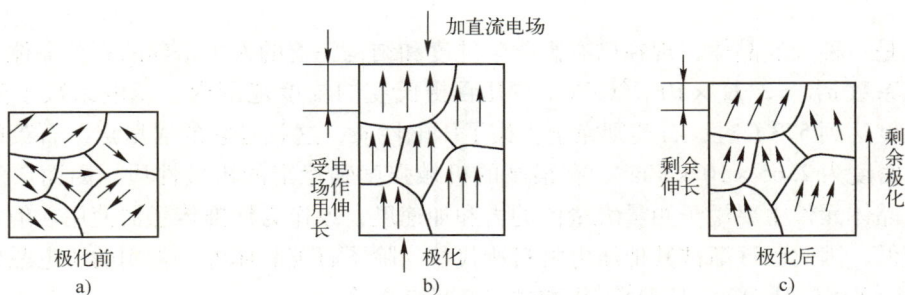

图 4-4 压电陶瓷的极化过程示意图

极化处理后陶瓷材料内部存在很强的剩余极化，当陶瓷材料受到外力作用时，电畴的界限发生移动，电畴发生偏转，从而引起剩余极化强度的变化，因而在垂直于极化方向的平面上将出现极化电荷的变化。这种因受力而产生的由机械效应转变为电效应，将机械能转变为电能的现象，就是压电陶瓷的压电效应，如图 4-4c 所示。压电陶瓷在极化方向上压电效应最明显，把极化方向定义为 z 轴，垂直于 z 轴的平面上的任何直线都可作为 x 或 y 轴，如图 4-5 所示。

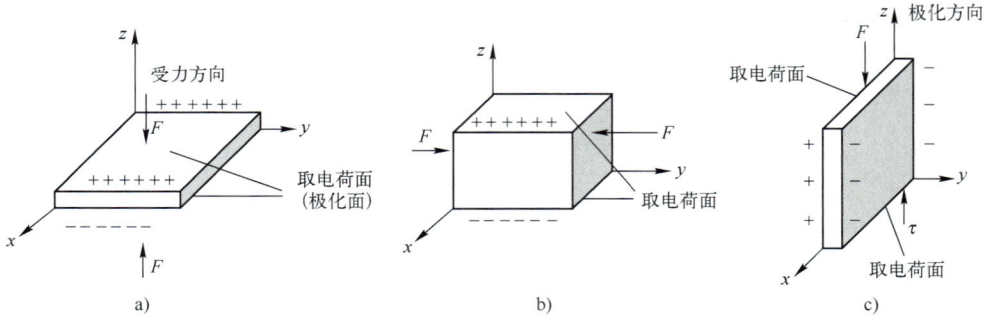

图 4-5　压电陶瓷的压电原理图

电荷量的大小与外力呈如下的正比关系：

$$q = d_{33}F$$

式中，d_{33} 为压电陶瓷的压电系数；F 为作用力。

压电陶瓷在经过极化处理之后则具有非常高的压电系数，为石英晶体的几百倍；但压电陶瓷的参数会随时间发生变化，即老化，压电陶瓷老化将使压电效应减弱。

4.2　压电材料

在自然界中大多数晶体都具有压电效应，但压电效应十分微弱。随着对材料的深入研究，发现石英晶体、钛酸钡、锆钛酸铅等材料是性能优良的压电材料。压电材料可以分为两大类：压电晶体和压电陶瓷。

4.2.1　压电晶体

石英是一种天然晶体，现在已有高化学纯度和结构完善的人工培养的石英晶体。石英晶体的压电系数 $d_{11} = 2.31 \times 10^{-12} \, \text{C/N}$，在几百摄氏度的温度范围内，压电系数不随温度而变；但温度达到 573℃ 时，石英则完全丧失了压电性质，这就是它的居里点。石英的熔点为 1750℃，密度为 $2.65 \times 10^3 \, \text{kg/m}^3$，有很高的机械强度和稳定的机械性质，因而广泛地被应用。石英晶体元件主要用于测量大量值的力和加速度，或作为标准传感器使用。但它的压电系数相当低，因此已逐渐被其他压电材料所代替。除了石英晶体外，常用的压电晶体还有酒石酸钾钠（$NaKC_4H_4O_6 \cdot 4H_2O$）、铌酸锂（$LiNbO_2$）等。

4.2.2　压电陶瓷

（1）钛酸钡压电陶瓷

钛酸钡（$BaTiO_3$）是由碳酸钡（$BaCO_3$）和氧化钛（TiO_2）在高温下合成的，具有较高的压电系数和介电常数，但它的居里点较低。另外，它的机械强度不及石英，但它的压电系数高，因而在传感器中得到广泛应用。

（2）锆钛酸铅系压电陶瓷（PZT）

锆钛酸铅是由钛酸铅（$PbTiO_2$）和锆酸铅（$PbZrO_3$）组成的固溶体 $Pb(ZrTiO_3)$。在锆钛酸铅的基础上，添加一种或两种微量的其他元素，如镧（La）、铌（Nb）、锑（Sb）、锡（Sn）、锰（Mn）、钨（W）等，可获得不同性能的 PZT 系列压电材料。PZT 系列压电材料均具有较高的压电系数和居里点，各项机电参数随温度、时间等外界条件的变化较小，是目前常用的压电材料。

（3）铌酸盐系压电陶瓷

铌酸盐系压电陶瓷是以铌酸钾（$KNbO_3$）和铌酸铅（$PbNbO_2$）为基础制成的。铌酸铅具有较高的居里点、较低的介电常数。在铌酸铅中用钡或锶代替一部分铅，可以引起性能的根本变化，从而得到具有较高机械品质因数的铌酸盐压电陶瓷。铌酸钾是通过热压过程制成的，它的居里点也较高。近年来，由于铌酸盐系压电陶瓷性能比较稳定，在水声传感器方面得到广泛应用，如用作深海水听器。

除了以上几种压电材料，近年来，又出现了铌镁酸铅压电陶瓷（PMN），它具有极高的压电常数，居里点为260℃，可承受约 $6.86 \times 10^7 Pa$ 的压力。

4.2.3　压电材料的特性参数

1）压电常数：是衡量材料压电效应强弱的参数，直接关系到压电输出灵敏度。

2）弹性常数：压电材料的弹性常数和刚度决定了压电器件的固有频率和动态特性。

3）介电常数：对于一定形状、尺寸的压电器件，其固有电容与介电常数有关；而固有电容又影响着压电传感器的频率下限。

4）机械耦合系数：意义是，在压电效应中，转换后的输出能量（如电能）与输入的能量（如机械能）之比的平方根，这是衡量压电材料机电能量转换效率的一个重要参数。

5）电阻：压电材料的绝缘电阻将减少电荷泄漏，从而改善压电传感器的低频特性。

6）居里点温度：是指压电材料开始丧失压电特性的温度。

常用压电材料性能参数见表4-1。

表 4-1　常用压电材料性能参数

性能参数	压电材料				
	石　英	钛酸钡	锆钛酸铅 PZT-4	锆钛酸铅 PZT-5	锆钛酸铅 PZT-8
压电系数/（pC/N）	$d_{11}=2.31$ $d_{14}=0.73$	$d_{15}=260$ $d_{31}=-78$ $d_{33}=190$	$d_{15}\approx410$ $d_{31}=-100$ $d_{33}=230$	$d_{15}\approx670$ $d_{31}=185$ $d_{33}=600$	$d_{15}=330$ $d_{31}=-90$ $d_{33}=200$
相对介电常数 ε_r	4.5	1200	1050	2100	1000

（续）

性能参数	压电材料				
	石　英	钛酸钡	锆钛酸铅 PZT-4	锆钛酸铅 PZT-5	锆钛酸铅 PZT-8
居里点/℃	573	115	310	260	300
密度/（$10^3 kg/m^3$）	2.65	5.5	7.45	7.5	7.45
弹性模量/（$10^9 N/m^2$）	80	110	83.3	117	123
机械品质因数	$10^5 \sim 10^6$		≥500	80	≥800
最大安全应力/（$10^5 N/m^2$）	95～100	81	76	76	83
电阻率/（$\Omega \cdot m$）	$>10^{12}$	10^{10}（25℃）	$>10^{10}$	10^{11}（25℃）	
最高允许温度/℃	550	80	250	250	
最高允许湿度（%）	100	100	100	100	

压电晶体是单晶体，压电陶瓷是多晶体。选用合适的压电材料是设计高性能传感器的关键，一般应考虑以下几方面。①转换性能：具有较高的耦合系数或较大的压电系数。压电系数是衡量材料压电效应强弱的参数，直接关系到压电输出的灵敏度。②机械性能：作为受力元件，压电器件应具有较高的机械强度、较大的机械刚度。③电性能：具有较高的电阻率和较大的介电常数。④温度和湿度稳定性：具有较高的居里点。⑤时间稳定性：压电特性不随时间蜕变。

4.3　压电式传感器测量电路

4.3.1　压电式传感器的等效电路

当压电式传感器的压电器件受到外力作用时，就会在受力纵向或横向表面上出现电荷。在一个极板上聚集正电荷，另一个极板上聚集负电荷。因此压电传感器可以看成是一个电荷发生器，同时它也是一个电容器。所以可以把压电式传感器等效为一个与电容相并联的电荷源，等效电路如图4-6a所示。电容器上的电压U、电荷q与电容C_a三者之间的关系为：$U = q/C_a$。同时，压电传感器也可以等效为一个电压源和一个电容相串联的等效电路，如图4-6b所示。其中R_a为压电器件的漏电阻。

压电式传感器在实际使用时总要与测量仪器或测量电路相连接，这就要考虑连接电缆电容C_c、放大器的输入电阻R_i和输入电容C_i。图4-7所示为压电式传感器测试系统完整的等效电路。

4.3.2　压电器件的串联与并联

在压电式传感器中，常将两片或多片压电器件组合在一起使用。由于压电材料是有极性的，因此接法也有串联和并联两种，如图4-8所示。

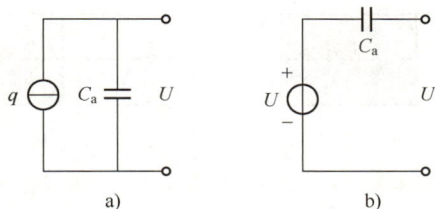

图 4-6　压电式传感器的等效电路
a）电荷源与电容并联　b）电压源与电容串联

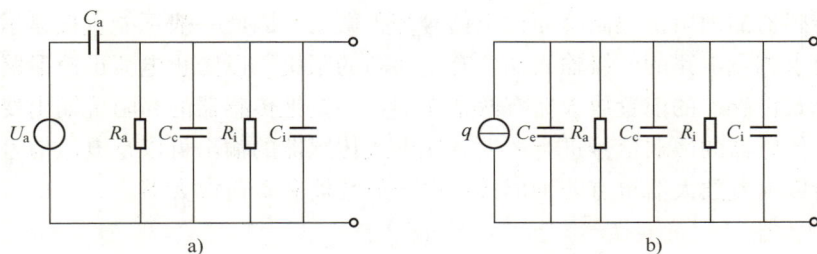

图 4-7　压电式传感器的实际等效电路
a）电压源　b）电荷源

1. 压电器件的串联

图 4-8a 所示为压电器件的串联接法，其输出电容 C' 为

$$C' = \frac{C}{n}$$

式中，C 为单片电容，n 为压电器件的数量。

输出电荷量 Q' 为　　　　　　　　　　$Q' = Q$

式中，Q 与单片电荷量相等。

输出电压 U' 为　　　　　　　　　　$U' = nU$

式中，U 为单片电压。

2. 压电器件的并联

图 4-6b 所示为并联接法，其输出电容 C' 为

$$C' = nC$$

输出电荷量 Q' 为　　　　　　　　　　$Q' = nQ$

输出电压 U' 为　　　　　　　　　　$U' = U$

在以上两种连接方式中，串联接法输出电压高，本身电容小，适用于以电压为输出量及测量电路输入阻抗很高的场合；并联接法输出电荷大，本身电容大，因此时间常数也大，适用于测量缓变信号，并以电荷量作为输出的场合。

压电器件在压电传感器中，必须有一定的预应力，这样可以保证在作用力变化时，压电片始终受到压力，同时也保证了压电片的输出与作用力的线性关系。

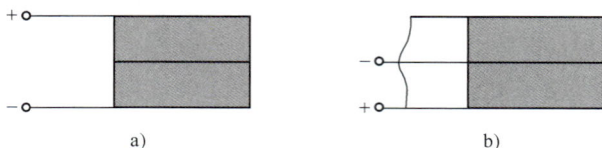

图 4-8　压电器件的串联接法和并联接法
a）串联接法　b）并联接法

4.3.3　测量电路

压电式传感器的内阻抗很高，而输出信号却很微弱，因此一般不能直接显示和记录。压电式传感器要求测量电路的前级输入端要有足够高的阻抗，以防止电荷迅速泄漏而使测量误差减小。压电式传感器的前置放大器有两个作用：一是把传感器的高阻抗输出变换为低阻抗输出；二是把传感器的微弱信号进行放大。压电式传感器的输出可以是电压信号，也可以是电荷信号，所以前置放大器也有两种形式：电压放大器和电荷放大器。

1. 电压放大器（阻抗变换器）

图 4-9a、b 所示分别是电压放大器电路原理图及其等效电路。

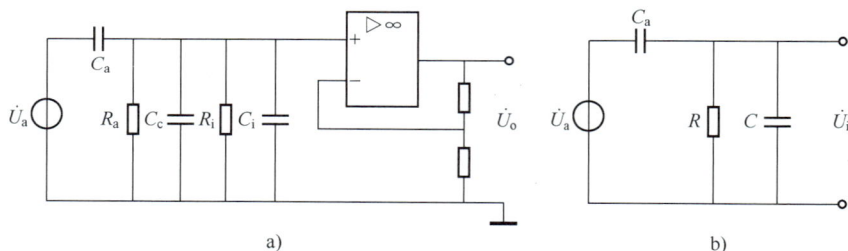

图 4-9　电压放大器电路原理及其等效电路图
a）电路原理　b）等效电路

在图 4-9b 所示电路中，等效电阻 R 为

$$R = \frac{R_a R_i}{R_a + R_i}$$

等效电容 C 为 $\qquad C = C_a + C_c + C_i$

因为 $u_a = \dfrac{q}{C_a}$，若压电器件受正弦力 $f = F_m \sin\omega t$ 的作用，则其电压为

$$u_a = \frac{dF_m}{C_a}\sin\omega t = U_m \sin\omega t$$

式中，U_m 为压电器件输出电压的幅值，$U_m = dF_m/C_a$；d 为压电系数。

由此可得放大器输入端电压 U_i，其复数形式为

$$\dot{U}_{\mathrm{i}} = \frac{\dfrac{R \cdot \dfrac{1}{\mathrm{j}\omega C}}{R + \dfrac{1}{\mathrm{j}\omega C}}}{\dfrac{1}{\mathrm{j}\omega C_{\mathrm{a}}} + \dfrac{R \cdot \dfrac{1}{\mathrm{j}\omega C}}{R + \dfrac{1}{\mathrm{j}\omega C}}} \dot{U}_{\mathrm{a}} = dF_{\mathrm{m}} \frac{\mathrm{j}\omega R}{1 + \mathrm{j}\omega R(C_{\mathrm{i}} + C_{\mathrm{a}})}$$

U_{i}的幅值 U_{im} 为

$$U_{\mathrm{im}} = \frac{dF_{\mathrm{m}}\omega R}{\sqrt{1 + \omega^2 R^2(C_{\mathrm{a}} + C_{\mathrm{c}} + C_{\mathrm{i}})^2}}$$

当 $\omega^2 R^2 (C_{\mathrm{a}} + C_{\mathrm{c}} + C_{\mathrm{i}})^2 >> 1$ 时，放大器输入电压 U_{im} 如上式所示。式中，C_{c} 为连接电缆电容，当电缆长度改变时，C_{c} 也将改变，因而 U_{im} 也会随之改变。因此，压电传感器与前置放大器之间的连接电缆不能随意更换，否则将引入测量误差。

输入电压与作用力之间的相位差为

$$\varphi = \frac{\pi}{2} - \arctan\left[\omega(C_{\mathrm{a}} + C_{\mathrm{c}} + C_{\mathrm{i}})R\right]$$

在理想情况下，传感器的 R_{a} 值与前置放大器输入电阻 R_{i} 都为无限大，即 $\omega(C_{\mathrm{a}} + C_{\mathrm{c}} + C_{\mathrm{i}})R >> 1$，理想情况下输入电压的幅值 U_{im} 为

$$U_{\mathrm{im}} = \frac{dF_{\mathrm{m}}}{C_{\mathrm{a}} + C_{\mathrm{c}} + C_{\mathrm{i}}}$$

上式表明：前置放大器输入电压 U_{im} 与频率无关。当 $(\omega/\omega_0) > 3$ 时，可以认为 U_{im} 与 ω 无关。ω_0 表示测量电路时间常数的倒数，即 $\omega_0 = 1/[R(C_{\mathrm{a}} + C_{\mathrm{c}} + C_{\mathrm{i}})]$。这表明压电传感器有很好的高频响应性能，但是当作用于压电器件上的力为静态力（$\omega = 0$）时，则前置放大器的输入电压为0，因为电荷会通过放大器输入电阻和传感器本身漏电阻而漏掉，所以压电传感器不能用于静态力测量。

2. 电荷放大器

电荷放大器常作为压电式传感器的输入电路，由一个反馈电容 C_{f} 和高增益运算放大器构成，当略去并联电阻 R_{a} 和 R_{i} 后，电荷放大器可用如图4-10所示电路表示其等效电路，图中 A 为运算放大器增益。由于运算放大器输入阻抗极高，放大器输入端几乎没有电流，其输出电压 u_{o} 为

$$u_{\mathrm{o}} \approx u_{\mathrm{d}} = -\frac{q}{C_{\mathrm{f}}}$$

式中，u_{o} 为放大器输出电压；C_{f} 为反馈电容。

由运算放大器基本特性，可求出电荷放大器的输出电压为

$$u_{\mathrm{o}} = \frac{-Aq}{C_{\mathrm{a}} + C_{\mathrm{c}} + C_{\mathrm{i}} + (1+A)C_{\mathrm{f}}}$$

通常 A 为 $10^4 \sim 10^6$，因此若满足 $(1+A)C_{\mathrm{f}} >> C_{\mathrm{a}} + C_{\mathrm{c}} + C_{\mathrm{i}}$ 时，则

$$u_o \approx -\frac{q}{C_f}$$

由上式可见，电荷放大器的输出电压 u_o 只取决于输入电荷与反馈电容 C_f，与电缆电容 C_c 无关，且与 q 呈正比，这是电荷放大器的最大特点。为了得到必要的测量精度，要求反馈电容 C_f 的温度和时间稳定性都很好，在实际电路中，考虑到不同的量程等因素，C_f 的容量做成可选择的，范围一般为 $1 \sim 10^4 \, pF$。

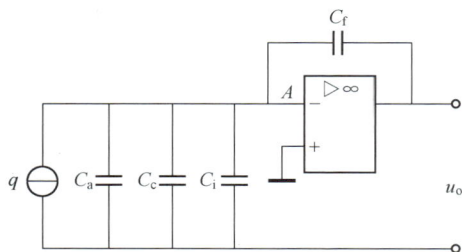

图 4-10　电荷放大器等效电路

4.4　压电式传感器应用举例

4.4.1　压电式压力传感器

1. 压电式单向力传感器

图 4-11 所示为压电式单向测力传感器的结构图，主要由石英晶片、绝缘套、电极、上盖及基座等组成。两片压电晶片沿电轴方向叠在一起，采用并联接法，中间为片形电极（负极），收集负电荷。基座与传力盖形成正极，绝缘套使正、负极隔离。

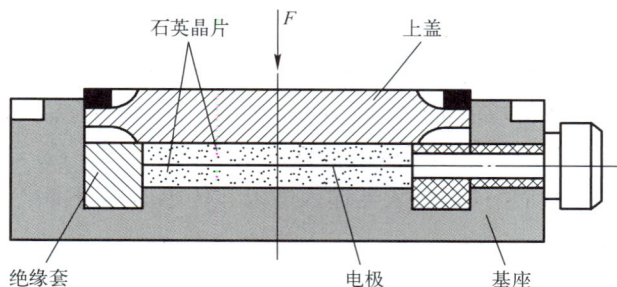

图 4-11　压电式单向测力传感器的结构图

传感器上盖为传力元件，它的外缘壁厚为 $0.1 \sim 0.5 \, mm$，当外力作用时，它将产生弹性变形，将力传递到石英晶片上。石英晶片采用 xy 切型，利用其纵向压电效应，通过 d_{11} 实现力电转换，使晶片产生电荷，负电荷由片形电极（负极）输出，正电荷与上盖和基座连接。石英晶片的尺寸为 $\phi 8 \, mm \times 1 \, mm$。压电式单向测力传感器有如下的特点：

① 体积小，重量轻（仅 10g）。

② 固有频率高（$50 \sim 60 \, kHz$）。

③ 可检测高达 $5000N$（变化频率小于 $20 \, kHz$）的动态力。

④ 分辨率高（可达 $10^{-3} \, N$）。

除了以上介绍的单向力传感器，还有双向力传感器和三向力传感器。双向力传感器基本上有两种组合：一是测量垂直分力和切向分力，即 F_z 与 F_x（或 F_y）；二是测量互相垂直的两个切向分力，即 F_x 与 F_y。无论哪一种组合，传感器的结构形式相似。三向力传感器可以对空间任一个或三个力同时进行测量。

2. 压电式压力传感器测量冲床压力

图 4-12 所示为冲床压力测量示意图。当测量较大力时，可用两个传感器，或将几个传感器沿圆周均匀分布，而后将分别测得的力值相加求出总力值 F（属平行力时）。因有时力的分布不均匀，各个传感器测得的力值有大有小，所以分别测力可以测得更准确些，有时也可通过各点的力值来了解力的分布情况。

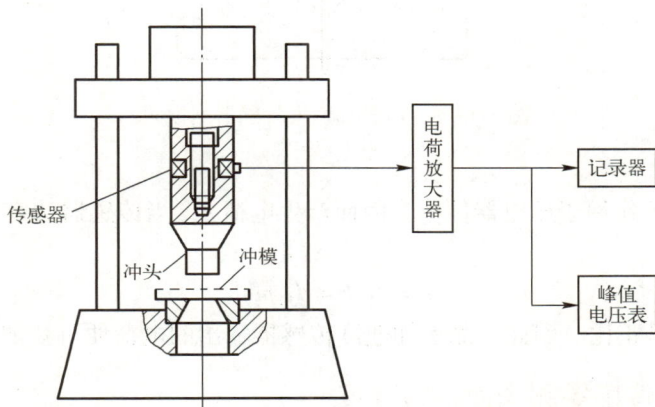

图 4-12　冲床压力测量示意图

3. 压电式压力传感器测量金属加工刀具切削力

图 4-13 所示为利用压电式压力传感器测量金属加工刀具切削力的示意图。由于压电陶瓷元件的自振频率高，特别适合测量变化剧烈的载荷。图中压电传感器位于车刀前部的下方，当进行切削加工时，切削力通过刀具传给压电传感器，压电传感器将切削力转换为电信号输出，记录下电信号的变化便测得切削力的变化。

4.4.2　压电式加速度传感器

图 4-14 所示为一种压电式加速度传感器的结构图。它主要由压电器件、质量块、预压弹簧、基座以及外壳等组成。整个部件装在外壳内，并用螺栓加以固定。

当加速度传感器与被测物一起受到冲击振动时，压电器件受质量块惯性力的作用，根据牛顿第二运动定律，此惯性力是加速度的函数，即

$$F = ma$$

式中，F 为质量块产生的惯性力；m 为质量块的质

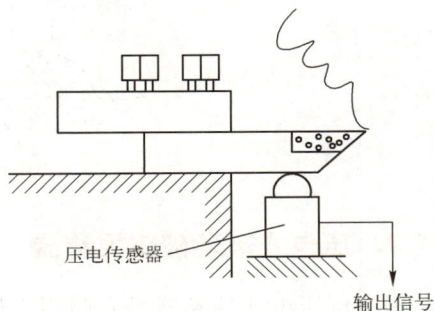

图 4-13　用压电式压力传感器测量金属加工刀具切削力的示意图

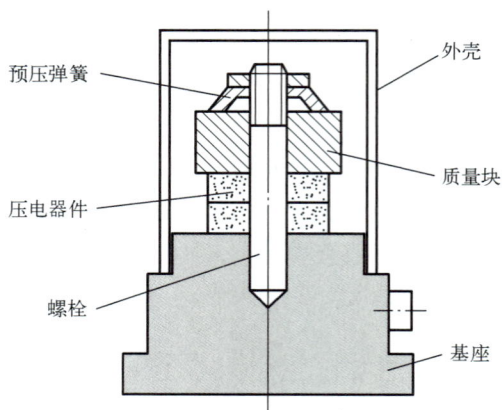

图 4-14　压电式加速度传感器结构图

量；a 为加速度。

此时，惯性力 F 作用于压电器件上，因而产生电荷 q，当传感器选定后，m 为常数，则传感器输出电荷为

$$q = d_{11}F = d_{11}ma$$

该电荷与加速度 a 呈正比。因此，测得加速度传感器输出的电荷便可知加速度的大小。

4.4.3　用压电式传感器测表面粗糙程度

用压电式传感器测量表面粗糙程度如图 4-15 所示，由驱动器拖动传感器触针在工件表面以恒速滑行，工件表面的起伏不平使触针上下移动，使压电晶片产生变形，压电晶片表面就会出现电荷，由引线输出的电信号与触针上下移动量呈正比。

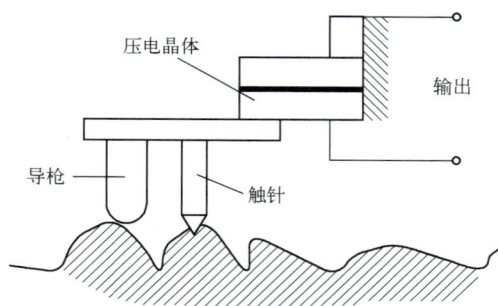

图 4-15　用压电式传感器测量表面粗糙程度

4.4.4　压电式玻璃破碎报警器

BS-D_2 压电式传感器是专门用于检测玻璃破碎的一种传感器，利用压电器件对振动敏感的特性来感知玻璃受撞击时产生的振动波。传感器把振动波转换成电压输出，输出电压经放大、滤波、比较等处理后提供给报警系统。

BS-D$_2$ 压电式玻璃破碎传感器的外形及内部电路如图 4-16 所示。传感器的最小输出电压为 100mV，最大输出电压为 100V，内阻抗为 15 ~ 20kΩ。

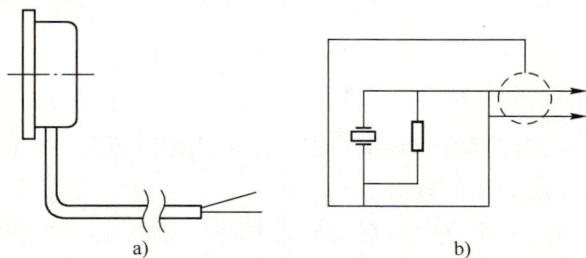

图 4-16 BS－D$_2$ 压电式玻璃破碎传感器

a）外形 b）内部电路

BS-D$_2$ 压电式玻璃破碎传感器的电路框图如图 4-17 所示。使用时，传感器用胶粘贴在玻璃上，然后通过电缆与报警电路相连。为了提高传感器的灵敏度，信号经放大后，须经带通滤波器进行滤波，要求它对选定频谱的带通衰减要小，而带外衰减要尽量大。由于玻璃振动的波长在音频和超声波的范围内，这就使滤波器成为电路中的关键。当传感器输出信号高于设定的阈值时，才会输出报警信号，驱动报警执行机构工作。

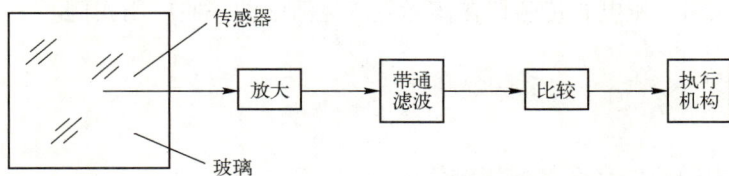

图 4-17 BS-D$_2$ 压电式玻璃破碎传感器电路框图

玻璃破碎传感器可广泛应用于文物、贵重商品保管及其他商品柜台等场合。

4.4.5 压电式煤气灶电子点火装置

图 4-18 所示为压电式煤气灶电子点火装置的原理图。当使用者将开关往下压时，打开气阀，再旋转开关，使弹簧往左压，这时弹簧会产生一个很大的力，撞击压电晶体，使压电

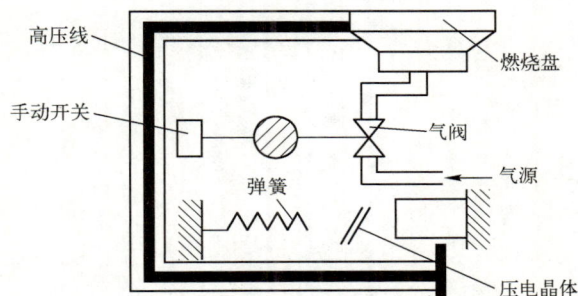

图 4-18 压电式煤气灶电子点火装置原理图

晶体产生电荷，电荷经高压线引至燃烧盘从而产生高压放电，产生电火花，导致燃烧盘的煤气点火燃烧。

4.5　知识梳理

本章主要介绍了压电式传感器的基本知识。压电式传感器是一种电能量型传感器，它的工作原理是基于某些电介质的压电效应。

对某些电介质，当沿着一定方向对它施加压力时，内部就会产生极化现象，同时在它的两个表面上产生相反的电荷；当外力去掉后，电介质又重新恢复为不带电状态；当作用力方向改变时，电荷的极性也随着改变；晶体受力所产生的电荷量与外力的大小呈正比，这种现象被称为压电效应。

压电式传感器的内阻抗很高，而输出的信号却很微弱，因此其一般不能直接显示和记录。所以，要求压电式传感器测量电路的前级输入端要有足够高的阻抗，以防止因电荷迅速泄漏而使测量误差减小。压电式传感器的前置放大器有两个作用：一是把传感器的高阻抗输出转换为低阻抗输出；二是把传感器的微弱信号进行放大。压电式传感器的输出可以是电压信号，也可以是电荷信号，所以前置放大器也有两种形式：电压放大器和电荷放大器。

最后，本章介绍了压电式传感器在实际生产生活中的一些应用实例。

4.6　习题

1. 什么是压电效应？什么是逆压电效应？
2. 常用的压电材料有哪些种类？试比较石英晶体和压电陶瓷的压电效应。
3. 压电晶片有哪几种连接方式？各有什么特点？分别适用于什么场合？
4. 选择合适的压电材料作为压电传感器应考虑哪些方面？
5. 压电式传感器主要可用于测量哪些物理量？
6. 能否用压电式传感器测量变化比较缓慢的力信号？试说明其理由。
7. 为什么说压电式传感器只适用于动态测量而不能用于静态测量？
8. 压电式传感器测量电路的作用是什么？其核心是解决什么问题？

第5章　温度与湿度传感器

5.1　概述

温度是反映物体冷热状态的物理参数。很早以前，人们就开始使用温度传感器检测温度了。在人类社会中，工业、农业、商业、科研、国防、医学及环保等部门都与温度有着密切的关系。工业生产自动化流程中，温度测量点占全部测量点的一半左右。温度传感器是实现温度检测和控制的重要器件。在种类繁多的传感器中，温度传感器是应用最广泛、发展最快的传感器之一。

5.1.1　温标

温度是描述热平衡系统冷热程度和系统不同自由度间能量分配状况的物理量。温度反映了物体内部分子无规则运动的剧烈程度。表示温度高低的尺度是温度的标尺，简称温标。

1. 热力学温标

1848 年，威廉·汤姆孙（开尔文勋爵）首先提出以热力学第二定律为基础，建立温度仅与热量有关，而与物质无关的热力学温标。因是开尔文总结出来的，故又称开尔文温标，用符号 K 表示。它是国际基本单位制之一。

根据热力学中的卡诺定理，如果在温度 T_1 的热源与温度为 T_2 的冷源之间实现了卡诺循环，则存在下列关系式：

$$\frac{T_1}{T_2} = \frac{Q_1}{Q_2}$$

式中，Q_1 为热源给予热机的传热量；Q_2 为热机传给冷源的传热量。

如果在式中再给定一个条件，就可以通过卡诺循环中的传热量来完全地确定温标。1954年，国际计量会议选定水的三相点为 273.16，并以它的 1/273.16 定为 1 度，其单位是开尔文，符号为 K，一般用大写字母 T 表示。1K 定义为水三相点热力学温度的 1/273.16。水的三相点是指纯水在固态、液态及气态三相平衡时的温度，热力学温标规定三相点温度为 273.16K，这是建立温标的唯一基准点。

2. 摄氏温标

摄氏温标是在标准大气压（即 101325Pa）下将水的冰点与沸点中间划分 100 个等份，每一等份称为 1 摄氏度（摄氏度，℃），一般用小写字母 t 表示。与热力学温标单位开尔文并用。摄氏温标的分度值与热力学温标分度值相同，即温度间隔 1K = 1℃。T_0 是在标准大气压下冰的融化温度，$T_0 = 273.15\text{K}$。水的三相点温度比冰点高出 0.01K。

摄氏温标与国际温标之间的关系如下：

$$t = T - 273.15\text{℃}, \qquad T = t + 273.15\text{K}$$

3. 华氏温标

华氏温标目前已用得较少，它规定在标准大气压下冰的熔点为 32℉，水的沸点为 212℉，中间等分为 180 份，每一等份称为华氏 1 度，符号用℉，它和摄氏温标的关系如下：

$$m = 1.8n + 32\text{℉}, \qquad n = \frac{5}{9}(m - 32)\text{℃}$$

式中，m 为华氏温标；n 为摄氏温标。

5.1.2 温度传感器的种类及特点

温度传感器主要分为接触式温度传感器和非接触式温度传感器两类。

1. 接触式温度传感器

接触式温度传感器直接与被测物体接触进行温度测量，由于被测物体的热量传递给传感器，降低了被测物体温度，特别是被测物体热容量较小时，测量精度较低。因此采用这种方式测得物体真实温度的前提条件是被测物体的热容量要足够大。这类传感器有如下几类。

① 常用热电阻传感器。其测温范围为 –260 ~ 850℃，测定精度为 0.15 级，改进后可连续工作 2000h，失效率小于 1%，使用期为 10 年。

② 管缆热电阻传感器。其测温范围为 –20 ~ 500℃，最高上限为 1000℃，测定精度为 0.5 级。

③ 陶瓷热电阻传感器。其测温范围为 –200 ~ 500℃，测定精度为 0.3、0.15 级。

④ 超低温热电阻传感器。它分为两种碳电阻，测温范围分别为 –268.8 ~ 253℃ 和 –272.9 ~ 272.99℃。

⑤ 热敏电阻传感器。它适于在高灵敏度的微小温度测量场合使用。经济性好、价格便宜。

2. 非接触式温度传感器

非接触式温度传感器主要是利用被测物体热辐射而发出红外线，从而测量物体的温度，可进行遥测。其制造成本较高，测量精度却较低。优点是：不从被测物体上吸收热量；不会干扰被测对象的温度场；连续测量不会产生消耗；反应快等。这类传感器有如下几种类型。

① 高温计传感器。其用来测量 1000℃ 以上高温，分 4 种：光学高温计、比色高温计、辐射高温计和光电高温计。

② 光谱高温计。YCI – I 型自动测温通用光谱高温计，其测量范围为 400 ~ 6000℃。它采用电子化自动跟踪系统，保证有足够准确的精度进行自动测量。

③ 超声波温度传感器。其特点是响应快（约为 10ms）、方向性强。目前国外有可测到 2760℃ 的产品。

④ 激光温度传感器。其适用于远程和特殊环境下的温度测量。如 NBS 公司用氦氖激光

源的激光作为光反射计可测很高的温度，精度为 1% ；美国麻省理工学院研制的一种激光温度计，最高测量温度可达 8000℃ ，专门用于核聚变研究；瑞士 Brown Borer 研究中心用激光温度传感器可测几千开（K）的高温。

5.2　热电偶传感器

5.2.1
热电偶工作原理

5.2.1　热电偶工作原理

1. 热电效应

1821 年，德国人塞贝克发现，把两种不同的金属导体接成闭合电路时，如果把它的两个接点分别置于温度不同的两个环境中，则电路中就会有电流产生。现将两种不同成分的导体组成一个闭合回路，如图 5-1 所示。当闭合回路的两个接点分别置于不同温度场中时，回路中将产生一个电动势。该电动势的方向和大小与导体的材料及两接点的温度有关，这种现象称为热电效应，也称为塞贝克（Seebeck）效应。两种导体组成的回路被称为热电偶，这两种导体被称为热电极，产生的电动势则被称为热电动势。热电偶的两个工作端分别被称为热端和冷

图 5-1　热电偶回路

端。热电偶产生的热电动势由两部分电动势组成：一部分是两种导体的接触电动势，另一部分是单一导体的温差电动势。下面以导体为例说明热电势的产生。

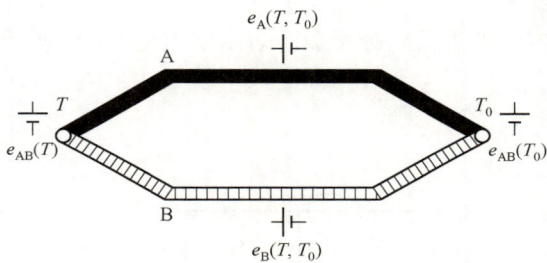

2. 接触电势

当 A 和 B 两种不同材料的导体接触时，由于两者内部单位体积的自由电子数目不同（即电子密度不同，分别用 N_A 和 N_B 表示），因此，电子在两个方向上扩散的速率就会不一样。设 $N_A > N_B$ ，则导体 A 扩散到导体 B 的电子数要比导体 B 扩散到导体 A 的电子数多。所以导体 A 失去电子带正电荷，而导体 B 得到电子带负电荷。于是，在 A、B 两导体的接触界面上便形成了一个由 A 到 B 的电场。该电场的方向与扩散进行的方向相反，阻碍扩散作用的继续进行。当扩散作用与阻碍扩散的作用相等时，即自导体 A 扩散到导体 B 的自由电子数与在电场作用下自导体 B 扩散到导体 A 的自由电子数相等时，导体便处于一种动态平衡状态。在这种状态下，A 与 B 两导体的接触处就产生了电位差，称为接触电动势，如图 5-2 所示。接触电动势的数值取决于两种不同导体的材料特性和接触点的温度。两接点的接触电动势 $e_{AB}(T)$ 和 $e_{AB}(T_0)$ 可表示为

$$e_{AB}(T) = \frac{kT}{e}\ln\frac{N_A}{N_B}$$

$$e_{AB}(T_0) = \frac{kT_0}{e}\ln\frac{N_A}{N_B}$$

式中，N_A、N_B 是材料自由电子密度；e 是电子电荷 $1.6 \times 10^{-19} C$；k 是玻尔兹曼常数，为 $1.38 \times 10^{-23} J/K$。

可见，接触电动势的大小与接点处温度高低和导体的电子密度有关。温度越高，接触电动势越大；两种导体电子密度的比值越大，接触电动势越大。

3. 温差电动势

对于导体 A 或 B，若将其两端分别置于不同的温度场 T、T_0 中（$T > T_0$），则在导体内部，热端的自由电子具有较大的动能，因此向冷端移动，从而使热端失去电子带正电荷，冷端得到电子带负电荷。这样，在导体两端便产生了一个由热端指向冷端的静电场。该电场阻止电荷的进一步扩散。这样，导体两端便产生了电位差，将该电位差称为温差电动势，如图 5-3 所示，温差电动势表达式为

$$e_A(T, T_0) = \int_{T_0}^{T} \delta dT$$

式中，δ 为汤姆孙系数，表示温差为 1℃时所产生的电动势值，与材料的性质有关。

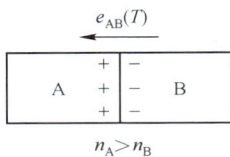

图 5-2　接触电动势　　　　图 5-3　温差电动势

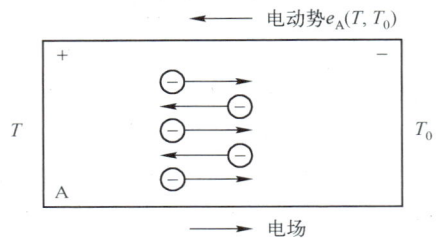

4. 热电偶回路的总电动势

将导体 A 和 B 头尾相接组成闭合回路。如果导体 A 的电子密度大于导体 B 的电子密度，且两接点的温度不相等，则在热电偶回路中存在着 4 个电动势，即 2 个接触电动势和 2 个温差电动势。热电偶回路的热电动势为

$$E_{AB}(T, T_0) = e_{AB}(T) - e_A(T, T_0) - e_{AB}(T_0) + e_B(T, T_0)$$
$$= [e_{AB}(T) - e_{AB}(T_0)] - [e_A(T, T_0) - e_B(T, T_0)]$$
$$= \frac{k}{e}(T - T_0)\ln\frac{N_A}{N_B} - \int_{T_0}^{T}(\delta_A - \delta_B)dt$$

一般地，在热电偶回路中接触电动势远远大于温差电动势，所以温差电动势可以忽略不计，故上式可以写为

$$E_{AB}(T, T_0) = e_{AB}(T) - e_{AB}(T_0) = \frac{k}{e}(T - T_0)\ln\frac{N_A}{N_B}$$

上式中，由于导体 A 的电子密度大于导体 B 的电子密度，所以 A 为正极，B 为负极。综上所述，可以得出如下结论：

① 热电动势的影响因素取决于材料和接点温度，与形状、尺寸等无关。

② 两热电极相同时，即 $N_A = N_B$，$\delta_A = \delta_B$，则 $E_{AB}(T, T_0) = 0$。

③ 两接点温度相同时，即 $T = T_0$，则 $E_{AB}(T, T_0) = 0$。

④ 当热电偶两电极材料固定后，热电动势便是两接点温度为 T 和 T_0 时的函数差，即

$$E_{AB}(T, T_0) = \left[e_{AB}(T) - \int_0^T (\delta_A - \delta_B) \mathrm{d}T \right] - \left[e_{AB}(T_0) - \int_T^{T_0} (\delta_A - \delta_B) \mathrm{d}T \right]$$
$$= f(T) - f(T_0)$$

如果使冷端温度 T_0 保持不变，则热电动势便成为热端温度 T 的单一函数，即

$$E_{AB}(T, T_0) = f(T) - C = \varphi(T)$$

式中，C 为使冷端温度 T_0 保持不变的前提下，$E_{AB} = (T, T_0) = C$。

这一关系式在实际测温中得到了广泛应用。因为冷端温度 T_0 恒定，热电偶产生的热电动势只与热端的温度有关。即一定的温度对应一定的热电动势，若测得热电势，便可知热端的温度 T 了，这就是利用热电偶测温的原理。用实验方法求取这个函数关系，通常令 $T_0 = 273.15\mathrm{K}$，然后在不同的温差 $(T - T_0)$ 情况下，精确地测定出回路热电动势，并将所测得的结果列成表格（称为热电偶分度表），供使用时查阅。

5. 热电偶的分度表

不同金属组成的热电偶，温度与热电动势之间有不同的函数关系，一般通过实验的方法来确定，并将不同温度下测得的结果列成表格，编制出热电势与温度的对照表，即分度表，表 5-1 为铂铑$_{10}$ - 铂热电偶（分度号为 S）分度表。分度表供查阅使用，每 10℃ 进行分档。中间值按内插法计算。

表 5-1 铂铑$_{10}$-铂热电偶（分度号为 S）分度表

工作端温度/℃	0	10	20	30	40	50	60	70	80	90
	热电动势/mV									
0	0.000	0.055	0.113	0.173	0.235	0.299	0.365	0.432	0.502	0.573
100	0.645	0.719	0.795	0.872	0.950	1.029	1.109	1.190	1.273	1.356
200	1.440	1.525	1.611	1.698	1.785	1.873	1.962	2.051	2.141	2.232
300	2.323	2.414	2.506	2.599	2.692	2.786	2.880	2.974	3.069	3.164
400	3.260	3.356	3.452	3.549	3.645	3.743	3.840	3.938	4.036	4.135
500	4.234	4.333	4.432	4.532	4.632	4.732	4.832	4.933	5.034	5.136
600	5.237	5.339	5.442	5.544	5.648	5.751	5.855	5.960	6.064	6.169
700	6.274	6.380	6.486	6.592	6.699	6.805	6.913	7.020	7.128	7.236
800	7.345	7.454	7.563	7.672	7.782	7.892	8.003	8.114	8.225	8.336
900	8.448	8.560	8.673	8.786	8.899	9.012	9.126	9.240	9.355	9.470
1000	9.585	9.700	9.816	9.932	10.048	10.165	10.282	10.400	10.517	10.635
1100	10.754	10.872	10.991	11.110	11.229	11.348	11.467	11.587	11.707	11.827
1200	11.947	12.067	12.188	12.308	12.429	12.550	12.671	12.792	12.913	13.034
1300	13.155	13.276	13.397	13.519	13.640	13.761	13.883	14.004	14.125	14.247
1400	14.368	14.489	14.610	14.731	14.852	14.973	15.094	15.215	15.336	15.456

（续）

工作端温度/℃	0	10	20	30	40	50	60	70	80	90
	热电动势/mV									
1500	15.576	15.697	15.817	15.937	16.057	16.176	16.296	16.415	16.534	16.653
1600	16.771									

5.2.2　热电偶的基本定律

1.　均质导体定律

由一种导体组成的闭合回路，无论截面积和形状如何，都不能产生电动势。由两种均质导体组成的热电偶，其热电动势的大小只与两材料的材质和两接点的温差有关，与热电偶的大小尺寸、形状及沿电极各处的温度分布无关。即热电偶必须由两种不同性质的均质材料构成。根据这个定律，可以检验两个热电极材料成分是否相同（称为同名极检验法），也可以检查热电极材料的均匀性。

2.　中间导体定律

在热电偶回路中接入第三种导体，只要第三种导体和原导体的两接点温度相同，则回路中总的热电动势不变。如图 5-4 所示，在热电偶回路中接入第三种导体 C。设导体 A 与 B 接点处的温度为 T，导体 A、B 与 C 两接点处的温度为 T_0，则回路中总的热电动势为

$$E_{ABC}(T,T_0) = e_{AB}(T) + e_{BC}(T_0) - e_{AC}(T_0)$$

如果回路中三接点的温度相同，即 $T = T_0$，则回路总的热电动势必为零，即

$$e_{AB}(T_0) + e_{BC}(T_0) - e_{AC}(T_0) = 0$$

或者

$$e_{BC}(T_0) - e_{AC}(T_0) = -e_{AB}(T_0)$$

将上式代入回路中总的热电动势公式，可得

$$E_{ABC}(T,T_0) = e_{AB}(T) - e_{AB}(T_0)$$

热电偶的这种性质在工业生产中是很实用的，例如，可以将显示仪表或调节器作为第三种导体直接接入回路中进行测量，也可以将热电偶的两端不焊接而直接插入液态金属中或直接焊在金属表面进行温度测量。

如果接入的第三种导体两端温度不相等，热电偶回路的热电动势将要发生变化，变化的大小取决于导体的性质和接点的温度。因此，在测量过程中必须接入的第三种导体不宜采用与热电偶热电性质相差很大的材料；否则，一旦该材料两端温度有所变化，热电动势的变动将会很大。

3.　标准电极定律

如果两种导体分别与第三种导体组成的热电偶所产生的热电动势已知，则由这两种导体组成的热电偶所产生的热电动势也就已知。如图 5-5 所示，导体 A、B 分别与标准电极 C 组成热电偶，若它们所产生的热电动势为已知，即

$$E_{AC}(T,T_0) = e_{AC}(T) - e_{AC}(T_0)$$
$$E_{BC}(T,T_0) = e_{BC}(T) - e_{BC}(T_0)$$

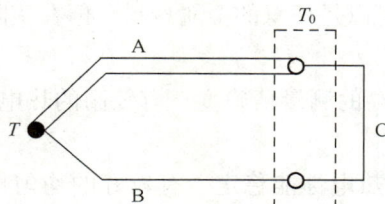

图 5-4　第三种导体接入热电偶回路

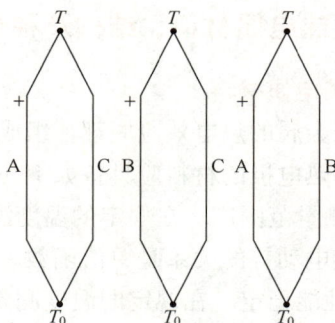

图 5-5　由三种导体分别组成的热电偶

则由 A、B 两导体组成的热电偶的热电势为

$$E_{AB}(T,T_0) = E_{AC}(T,T_0) - E_{BC}(T,T_0)$$

标准电极定律是一个极为实用的定律。由于纯金属和各种金属合金种类很多，因此，要确定这些金属之间组合而成的热电偶的热电动势，其工作量是极大的。但是可以利用铂的物理和化学性质稳定、熔点高、易提纯的特性，选用高纯度的铂丝作为标准电极，只要测得各种金属与纯铂组成的热电偶的热电动势，则各种金属之间相互组合而成的热电偶的热电动势可根据上式直接计算出来。

【例 5-1】用（S 型）热电偶测量某一温度，若参比端温度（原导体 A、B 与第三种导体 C 在两接点处的温度）$t_0 = 30℃$，测得的热电动势 $E(t,t_n) = 7.5mV$，求测量端实际温度 t。

解：
$$E(t,t_0) = E(t,t_n) + E(t_n,t_0)$$

在 $E(t_n,t_0)$ 中 $t_n = 30℃$，$t_0 = 0℃$。

查分度表有 $E(30,0) = 0.173mV$

$$E(t,t_n) = 7.5mV$$

$$E(t,0) = E(t,30) + E(30,0) = 7.5mV + 0.173mV = 7.673mV$$

反查分度表，得 $t = 830℃$，测量端实际温度为 830℃。

4. 中间温度定律

热电偶在两接点温度为 t、t_0 时的热电动势等于该热电偶在接点温度为 t、t_c 和 t_c、t_0 时的相应热电动势的代数和，如图 5-6 所示。中间温度定律可以用下式表示：

$$E_{AB}(t,t_0) = E_{AB}(t,t_c) + E_{AB}(t_n,t_c)$$

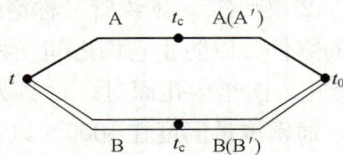

图 5-6　中间温度定律

中间温度定律为补偿导线的使用提供了理论依据。它表明：若热电偶的两热电极被两根导体延长，只要接入的两根导体组成的热电偶的热电特性与被延长的热电偶的热

电特性相同，且它们之间连接的两点温度相同，则回路总的热电动势与连接点温度无关，只与延长以后的热电偶两端的温度有关。

5.2.3 热电偶材料、结构及种类

1. 热电偶材料

根据金属的热电效应原理，组成热电偶的热电极可以是任意的金属材料，但在实际应用中，用作热电极的材料应具备如下几方面的条件：

① 测量范围广。在规定的温度测量范围内具有较高的测量精确度，有较高的热电动势。温度与热电动势的关系是单值函数。

② 性能稳定。在规定的温度测量范围内使用时，热电性能稳定、有较好的均匀性和复现性。

③ 化学性能好。在规定的温度测量范围内使用时，有良好的化学稳定性、抗氧化或抗还原性能，不会产生蒸发现象。

满足上述条件的热电偶材料并不是很多。目前，我国大量生产和使用的性能符合专业标准或国家标准并具有统一分度表的热电偶材料称为定型热电偶材料，共有 6 种定型品牌。它们分别是：铂铑$_{30}$ – 铂铑$_6$、铂铑$_{10}$ – 铂、镍铬 – 镍硅、镍铬 – 镍铜、铁 – 铜镍、铜 – 铜镍。此外，我国还生产一些未定型热电偶（也称非标热电偶）材料（如铂锗$_{13}$ – 铂、铱铑$_{40}$ – 铱、钨铼$_5$ – 钨铼$_{20}$）及金铁热电偶、双铂钼热电偶等。这些非标热电偶应用于一些特殊条件下的测温，如超高温、极低温、高真空或核辐射环境等。

2. 热电偶结构

热电偶温度传感器广泛应用于工业生产过程中的温度测量。根据其用途和安装位置不同，它具有多种结构形式。

（1）普通型工业热电偶的结构

普通型工业热电偶通常由热电极、绝缘管、保护套管和接线盒等几个主要部分组成。普通型工业热电偶按其安装时的连接形式可分为固定螺纹连接、固定法兰连接、活动法兰连接、无固定装置等多种形式。普通型工业热电偶的结构如图 5-7 所示。现简单的介绍各部分构造。

① 热电极。热电极又称偶丝，是热电偶的基本组成部分。用普通金属做成偶丝，其直径一般为 0.5 ~ 3.2mm；用贵重金属做成的偶丝，直径一般为 0.3 ~ 0.6mm。偶丝的长度则由工作端插入在被测介质中的深度来决定，通常为 300 ~ 2000mm，常用的长度为 350mm。

② 绝缘管。绝缘管又称绝缘子，是用于热电极之间及热电极与保护套之间进行绝缘保护的零件，以防止它们之间互相短路。其形状一般为圆形或椭圆形，中间开有 2 个、4 个或 6 个孔，偶丝穿孔而过。材料为黏土质、高铝质、刚玉质等，材料选用视使用的热电偶而定。通常测量温度在 1000℃以下选用黏土质绝缘套管，在 1300℃以下选用高铝质绝缘套管，在 1600℃以下选用刚玉质绝缘套管。

③ 保护套管。保护套管是用于保护热电偶感温元件免受被测介质化学腐蚀和机械损伤

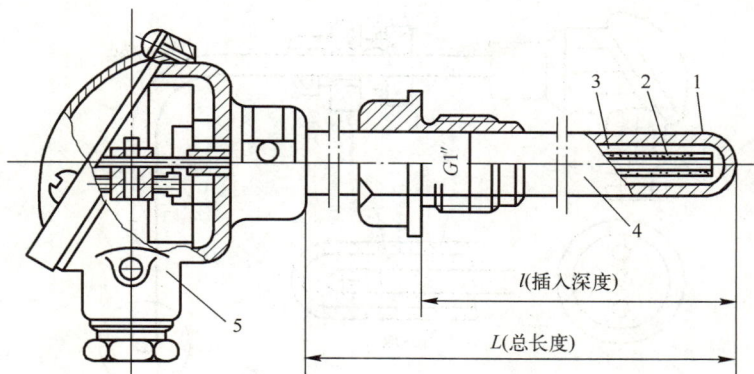

图 5-7　普通型工业热电偶结构
1—测量端　2—热电极　3—绝缘管　4—保护套管　5—接线盒

的装置。保护套管应具有耐高温、耐腐蚀且导热性好的特性，可以用作保护套管的材料有金属、非金属及金属陶瓷三大类。金属材料有铝、黄铜、碳钢、不锈钢等，其中 1Cr18Ni9Ti 不锈钢是目前热电偶保护套管使用的典型材料。非金属材料有高铝质（Al_2O_3 的质量分数为 85% ~ 90%）、刚玉质（Al_2O_3 的质量分数为 99%），使用温度都在 1300℃ 以上。金属陶瓷材料有氧化镁加金属钼，这种材料的使用温度在 1700℃，且在高温下有很好的抗氧化能力，适用于钢水温度的连续测量。保护套管形状一般为圆柱形。

④ 接线盒。热电偶的接线盒用于固定接线座和连接外界导线，起着保护热电极免受外界环境侵蚀和保证外接导线与接线柱接触良好的作用。接线盒一般由铝合金制成，根据被测介质温度对象和现场环境条件要求，可设计成普通型、防溅型、防水型、防爆型等接线盒。

（2）铠装热电偶

铠装热电偶由热电极、绝缘材料和金属保护套管组成，如图 5-8 所示。其长短可根据需要制作，最长可达 10m，外径为 0.25 ~ 12mm。金属保护套管材料可以是铜、不锈钢或镍基高温合金等；绝缘材料常使用电熔氧化镁、氧化铝、氧化铍等的粉末；而热电极无特殊要求。套管中热电极有单支（双芯）、双支（四芯），彼此间互不接触。我国已生产 S 型、R型、B 型、K 型、E 型、J 型和铱铑$_{40}$－铱等铠装热电偶，套管最长超过 100m，管外径最细能达 0.25mm。铠装热电偶已达到标准化、系列化。铠装热电偶体积小，热容量小，动态响应快，可挠性好，柔软性良好，强度高，耐压、耐振、耐冲击，因此被广泛应用于工业生产过程中。

铠装热电偶冷端连接补偿导线的接线盒的结构，根据不同的使用条件，有不同的形式，如简易式、带补偿导线式、插座式等，这里不详细介绍，选用时可参考有关资料。

（3）薄膜热电偶

薄膜热电偶是用真空蒸镀方法，把两种热电极材料分别沉积在绝缘基片上形成的快速感温元件，如图 5-9 所示。它的测量端既小又薄，热容量很小，反应速度快（μs），可用于微

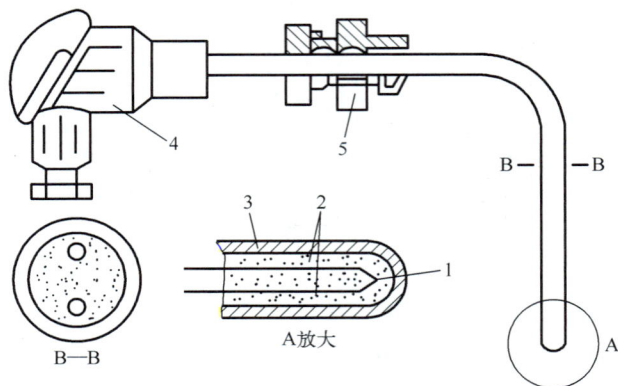

图 5-8　铠装热电偶结构

1—热电极　2—绝缘材料　3—金属保护套管　4—接线盒　5—固定装置

小面积上温度的测量；其动态响应快，可测得快速变化的表面温度。应用时，用胶黏剂把薄膜热电偶紧贴在被测物表面，所以热损失很小，测量精度高。由于使用温度受胶黏剂和衬垫材料限制，目前只能用于 $-200 \sim 300 \text{℃}$ 范围。

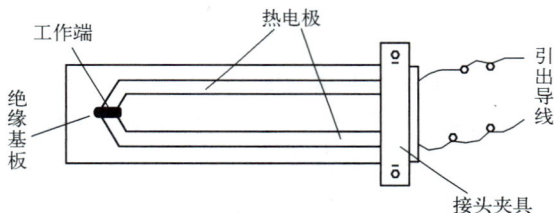

图 5-9　薄膜热电偶结构

3. 热电偶类型

工程用热电偶材料应满足的条件为：热电动势变化尽量大，热电动势与温度关系尽量接近线性关系，其物理、化学性能稳定，易加工，复现性好，便于成批生产，有良好的互换性。国际电工委员会（IEC）主要推荐 7 种标准化热电偶（已列入工业标准化文件中，具有统一的分度表）。我国已采用 IEC 标准生产热电偶，并按标准分度表生产与之相匹配的显示仪表。

（1）标准型热电偶

所谓标准型热电偶是指制造工艺比较成熟、应用广泛、能成批生产、性能优良而稳定，并已列入工业标准化文件中的热电偶。由于标准化文件对同一型号的标准型热电偶规定了统一的热电极材料及其化学成分、热电性质和允许偏差，故同一型号的标准型热电偶互换性好，具有统一的分度表，并有与其配套的显示仪表可供选用。

我国生产的符合 IEC 标准的热电偶见表 5-2。在热电偶的名称中，正极写在前面，负极写在后面。

表 5-2 热电偶特性

名称	分度号	代号	测温范围 /℃	100℃时的热电动势 /mV	特 点
铂铑$_{30}$ - 铂铑$_6$	B (LL - 2)	WRR	50 ~ 1280	0.033	熔点高、测温上限高、性能稳定、精度高，100℃以下热电动势极小，可不必考虑冷端补偿；价格昂贵，热电动势小；只限于高温域的测量
铂铑$_{13}$ - 铂	R (PR)	—	-50 ~ 1768	0.647	使用上限较高、精度高、性能稳定、复现性好；但热电动势较小，不能在金属和还原性气体中使用，在高温下使用特性会逐渐变坏，价格昂贵；多用于精密测量
铂铑$_{10}$ - 铂	S (LB - 3)	WRP	-50 ~ 1768	0.646	同上，性能不如 R 型热电偶，长期以来曾经作为国际温标的法定标准热电偶
镍铬 - 镍硅	K (EU - 2)	WRN	-27 ~ 1370	4.095	热电动势高、线性好、稳定性好、价廉；但材质较硬，在1000℃以上长期使用会引起热电动势漂移；多用于工业测量
镍铬硅 - 镍硅	N	—	-27 ~ 1370	2.744	是一种新型热电偶，各项性能比 K 型热电偶更好，适用于工业测量
镍铬 - 铜镍 (康铜)	E (EA - 2)	WRK	-270 ~ 800	6.319	热电动势比 K 型热电偶高50%左右、线性好、耐高温、价廉；但不能用于还原性气体；多用于工业测量
铁 - 铜镍 (康铜)	J (JC)	—	-210 ~ 760	5.269	价格低廉，在还原性气体中较稳定；但纯铁易被腐蚀和氧化；多用于工业测量
铜 - 铜镍 (康铜)	T (CK)	WRC	-270 ~ 400	4.279	价廉、加工性能好、离散性小、性能稳定、线性好、精度高；因铜在高温时易被氧化，所以测温上限低；多用于低温域测量，可作为（-200 ~ 0℃）温域的计量标准

（2）非标准型热电偶

非标准型热电偶包括铂铑系、铱铑系及钨铼系热电偶等。

铂铑系热电偶有铂铑$_{20}$ - 铂铑$_5$、铂铑$_{40}$ - 铂铑$_{20}$等，其共同的特点是性能稳定，适用于各种高温测量。

铱铑系热电偶有铱铑$_{40}$ - 铱、铱铑$_{60}$ - 铱。这类热电偶长期使用的测温范围在 2000℃以下，且热电动势与温度线性特性好。

钨铼系热电偶有钨铼$_3$ - 钨铼$_{25}$、钨铼$_5$ - 钨铼$_{20}$等。它的最高使用温度受绝缘材料的限制，目前可达到 2500℃左右，主要用于钢水连续测温、反应堆测温等场合。

5.2.4 热电偶的冷端补偿

从热电效应的原理可知，热电偶产生的热电动势不仅与热端温度有关，而且与冷端的温度有关。只有将冷端的温度恒定，热电动势才是热端温度的单值函数。由于热电偶分度表是以冷端温度为0℃时做出的，因此在使用时要正确反映热端温度（被测温度），最好设法使冷端温度恒为0℃；否则将产生测量误差。但在实际应用中，热电偶的冷端通常靠近被测对象，且受到周围环境温度的影响，其温度不是恒定不变的。为此，必须采取一些相应的措施进行补偿或修正，以消除冷端温度变化和不为0℃所产生的影响。常用的方法有以下几种。

1. 冷端0℃恒温法

在实验室及精密测量中，通常把冷端放入0℃恒温器或装满冰水混合物的容器中，以便冷端温度保持0℃。这是一种理想的补偿方法，但工业中使用极为不便。

2. 补偿导线法

热电偶由于受到材料价格的限制不可能做得很长，而要使其冷端不受测温对象的温度影响，必须使冷端远离温度对象，采用补偿导线就可以做到这一点。所谓补偿导线，实际上是一对材料的化学成分不同的导线，在0～150℃温度范围内与配接的热电偶有一致的热电特性，但价格相对要便宜。利用补偿导线，将热电偶的冷端延伸到温度恒定的场所（如仪表室），其实质是相当于将热电极延长。根据中间温度定律，只要热电偶和补偿导线的两个接点温度一致，是不会影响热电动势输出的。下面举例说明补偿导线的作用。

【例5-2】 采用镍铬－镍硅热电偶测量炉温。热端温度为800℃，冷端温度为50℃。为了进行炉温的调节及显示，采用补偿导线或铜导线两种导线将热电偶产生的热电动势信号送到仪表室进行显示，其显示值各为多少（假设仪表室的环境温度恒为20℃）？

首先，由镍铬－镍硅热电偶分度表查出它在冷端温度为0℃，热端温度为800℃时的热电动势为 $E(800,0)=33.277\text{mV}$；热端温度为50℃时的热电动势为 $E(50,0)=2.022\text{mV}$；热端温度为20℃时的热电动势为 $E(20,0)=0.798\text{mV}$。

若热电偶与仪表之间直接用铜导线连接，根据中间导体定律，输入仪表的热电动势为 $E(800,50)=E(800,0)-E(50,0)=(33.277-2.022)\text{mV}=31.255\text{mV}$（相当于751℃）。

若热电偶与仪表之间用补偿导线连接，相当于将热电偶延伸到仪表室，输入仪表的热电动势为 $E(800,20)=E(800,0)-E(20,0)=(33.277-0.798)\text{mV}=32.479\text{mV}$（相当于781℃）。

与炉内的真实温度相差分别为

$$751℃-800℃=-49℃$$
$$781℃-800℃=-19℃$$

可见，补偿导线的作用是很明显的。常用热电偶补偿导线见表5-3。

表5-3　常用热电偶补偿导线

补偿导线型号	配用热电偶	补偿导线材料		补偿导线绝缘层着色	
		正极	负极	正极	负极
SC	S	铜	铜镍合金	红色	绿色
KC	K	铜	铜镍合金	红色	蓝色

（续）

补偿导线型号	配用热电偶	补偿导线材料		补偿导线绝缘层着色	
		正极	负极	正极	负极
KX	K	镍铬合金	镍硅合金	红色	黑色
EX	E	镍硅合金	铜镍合金	红色	棕色
JX	J	铁	铜镍合金	红色	紫色
TX	T	铜	铜镍合金	红色	白色

　　补偿导线起到了延伸热电极的作用，达到了移动热电偶冷端位置的目的。正是由于使用了补偿导线，在测温回路中产生了新的热电动势，实现了一定程度的冷端温度自动补偿。

　　补偿导线分为延伸型（X）和补偿型（C）。延伸型补偿导线选用的金属材料与热电极材料相同；补偿型补偿导线所选金属材料与热电极材料不同。

　　在使用补偿导线时，要注意补偿导线型号与热电偶型号匹配，正负极与热电偶对应正负极连接，补偿导线所处温度不宜超过150℃，否则将造成测量误差。

3. 冷端温度修正法

　　在实际应用中，冷端温度并非一定为0℃，所以测出的热电动势还是不能正确反映热端的实际温度。为此必须对温度进行修正。修正公式为

$$E_{AB}(t,0) = E_{AB}(t,t_1) + E_{AB}(t_1,0)$$

式中，$E_{AB}(t,0)$为热电偶热端温度为t、冷端温度为0℃时的热电动势；$E_{AB}(t,t_1)$为热电偶热端温度为t、冷端温度为t_1时的热电动势；$E_{AB}(t_1,0)$为热电偶热端温度为t_1、冷端温度为0℃时的热电动势。

　　【例5-3】用镍铬–镍硅热电偶测炉温，当冷端温度为30℃（且为恒定时），测出热端温度为t时的热电动势为39.17mV，求炉子的真实温度（求热端温度）。

　　由镍铬–镍硅热电偶分度表查出$E(30,0) = 1.20$mV，可以计算出

$$E(t,0) = (39.17 + 1.20)\text{mV} = 40.37\text{mV}$$

再通过分度表查出其对应的实际温度为$t = 977$℃。

4. 冷端温度自动补偿法（电桥补偿法）

　　补偿电桥法的原理是利用不平衡电桥产生的不平衡电势来补偿因冷端温度变化引起的热电势变化值，可以自动地将冷端温度校正到补偿电桥的平衡点温度上。

　　补偿器（补偿电桥）的应用如图5-10所示。桥臂电阻R_1、R_2、R_3、R_{Cu}与热电偶冷端处于相同的温度环境，R_1、R_2、R_3均为由锰铜丝绕制的1Ω电阻，R_{Cu}是用铜导线绕制的温度补偿电阻。$E = 4$V，是经稳压电源提供的桥路直流电源。R_s是限流电阻，阻值因配用的热电偶的不同而不同。

　　一般选择R_{Cu}阻值，使不平衡电桥在20℃（平衡点温度）时处于平衡，此时$R_{Cu} = 1Ω$，电桥平衡，不起补偿作用。冷端温度变化，热电偶热电动势E_x变化量为$E(t,t_0) - E(t,20) = E(20,t_0)$，此时电桥不平衡，适当选择$R_{Cu}$的大小，使$U_{AB} = E(t,20)$，与热电偶热电动势

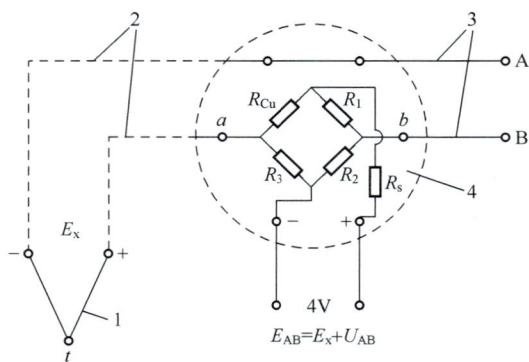

图 5-10 热电偶冷端补偿电桥

1—热电偶 2—补偿导线 3—铜导线 4—补偿电桥

叠加，则外电路总电动势保持为 $E_{AB}(t,20)$，不随冷端温度变化而变化。如果采用仪表机械零位调整法进行校正，则仪表机械零位应调至冷端温度补偿电桥的平衡点温度（20℃）处，不必因冷端温度变化而重新调整。

冷端补偿电桥虽然可以单独制成补偿器通过外线和热电偶与后续仪表连接，但更多是作为后续仪表的输入回路，与热电偶连接。

5. 仪表机械零点调整法

对于具有零位调整的显示仪表而言，如果热电偶冷端的温度 T_0 值较为恒定，可在测温系统未工作前预先将显示仪表的机械零点调整到 T_0 上，当系统投入工作后，显示仪表的示值就是实际的被测温度。

5.2.5 热电偶测温电路

1. 测量某一点的温度

用于测量某一点温度的电路如图 5-11a、b 所示，是由一支热电偶与一个测量仪表配合使用的连接电路，A′ 和 B′ 为补偿导线。这两种连接方式的区别在于：图 5-11a 中的热电偶冷端被延伸到仪表内，而图 5-11b 中的热电偶冷端在仪表外，R_D 为连接冷端与仪表的导线的电阻。

2. 测量两点之间的温度差（热电偶反向串联）

测量两点之间温度差的电路如图 5-12 所示，是用两支热电偶（两个热电偶反向串联）与一个仪表进行配合，测量两点之间温差的电路。图 5-12 中用了两支型号相同的热电偶并配用相同的补偿导线。工作时，两支热电偶产生的热电动势方向相反，故输入仪表的是其差值，这一差值正反映了两支热电偶热端的温差。为了减少测量

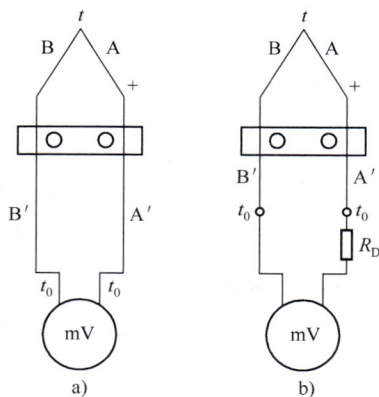

图 5-11 测量某点温度

a）冷端在仪表内 b）冷端在仪表外

误差，提高测量精度，要尽可能选用热电特性一致的热电偶，同时要保证两个热电偶的冷端温度相同。

3. 测量多点之间的平均温度（热电偶并联电路）

有些大型设备需测量多点的平均温度，可以通过与热电偶并联的测量电路来实现。将 n 支同型号热电偶的正极和负极分别连接在一起的线路称为并联测量电路。如图 5-13 所示，如果 n 支热电偶的电阻均相等，则并联测量电路的总热电动势等于 n 支热电偶热电动势的平均值，即

$$E_并 = \frac{E_1 + E_2 + \cdots + E_n}{n}$$

图 5-12　测量两点间温度差的电路

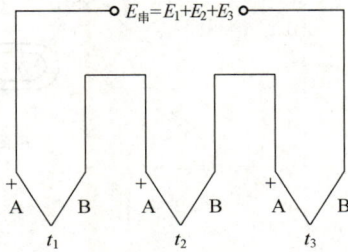

在热电偶并联电路中，当其中一支热电偶断路时，不会中断整个测温系统的工作。

4. 测量多点之间的温度之和（热电偶同向串联）

n 支同型号热电偶依次按正负极相连接的电路称为同向串联测量电路，如图 5-14 所示。串联测量电路总的热电动势等于 n 支热电偶热电动势之和，即

$$E_串 = E_1 + E_2 + \cdots + E_n$$

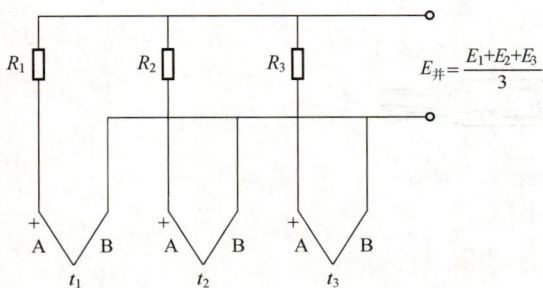

图 5-13　热电偶并联

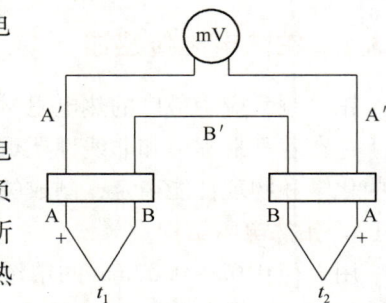

图 5-14　热电偶串联

热电偶同向串联电路的主要优点是热电动势大，使仪表的灵敏度大为增加；缺点是只要有一支热电偶断路，整个测量系统便无法工作。

在热电偶测量电路中使用的导线线径应适当选大，以减小线损的影响。

5.3　金属热电阻传感器

金属热电阻传感器一般称为热电阻传感器，是利用金属导体的电阻值随温度的变化而变化的原理进行测温的。金属热电阻的主要材料是铂、铜、镍。热电阻广泛用来测量 $-220 \sim 850℃$ 范围内的温度，少数情况下，低温可测量至 $-272℃$，高温可测量至 $1000℃$。金属热电阻的特点：电阻－温度变化具有良好的线性关系；电阻温度系数大，故测量精度高；热容量小，反应速度快；有较大的测量范围（$-200 \sim 500℃$）；在测量范围内具有较稳定的物理和化学性质，价格较低，易于使用在自动测量和远距离测量中。

5.3.1 铂热电阻传感器

铂、铜为应用最广的热电阻材料。虽然铁、镍的温度系数和电阻率均比铂和铜要高，但由于存在着不易提纯和非线性严重的缺点，因而用得不多。铂容易提纯，在高温和氧化性介质中化学和物理性能稳定，制成的铂热电阻输出 – 输入特性接近线性，测量精度高。

1. 铂热电阻结构

用直径 $0.02 \sim 0.07$mm 的铂丝绕在云母等绝缘骨架上，装入保护套管，接出引线，电阻率 $\rho = 9.81 \times 10^{-8} \Omega \cdot m$；有箔式结构和薄膜式结构，如图 5-15 所示。

铂热电阻传感器测温范围为 $-259.34 \sim 630.74℃$；主要作为标准电阻温度计，广泛应用于温度基准和温度标准。

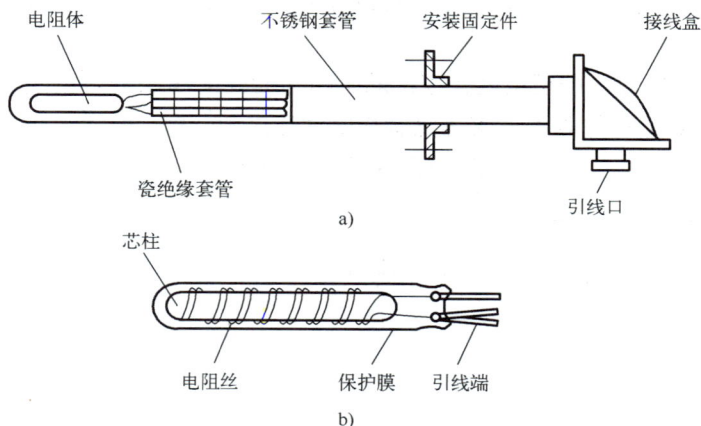

图 5-15　铂热电阻的结构
a）箔式结构　b）薄膜式结构

2. 百度电阻比

铂电阻的精度与铂的提纯程度有关，用 $W(100)$ 表示纯度。百度电阻比为

$$W(100) = \frac{R_{100}}{R_0}$$

$W(100)$ 越高，表示铂丝纯度越高，国际实用温标规定，作为基准器的铂电阻，$W(100) \geq 1.39256$，纯度为 99.9995%，精度为 $\pm(0.001 \sim 0.0001)℃$。目前的技术水平已达到 $W(100) = 1.3930$。工业用标准热电阻为 $W(100) \geq 1.391$，精度包括 3 种：$-200 \sim 0℃$，$\pm 1℃$；$0 \sim 100℃$，$\pm 0.5℃$；$100 \sim 650℃$，$\pm(0.5\%)t$。

3. 铂热电阻的电阻 – 温度特性

铂热电阻的特点是测温精度高、稳定性好，得到了广泛应用，应用温度范围为 $-200 \sim 850℃$。铂热电阻的电阻 – 温度特性是

当温度 t 在 $-200℃ \leq t \leq 0℃$ 时，

$$R_t = R_0 [1 + At + Bt^2 + Ct^3(t - 100)]$$

当温度 t 在 $0℃ \leqslant t \leqslant 650℃$ 时，

$$R_t = R_0(1 + At + Bt^2)$$

式中，A、B、C 与 $W(100)$ 有关。国内统一设计的工业用标准铂热电阻，$W(100) \geqslant 1.391$，R_0 分为 50Ω 和 100Ω 两种，分度号分别为 Pt50（$R_0 = 50\Omega$）和 Pt100（$R_0 = 100\Omega$）。

5.3.2 铜热电阻传感器

1. 铜热电阻的结构

铜热电阻由铜丝绕成，铜的温度系数 $\alpha = (4.25 \sim 4.28) \times 10^{-3}/℃$、铜的电阻率 $\rho = 1.7 \times 10^{-8}\Omega \cdot m$。铜热电阻的结构如图 5-16 所示。测温范围为 $-50 \sim 100℃$，用于测量精度要求不高且温度较低的场合。

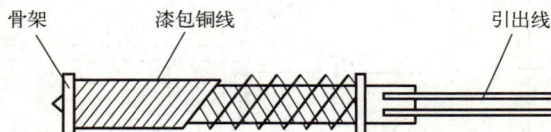

图 5-16 铜热电阻的结构

2. 铜热电阻的电阻 - 温度特性

由于铂是贵金属，在测量精度要求不高，温度范围在 $-50 \sim 150℃$ 时普遍采用铜电阻。铜电阻与温度间的关系为

$$R_t = R_0(1 + \alpha_1 t + \alpha_2 t^2 + \alpha_3 t^3)$$

由于 α_2 和 α_3 比 α_1 小得多，所以可以简化为

$$R_t \approx R_0(1 + \alpha_1 t)$$

工业上使用的标准化铜热电阻的 R_0，按国内统一设计可取 50Ω 和 100Ω 两种，分度号分别为 Cu50（$R_0 = 50\Omega$）和 Cu100（$R_0 = 100\Omega$）。铜热电阻的特点是：温度范围内线性关系好、灵敏度比铂电阻高，容易提纯、加工，价格便宜，复制性能好。它的缺点是易氧化，一般只用于 $150℃$ 以下的低温测量、没有水分和无侵蚀性介质的温度测量。与铂相比，铜的电阻率低，所以铜电阻的体积较大。

5.3.3 热电阻测温电路

热电阻测温电路主要采用直流电桥电路，常采用三线接法，如图 5-17 所示；四线接法如图 5-18 所示。因为工业用热电阻安装在生产现场，而其指示或记录仪表安装在控制室，其间的引线很长，如果仅用两根导线接在热电阻两端，导线本身的阻值必然会和热电阻的阻值串联在一起，造成测量误差。如果每根导线的阻值是 r，测量结果中必然含有绝对误差 $2r$。实际上这种误差很难修正，因为导线阻值 r 是随其所处环境温度而变的，而环境温度变化莫测，这就注定了用两线制连接方式不宜在工业热电阻上应用。热电阻测温电路主要考虑其引线电阻和接触电阻的影响，其次考虑工作电流的热效应影响，工作电流小于 $10mA$。

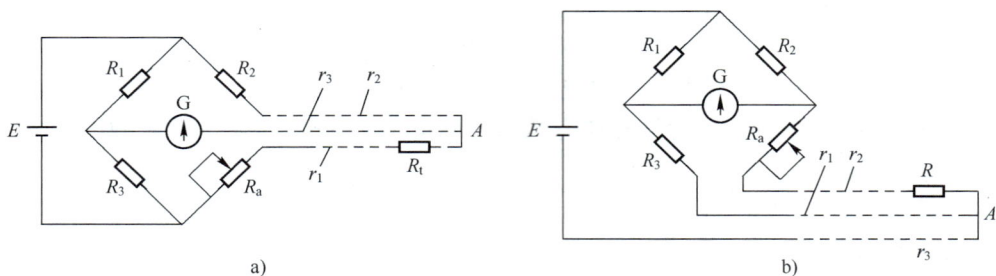

图 5-17　热电阻测温电路的三线接法

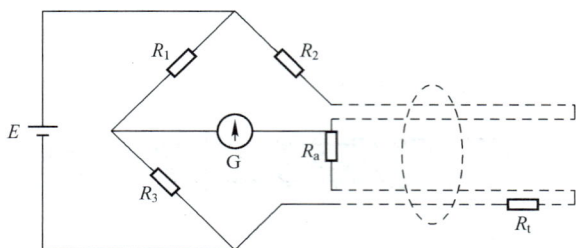

图 5-18　热电阻测温电路的四线接法

5.4　半导体热敏电阻器

在温度传感器中应用最多的有热电偶、热电阻（如铂、铜电阻温度计等）和热敏电阻。热敏电阻发展最为迅速，由于其性能得到不断改进，稳定性已大为提高，在许多场合下（$-40 \sim 350℃$）热敏电阻已逐渐取代传统的温度传感器。热敏电阻是利用某些金属氧化物或单晶锗、硅等材料，按特定工艺制成的感温元件。

5.4.1　热敏电阻的特点与分类

1. 热敏电阻的分类

热敏电阻的种类很多，分类方法也不相同。根据热敏电阻的阻值与温度的关系可分为3种类型，即正温度系数热敏电阻（PTC）、负温度系数热敏电阻（NTC）和突变型负温度系数热敏电阻器（CTR）。

1）正温度系数热敏电阻器（PTC）：其电阻值随温度升高而增大，简称为 PTC 热敏阻器。它的材料主要是掺杂的 $BaTiO_3$ 半导体陶瓷。

2）负温度系数热敏电阻器（NTC）：其电阻值随温度升高而下降，简称为 NTC 热敏电阻器。它的材料主要是一些过渡金属氧化物半导体陶瓷。

3）突变型负温度系数热敏电阻器（CTR）：该类电阻器的电阻值在某特定温度范围内随温度升高而降低 3 ~ 4 个数量级，即具有很大负温度系数。其主要材料是 VO_2 并添加一些金属氧化物。

2. 热敏电阻的特点

（1）电阻温度系数的范围较宽

电阻温度系数的绝对值比金属大 10 ~ 100 倍。

（2）材料加工容易、性能好

可根据使用要求加工成各种形状，特别是能够用于小型化。目前，最小的珠状热敏电阻的直径仅为 0.2mm。

（3）电阻阻值在 1 ~ 10MΩ 可供自由选择

使用时，一般可不必考虑线路引线电阻的影响；由于其功耗小，故无须采取冷端温度补偿，所以适合于远距离测温和控温使用。

（4）稳定性好

近年来，热敏电阻在材料与工艺上得到不断改进。据报道，在 0.01℃ 的小温度范围内，可达 0.0002℃ 的精度。

（5）原料资源丰富，价格低廉

烧结表面均已经玻璃封装，可用于较恶劣环境条件；另外，由于热敏电阻材料的迁移率很小，故其性能受磁场影响很小。

5.4.2　热敏电阻的基本参数

1. 标称阻值 R_{25}（冷阻）

标称电阻值是热敏电阻在 25℃ ±0.2℃ 时的阻值。

厂家通常将热敏电阻在 25℃ 时的零功率电阻值称为额定电阻值或标称阻值，记作 R_{25}，85℃ 时的电阻值 R_{85} 作为 R_T。标称阻值常在热敏电阻上标出。R_{85} 也由厂家给出。

2. 材料常数 B_N

B_N 是表征负温度系数（NTC）热敏电阻器材料的物理特性常数。B_N 值取决于材料的激活能 ΔE，具有 $B_N = \Delta E/2k$ 的函数关系，式中，k 为玻尔兹曼常数。一般 B_N 值越大，则电阻值越大，绝对灵敏度越高。在工作温度范围内，B_N 值并不是一个常数，而是随温度的升高略有增加的。

3. 电阻温度系数

电阻温度系数为热敏电阻在温度变化 1℃ 时电阻值的变化率，即 $\alpha_t = (\Delta R/R)/\Delta T$。

4. 耗散系数 H

耗散系数指热敏电阻器在温度变化 1℃ 所耗散的功率变化量。在工作范围内，当环境温度变化时，H 值随之变化，其大小与热敏电阻的结构、形状和所处介质的种类及状态有关。

5. 时间常数 τ

热敏电阻器在零功率测量状态下，当环境温度突变时电阻器的温度变化量从开始到变化量为 63.2% 时所需的时间。它与热容量 C 和耗散系数 H 之间的关系为

$$\tau = \frac{C}{H}$$

6. 最高工作温度 T_{max}

热敏电阻器在规定的技术条件下长期连续工作所允许的最高温度为

$$T_{max} = T_0 + \frac{P_E}{H}$$

式中，T_0 为环境温度；P_E 为环境温度 T_0 时的额定功率；H 为耗散系数。

7. 最低工作温度 T_{min}

最低工作温度指热敏电阻器在规定的技术条件下能长期连续工作的最低温度。

8. 转变点温度 T_c

转变点温度为热敏电阻器的电阻 – 温度特性曲线上的拐点温度，主要指正温度系数热敏电阻和突变型负温度系数热敏电阻。

5.4.3 热敏电阻器主要特性

1. 负温度系数热敏电阻器（NTC）的温度特性

负温度系数热敏电阻器的温度特性如图 5-19 中曲线 2 所示。NTC 的电阻 – 温度关系的数学表达式为

$$R_T = R_{T_0} \exp B_N \left(\frac{1}{T} - \frac{1}{T_0} \right), \qquad \ln R_T = B_N \left(\frac{1}{T} - \frac{1}{T_0} \right) + \ln R_{T_0}$$

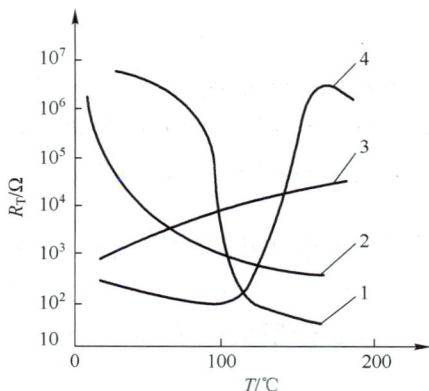

图 5-19　各种热敏电阻器的温度特性曲线
1—突变型 NTC　2—负指数型 NTC　3—线性型 PTC　4—突变型 CTR

由测试结果表明，无论是由氧化物材料还是由单晶体材料制成的 NTC，在不太宽的温度范围（低于 450℃），都能利用该式，它仅是一个经验公式。

2. 正温度系数热敏电阻器（PTC）的温度特性

正温度系数热敏电阻器的温度特性如图 5-19 中曲线 3 所示。

经实验证实：在工作温度范围内，正温度系数热敏电阻器的电阻 – 温度特性可近似用下面的经验公式表示为

$$R_T = R_{T_0} \exp B_P (T - T_0)$$

若对上式取对数，则得 $\ln R_T = B_P(T - T_0) + \ln R_{T_0}$。

3. 突变型负温度系数热敏电阻器（CTR）的温度特性

突变型负温度系数热敏电阻器（CTR）的温度特性如图 5-19 中曲线 4 所示。

CTR 的工作温度范围较窄，在工作区两端的电阻 – 温度曲线上有两个拐点：T_{p1} 和 T_{p2}。当温度低于 T_{p1} 时，温度灵敏度低；当温度升高到 T_{p1} 后，电阻值随温度值剧烈增高（按指数规律迅速增大）；当温度升到 T_{p2} 时，CTR 在工作温度范围内存在温度 T_c，对应有较大的温度系数 α_{tp}。

5.4.4　热敏电阻器温度测量非线性修正

由于热敏电阻器 R_T – T 曲线非线性严重，为保证一定范围内温度测量的精度要求，应进行非线性修正。

1. 线性化网络

利用包含有热敏电阻的电阻网络（常称线性化网络）来代替单个的热敏电阻，使网络电阻 R_T 与温度呈单值线性关系。其一般形式如图 5-20 所示。

2. 利用电阻测量装置中其他部件的特性进行综合修正

图 5-21 是一个温度 – 频率转换电路，把热敏电阻 R_t 随温度的变化转变为电容 C 的充、放电频率的变化输出。

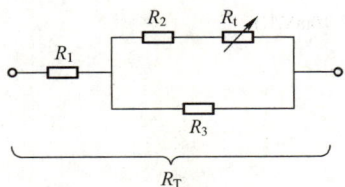

图 5-20　线性化网络

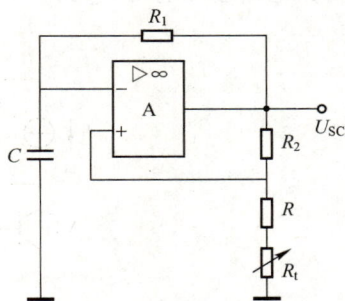

图 5-21　温度 – 频率转换电路原理图

虽然电容 C 的充、放电特性是非线性特性，但适当选取线路中的电阻 R_2 和 R，可以在一定的温度范围内，得到近似线性的温度 – 频率转换特性。

3. 计算修正法

在带有微型处理机（或微型计算机）的测量系统中，当已知热敏电阻器的实际特性和所需理想特性时，可采用线性插值法将特性分段，并把各分段点的值存放在计算机的存储器内。计算机将根据热敏电阻器的实际输出值进行校正计算后，给出要求的输出值。

5.5　集成温度传感器

集成温度传感器具有体积小、线性好、反应灵敏等优点，所以应用十分广泛。它是把感温元件（常为 PN 结）与有关的电子线路集成在很小的硅片上封装而成。由于 PN 结不耐高温，所以集成温度传感器通常测量 150℃以下的温度。按输出量不同可分为电流型、电压型和频率型（输出信号为振荡信号，其频率随测量温度而变化）三大类。

5.5.1 集成温度传感器基本工作原理

图 5-22 中为集成温度传感器原理示意图。其中 VT_1、VT_2 为差分对管，由恒流源提供的 I_1、I_2 分别为 VT_1、VT_2 的集电结电流，则 ΔU_{be} 为

$$\Delta U_{be} = \frac{kT}{q}\ln\left(\frac{I_1}{I_2}\gamma\right)$$

式中，k 为玻尔兹曼常数；q 为电子的电荷量；T 为绝对温度；γ 为 VT_1 和 VT_2 发射结面积比。

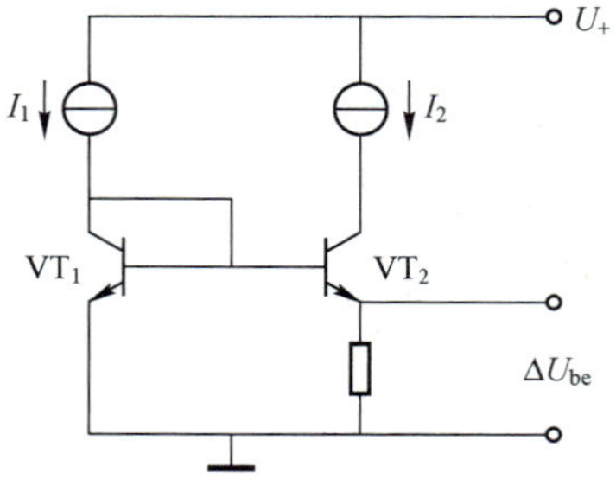

图 5-22 集成温度传感器原理示意图

只要 I_1/I_2 为一恒定值，则 ΔU_{be} 与温度 T 为单值线性函数关系。这就是集成温度传感器的基本工作原理。

5.5.2 电压输出型集成温度传感器

如图 5-23 所示，VT_1、VT_2 为差分对管，调节电阻 R_1，可使 $I_1 = I_2$，当对管 VT_1、VT_2 的 $\beta \geqslant 1$ 时，电路输出电压 U_o 为

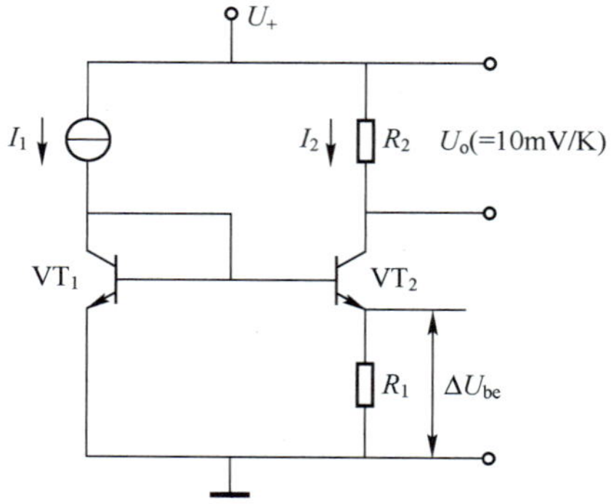

图 5-23 电压输出型原理电路图

$$U_o = I_2 R_2 = \frac{\Delta U_{be}}{R_1} R_2$$

由此可得：

$$\Delta U_{be} = \frac{U_o R_1}{R_2} = \frac{kT}{q}\ln\gamma$$

R_1、R_2 不变，则 U_o 与 T 呈线性关系。若 $R_1 = 940\Omega$，$R_2 = 30k\Omega$，$\gamma = 37$，则输出温度系数为 10mV/K。

5.5.3　电流输出型集成温度传感器

5.5.3
电流输出型集成
温度传感器——
环境温度测量实验

如图 5-24 所示，差分对管 VT_1、VT_2 作为恒流源负载，VT_3、VT_4 作为感温元件，VT_3、VT_4 发射结面积之比为 γ，此时电流源总电流 I_T 为

$$I_T = 2I_1 = \frac{2\Delta U_{be}}{R} = \frac{2kT}{qR}\ln\gamma$$

当 R 和 γ 为恒定量时，I_T 与 T 呈线性关系。若 $R = 358\Omega$，$\gamma = 8$，则电路输出温度系数为 $1\mu A/K$。

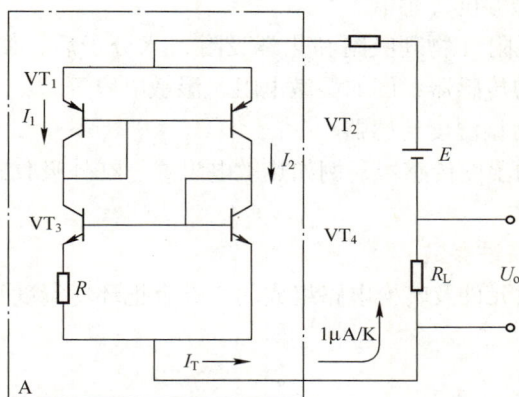

图 5-24　电流输出型原理电路图

5.6　湿度传感器

5.6
湿度传感器——
教室环境湿度测
量实验

5.6.1　概述

湿度是指物质中所含水蒸气的量，目前的湿度传感器多数是测量气体中的水蒸气含量。通常用绝对湿度、相对湿度和露点（或露点温度）来表示。

1. 湿度的定义及其表示方法

（1）绝对湿度

绝对湿度 H_a 是指单位体积的气体中水蒸气的质量，其表达式为

$$H_a = \frac{m_V}{V}$$

式中，m_V 为被测空气中水蒸气的质量；V 为被测空气体积。

（2）相对湿度

相对湿度 H_r 为空气中实际所含水蒸气密度与相同温度下水的饱和水蒸气密度比值的百分数，即

$$H_r = \left(\frac{P_V}{P_W}\right)_T \times 100\% \ RH$$

式中，P_W 为同温度下水的饱和水蒸气密度。

（3）露点

在一定大气压下，将含水蒸气的空气冷却，当降到某一温度值时，空气中的水蒸气达到饱和状态，开始从气态变成液态而凝结成露珠，这种现象称为结露。此时的温度称为露点或露点温度。如果这一特定温度低于 0℃，水蒸气将凝结成霜。露点也能反映相对湿度（RH）。

2. 湿度传感器的基本原理和分类

（1）水分子亲和力型湿度传感器

它是利用湿敏材料吸附（物理吸附和化学吸附）水分子后，使其电气性能（电阻、电介常数、阻抗等）变化的传感器，例如湿敏电阻、湿敏电容等。

（2）非水分子亲和力型湿度传感器

它是利用物理效应的湿度传感器，例如热敏电阻式、红外吸收式、超声波式和微波式湿度传感器。

3. 湿敏元件的主要特性参数

湿度传感器是由湿敏元件及转换电路组成的，具有把环境湿度转变为电信号的能力。其主要特性有以下几点。

（1）湿度量程

湿度量程为湿度传感器技术规范规定的感湿范围（相对湿度，用 RH 表示）。理想情况：（0～100）% RH；一般情况：（5～95）% RH。

（2）感湿特性曲线

感湿特征量为湿度变化所引起的传感器的输出量（电阻、电容、电压、频率等）。

感湿特性为湿度传感器特征量随湿度变化的关系，常用感湿特征量和相对湿度的关系曲线来表示，如图 5-25 所示。感湿特性曲线表示感湿特征量与环境湿度关系，一般要求全量程连续、线性、斜率适当。

（3）感湿灵敏度

感湿灵敏度为湿度传感器的感湿特征量（如：电阻、电容值等）随环境湿度变化的程度，也是该传感器感湿特性曲线的斜率。

感湿灵敏度是在一定湿度范围内相对湿度变化 1% RH 时，其感湿特征量的变化值或变化百分率。

由于湿度传感器感湿特性曲线的非线性，其灵敏度表示困难。目前湿敏电阻灵敏度表示为：$R_{1\%}/R_{20\%}$、$R_{1\%}/R_{40\%}$、$R_{1\%}/R_{60\%}$、$R_{1\%}/R_{80\%}$、$R_{1\%}/R_{100\%}$，其中 $R_{1\%}$，$R_{20\%}$，$\cdots$，$R_{100\%}$，表示相对湿度分别为 1% RH，20% RH，$\cdots$，

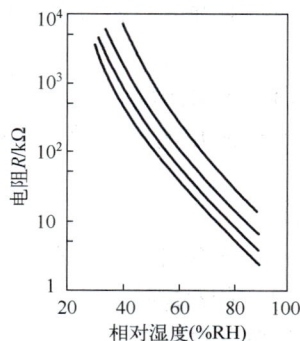

图 5-25　湿度传感器的感湿特性

100% RH 时，湿敏电阻相应的电阻值。

（4）响应时间——湿度传感器的动态响应特性

响应时间指湿度传感器响应相对湿度变化量的 63.2% 所需要的时间，分为吸湿响应时间和脱湿响应时间。

$$\alpha = \frac{\mathrm{d}(RH)}{\mathrm{d}T}\bigg|_{k=\mathrm{const}}$$

式中，k 为湿敏元件的感湿特征量。

（5）湿度温度系数——感湿特性曲线随温度变化特性

当环境湿度恒定时，温度每变化 1℃ 而引起湿度传感器感湿特征量的变化量称为湿度温度系数。一般情况下：

湿敏电阻的温度系数为

$$\alpha = \frac{R_2 - R_1}{R_1 \Delta T} \times 100\%$$

湿敏电容的温度系数为

$$\alpha = \frac{C_2 - C_1}{C_1 \Delta T} \times 100\%$$

（6）湿滞回线和湿滞误差

湿度传感器在吸湿过程和脱湿过程中吸湿与脱湿响应时间不同，具有滞后现象，曲线不重合，是一个环形回线，这一特性就是湿滞特性，如图 5-26 所示。

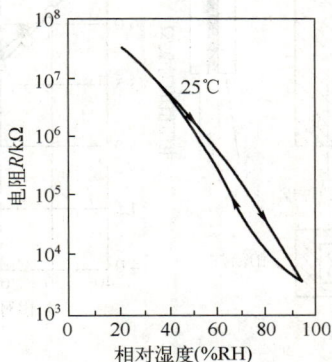

图 5-26　湿度传感器的湿滞特性

5.6.2　电解质湿度传感器

1. 无机电解质湿度传感器

无机电解质是以离子导电的物质，例如 LiCl。感湿原理是 LiCl 湿敏元件吸湿潮解，使离子导电率变化而引起湿敏电阻的变化。

（1）登莫（Dunmore）式湿度传感器

登莫式湿度传感器结构如图 5-27a 所示。其感湿特性曲线如图 5-27b 所示。测湿范围为

（20～90）％RH。改变 LiCl 浓度以改变测湿范围。

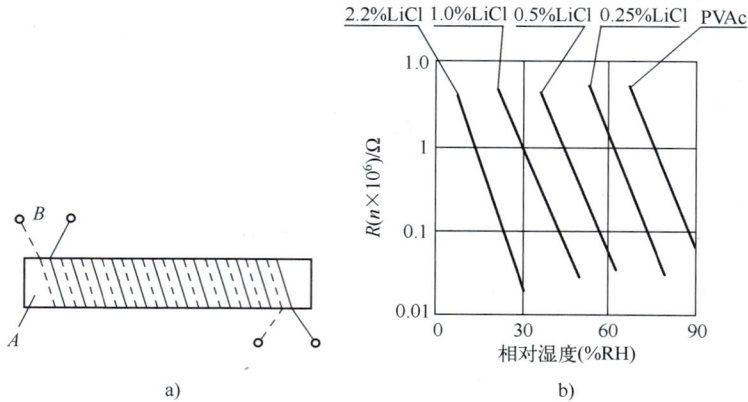

图 5-27　登莫式湿度传感器结构及其感湿特性曲线

（2）浸渍式湿度传感器

浸渍式湿度传感器结构如图 5-28a 所示。在天然树皮或玻璃带基片上直接浸渍 LiCl 溶液构成。其感湿特性曲线如图 5-28b 所示。

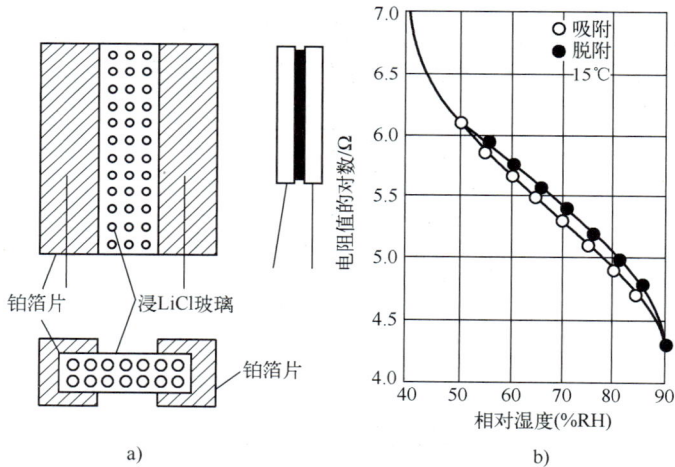

图 5-28　浸渍式湿度传感器结构及其感湿特性曲线

（3）光硬化树脂电解质湿敏元件

采用光硬化树脂胶合剂，浸渍或蒸镀 LiCl 溶液，并经干燥、光硬化处理，增强其耐湿和耐温性，可在 80℃ 高温下使用。

2. 高分子电解质湿度传感器

高分子电解质湿度传感器利用湿敏材料的吸湿性和胀缩性，若材料介电常数变化将形成湿敏电容，材料导电性发生变化将形成湿敏电阻，若材料胀缩和导电微粒发生变化将形成湿敏电阻。

（1）聚苯乙烯磺酸锂湿敏元件

它是在聚苯乙烯磺酸锂的强电解质感湿膜上制作多孔性梳状金电极而成的湿敏电阻。工作温度在 $-30 \sim 90℃$ 范围内；测量湿度在 $（0 \sim 100）\% RH$ 范围内。其湿敏特性如图5-29所示。

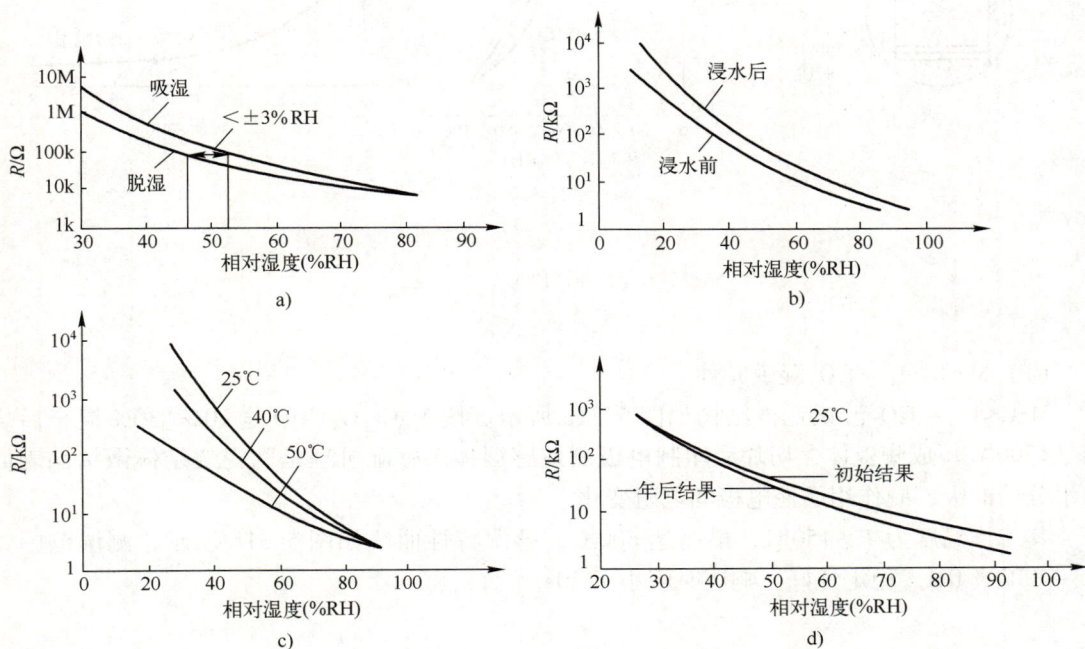

图5-29　聚苯乙烯磺酸锂湿敏元件特性

a）感湿特性　b）抗水浸性能　c）温度特性　d）稳定性实验

（2）有机季铵盐高分子电解质湿敏元件

它是利用离子导电性能的高分子湿敏材料，吸湿电离导致电极间电阻变化将形成湿敏电阻。工作温度在 $-20 \sim 90℃$ 范围内；测量湿度在 $（20 \sim 99.9）\% RH$ 范围内；响应时间约30s；滞后性在 $\pm 2\% RH$ 以内；测湿精度为 $\pm（2 \sim 3）\% RH$。

5.6.3　半导体及陶瓷湿度传感器

1. 涂覆膜型

涂覆膜型结构如图5-30a所示。将感湿材料粉末（Fe_3O_4）调浆，喷洒并涂覆于带电极的基片上构成。其湿滞曲线如图5-30b所示，感湿特征量是湿敏电阻；测湿范围为 $（0 \sim 100）\% RH$；稳定性好；响应速度如图5-30c所示，响应时间长。

其他涂覆膜型湿敏材料有 Cr_2O_3、Mn_2O_3、Al_2O_3、ZnO 和 TiO_2 等金属氧化物。

2. 烧结体型

烧结体指将两种以上金属氧化物半导体材料烧结而成的多孔陶瓷状的半导体陶瓷湿

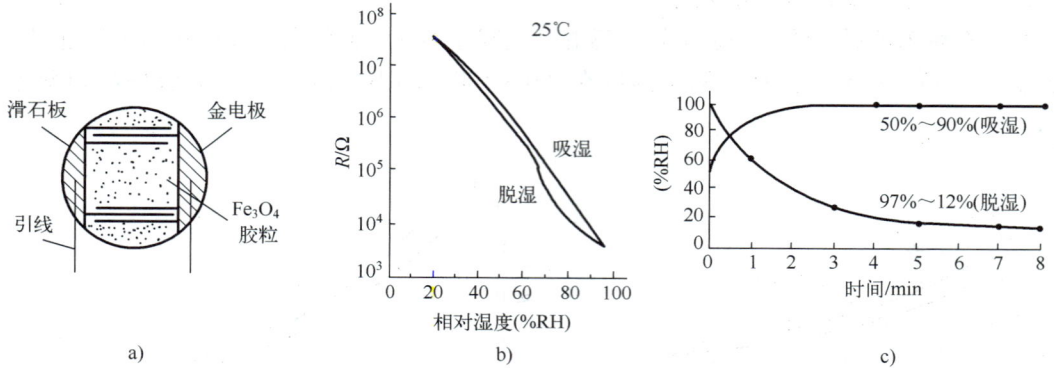

图 5-30 涂覆膜型 Fe_3O_4 湿敏元件的结构和性能

a）结构 b）湿滞曲线 c）响应速度

敏元件。

（1）$MgCr_2O_4 - TiO_2$ 湿敏元件

$MgCr_2O_4 - TiO_2$ 湿敏元件结构如图 5-31a 所示。按 $MgCr_2O_4 : TiO_2 = 70\% : 30\%$ 混合后烧结（1300℃）成陶瓷体，切片后印制电极制成感湿体。感湿机理是陶瓷烧结体微结晶表面对水分子的吸、脱作用而使电极间电阻变化。

其工作温度为 $T > 150℃$，最高达 $600℃$，感湿特性曲线如图 5-31b 所示，测湿范围为 $(1 \sim 100)\% RH$，稳定性好，响应时间小于 $20s$。

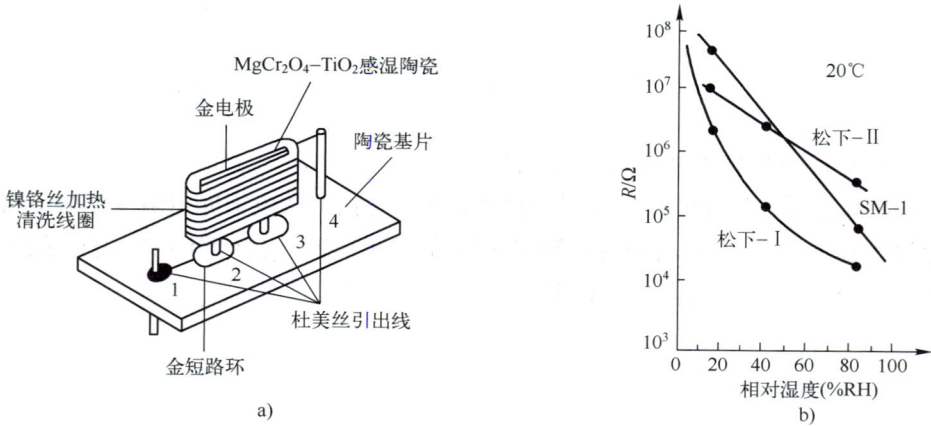

图 5-31 $MgCr_2O_4 - TiO_2$ 湿敏元件的结构和感湿特性曲线

a）结构示意图 b）感湿特性曲线

（2）$ZnO - Cr_2O_5$ 陶瓷湿敏元件

$ZnO - Cr_2O_5$ 陶瓷湿敏传感器结构如图 5-32 所示。它是无须加热清洗的半导体陶瓷烧结体湿敏元件，稳定性好，响应快（湿度变化 $\pm 20\% RH$ 时，响应时间约 $2s$），吸湿、脱湿几乎无滞后现象。

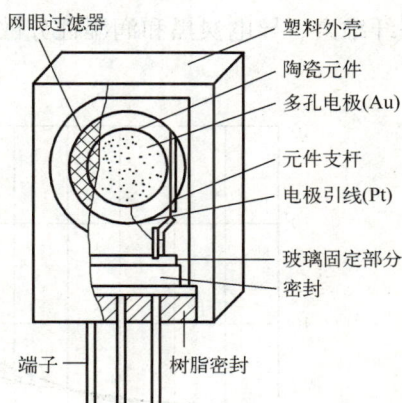

图 5-32 ZnO – Cr$_2$O$_5$ 陶瓷湿敏传感器结构

3. 薄膜型

薄膜型陶瓷湿度传感器主要为湿敏电容，基于感湿材料吸湿后使介电常数变化，使用时一般将电容信号调理成频率输出。

（1）Al$_2$O$_3$ 薄膜湿敏元件

它是多孔 Al$_2$O$_3$ 薄膜电介质构成的湿敏传感器，如图 5-33 所示。Al$_2$O$_3$ 薄膜湿敏元件优点：工作温度范围宽、体积小、响应快、低湿测量时灵敏度高、无"冲蚀"现象。缺点：对污染敏感而影响精度、高湿精度差、工艺复杂、易老化、稳定性差。

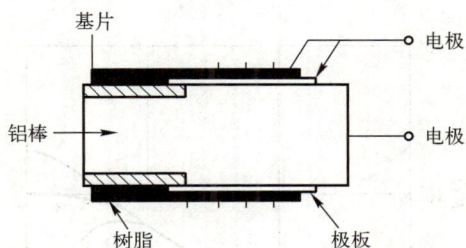

图 5-33 多孔 Al$_2$O$_3$ 薄膜湿敏传感器结构

（2）Ta 电容湿敏元件

它是阳极氧化法形成的多孔 TaO 薄膜（1μm）电介质构成的湿敏电容器。其稳定性好，适合测量腐蚀性气体的湿度。

5.6.4 有机物及高分子聚合物湿度传感器

1. 胀缩性有机物湿敏元件

利用有机纤维吸湿溶胀、脱湿收缩的特性，将导电微粒或离子掺入其中作为导电材料，便可将环境湿度的变化转换为感湿材料电阻的变化，主要有如下两种类型。

（1）碳湿敏元件

羟乙基纤维素碳湿敏元件结构如图 5-34a 所示。它是将丙烯酸塑料基片（两长边制作电极）浸涂相应溶液（由羟乙基纤维素、导电炭黑和润湿性分散剂组成）后，蒸发而形成具有胀缩性的导电感湿膜。

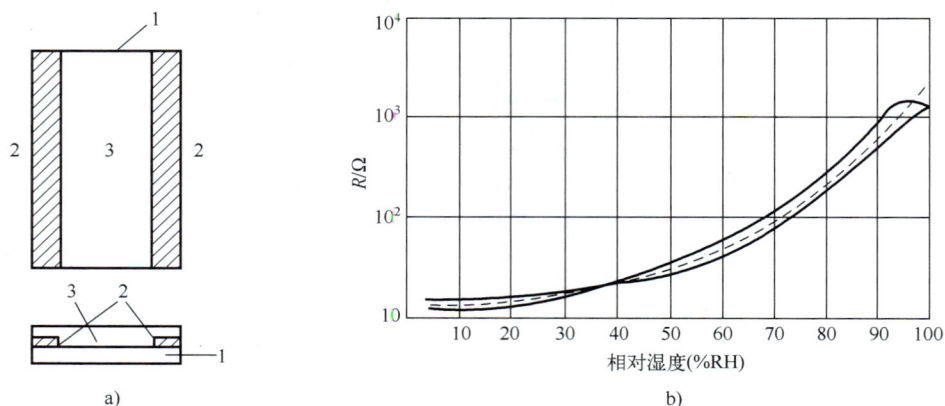

图 5-34 羟乙基纤维素碳湿敏元件结构及其感湿特性曲线
1—基片 2—电极 3—感湿膜

其感湿特性曲线如图 5-34b 所示。可以看到：其一，湿度大于 90% RH 时，感湿特性曲线具有负的斜率，曲线出现"隆起"或者说曲线被"压弯"。图 5-35 给出三种不同感湿元件的感湿特性曲线"隆起"情况；其二，在 25℃ 和 33.3% RH 的条件下，元件的湿滞回线有一交叉点。

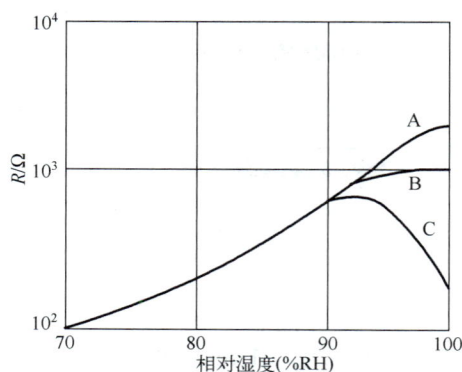

图 5-35 羟乙基纤维素碳湿敏元件感湿特性曲线的"隆起"情况

（2）结露敏感元件

结露敏感元件是在印制有梳状电极的氧化铝基片上涂覆的电阻式感湿膜（由新型树脂和碳粒组成）构成湿敏电阻。

其感湿特点：

- 因灰尘和其他气体产生的表面污染对元件的感湿特性影响小；
- 能检测并区别结露、水分等高湿状态；

- 具有开关特性，其工作点变动小；
- 导电无极化现象，可用直流电源设计测量电路。

2. 高分子聚合物薄膜湿敏元件

利用高分子聚合物（$\varepsilon_r = 2 \sim 7$）随环境湿度的变化，成比例地吸附和释放水分子（$\varepsilon_r = 83$）使其介电常数改变的特性，将其作为电介质制成感湿电容器，如下两种湿敏元件是电容量随环境湿度的变化而变化。

（1）等离子聚合法聚苯乙烯薄膜湿敏元件——湿敏电容

等离子聚合法聚苯乙烯薄膜湿敏元件是利用聚苯乙烯的亲水性，当环境湿度变化时产生吸湿或脱湿从而引起介电常数的改变。在玻璃基片上镀一层铝薄膜作为下电极，用等离子聚合法在铝膜上镀一层（$0.05\,\mu m$）聚苯乙烯作为电容器的电介质（感湿材料），再在上面镀一层多孔金膜作为上电极，制作成湿敏电容。

其感湿特点：
- 感湿范围宽，几乎覆盖全湿范围；
- 使用温度范围宽（$-40 \sim 150℃$）；
- 响应时间短（$<1s$）；
- 结构尺寸小；
- 湿度温度系数小。

（2）醋酸纤维有机膜湿敏元件——湿敏电容

醋酸纤维有机膜湿敏元件是利用醋酸纤维的吸湿或脱湿从而引起介电常数的改变，可制作成平板湿敏电容器。

其感湿特点：响应时间短（$t<1s$）；重复性好；工作温度在 $0 \sim 80℃$ 范围内；测湿范围为（$0 \sim 100$）%RH；湿度温度系数小（$0.05\%\,RH/℃$）；测湿精度为 ±（$1 \sim 2$）%RH。

5.7　温度与湿度传感器的应用实例

5.7.1　温度传感器的应用

1. 工业流量计

基于流体流速（流量）与散热关系，利用热敏电阻桥式电路测流体流速（或流量），如图 5-36 所示。

当液体不流动时，两个铂电阻等温，电桥平衡。

当液体流动时，铂电阻 R_{t1} 温度随流速变化，铂电阻 R_{t2} 温度不随流速变化，流体速度将引起电桥的不平衡输出。

2. 热敏电阻热保护

电动机绕组热保护电路如图 5-37 所示。

电动机绕组过热使热敏电阻阻值增大，达到保护程度，保护电路动作，驱动继电器动作而切断电源。

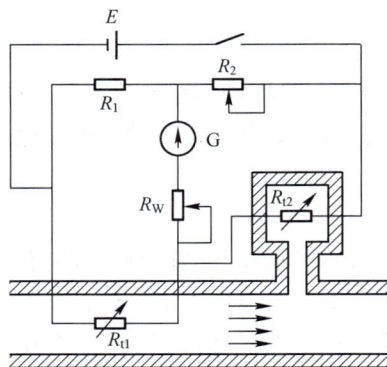

图 5-36　热敏电阻流量计

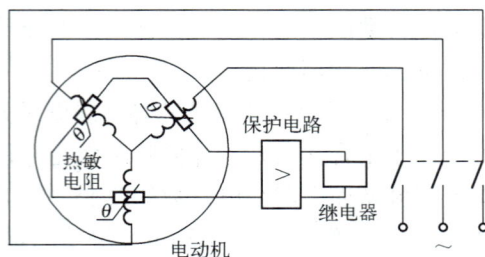

图 5-37　电动机绕组热保护电路

3. 热电偶测温实例

测量 $0 \sim 600℃$ 的 K 型热电偶测温电路如图 5-38 所示。AD590 作为冷端补偿，通过放大电路，线性化电路，可获得 $10mV/℃$ 的输出电压灵敏度，则 U_{out} 为 $0 \sim 6000mV$。

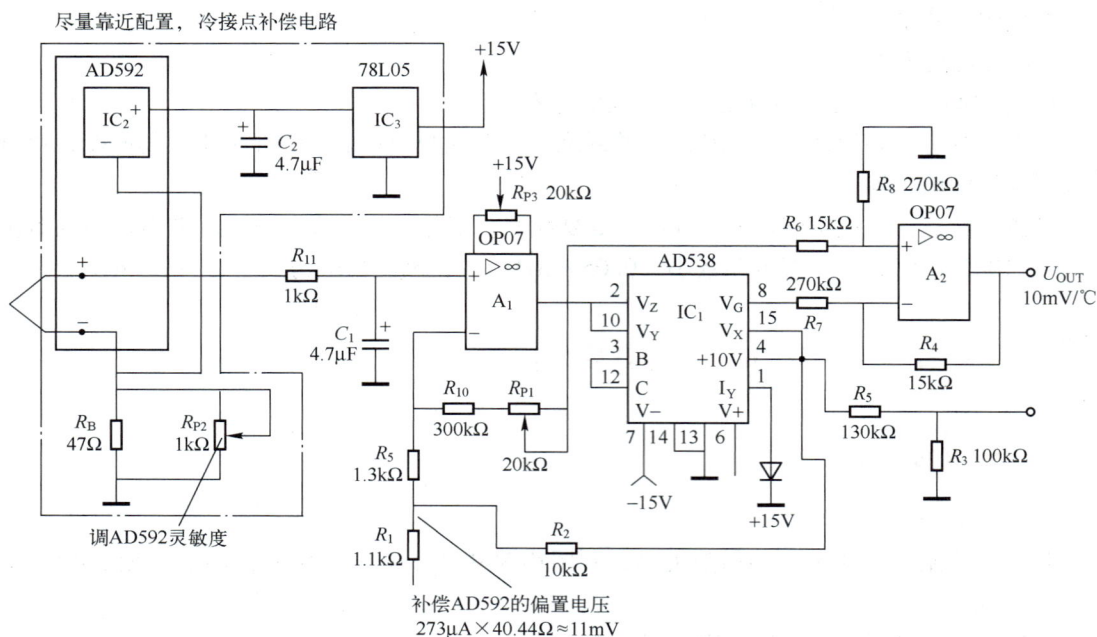

图 5-38　K 型热电偶测温电路（$0 \sim 600℃$）

5.7.2　湿度传感器的应用

1. 自动去湿装置

自动去湿装置如图 5-39 所示，其中，H 为湿度传感器，R_S 为加热电阻。在常温常湿情况下调好各电阻值，使 VT$_1$ 导通，VT$_2$ 截止。当阴雨等天气使室内环境湿度增大而导致 H 的阻值下降到某值时，传感器 H 的电阻 R_F 与 R_2 并联之阻值小到不足以维持 VT$_1$ 导通。

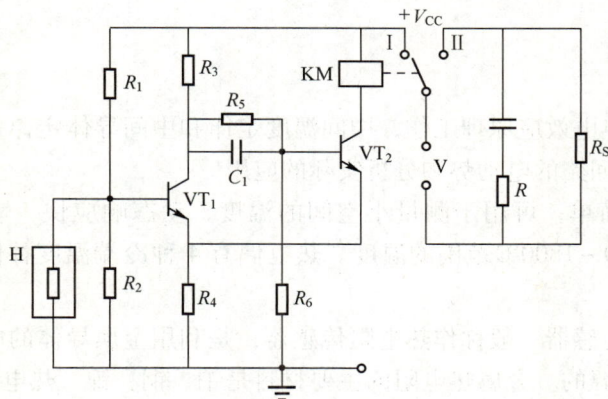

图 5-39　自动去湿装置

由于 VT$_1$ 截止而使 VT$_2$ 导通，其负载继电器 KM 通电，常开触点 II 闭合，加热电阻 R_S 通电加热，驱散湿气。

当湿度减小到一定程度时，电路又翻转到初始状态，VT$_1$ 导通，VT$_2$ 截止，常开触点 II 断开，R_S 断电停止加热。

2. 录像机结露报警控制电路

录像机结露报警控制电路如图 5-40 所示，该电路由 VT$_1$ ~ VT$_4$ 组成。结露时，LED 亮（结露信号），并输出控制信号使录像机进入停机保护状态。

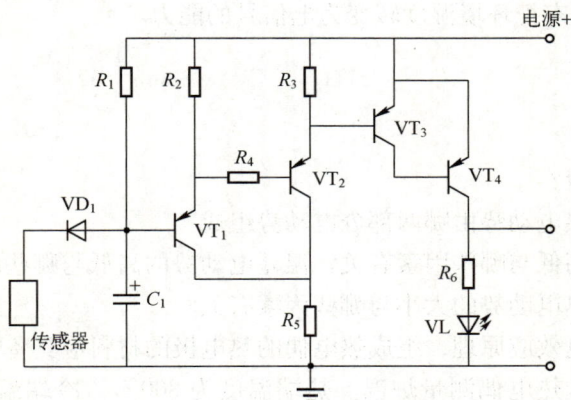

图 5-40　录像机结露报警控制电路

在低湿时，结露传感器的电阻值为 2kΩ 左右，VT$_1$ 因其基极电压低于 0.5V 而截止，VT$_2$ 集电极电位低于 1V，所以 VT$_3$ 及 VT$_4$ 也截止。

结露指示灯不亮，输出的控制信号为低电平。

在结露时，结露传感器的电阻值大于 50kΩ，VT_1 饱和导通，VT_2 截止；从而使 VT_3 及 VT_4 导通，结露指示灯亮，输出的控制信号为高电平。

5.8　知识梳理

1）热电偶基于热电效应原理工作，中间温度定律和中间导体定律是使用热电偶测量的理论依据，用来计算回路的电动势和分析实际的应用。

2）热电偶结构简单，可用于测量小空间的温度，动态响应快，输出的电动势便于传送，常用于测量 $-270 \sim 1800℃$ 范围的温度。热电偶有 4 种冷端温度补偿，特别是补偿导线的使用。

3）金属热电阻传感器一般称作热电阻传感器，是利用金属导体的电阻值随温度的变化而变化的原理进行测温的。金属热电阻的主要材料是铂、铜、镍。热电阻传感器广泛用来测量 $-220 \sim 850℃$ 范围内的温度，少数情况下，低温可测量至 $-272℃$，高温可测量至 $1000℃$。

4）热敏电阻是利用某些金属氧化物或单晶锗、硅等材料，按特定工艺制成的感温元件，可分为正温度系数（PTC）热敏电阻、负温度系数（NTC）热敏电阻和在突变型负温度系数热敏电阻器（CTR）三种类型。

5）把感温元件（常为 PN 结）与有关的电子线路集成在很小的硅片上封装而成。由于 PN 结不能耐高温，所以集成温度传感器通常测量 $150℃$ 以下的温度。按输出量不同可分为：电流型、电压型和频率型（输出信号为振荡信号，其频率随测量温度而变化）三大类。

6）湿度是指物质中所含水蒸气的量，目前的湿度传感器多数是测量气体中的水蒸气含量。通常用绝对湿度、相对湿度和露点（或露点温度）来表示。湿度传感器是由湿敏元件及转换电路组成的，具有把环境湿度转变为电信号的能力。

5.9　习题

1. 什么是热电效应?

2. 热电偶产生的热电动势由哪两部分电动势组成?

3. 接触电动势的高低与哪些因素有关? 温差电动势的高低与哪些因素有关?

4. 热电偶回路中热电动势的大小与哪些因素有关?

5. 根据金属的热电效应原理，组成热电偶的热电极的材料应具备哪些条件?

6. 采用镍铬－镍硅热电偶测量炉温。热端温度为 $800℃$，冷端温度为 $50℃$。为了进行炉温的调节及显示，采用补偿导线和铜导线两种导线将热电偶产生的热电动势信号送到仪表室进行显示，其显示值各为多少（假设仪表室的环境温度恒为 $20℃$）?

7. 用铂铑$_{10}$－铂热电偶测炉温，当冷端温度为 $50℃$（且为恒定时），测出热端温度为 t 时的热电动势为 $6.506mV$，求炉子的真实温度（求热端温度）。

8. 已知铂铑$_{10}$－铂（S）热电偶的冷端温度 $t_0 = 25℃$，现测得热电动势 $E(t, t_0) = 11.712mV$，

求热端温度 t 是多少摄氏度?

9. 已知镍铬–镍硅（K）热电偶的热端温度 $t=800℃$，冷端温度 $t_0=25℃$，求 $E(t,t_0)$ 是多少毫伏?

10. 现用一支铜–康铜（T）热电偶测温。其冷端温度为30℃，动圈显示仪表（机械零位在0℃）温度指示值为300℃，则认为热端实际温度为430℃，是否正确? 为什么? 若不正确，那么正确值应是多少?

11. 在如图 5-41 所示的测温回路中，热电偶的分度号为 K，仪表的示值应为多少摄氏度?

12. 用镍铬–镍硅（K）热电偶测量某炉子温度的测量系统如图 5-42 所示，已知：冷端温度固定在0℃，$t_0=30℃$，仪表指示温度为210℃，后来发现由于工作上的疏忽把补偿导线 A′ 和 B′ 相互接错了，那么炉子的实际温度 t 为多少摄氏度?

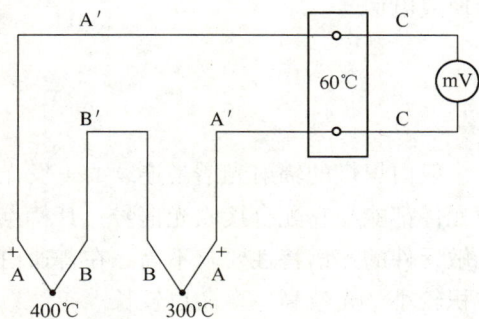

图 5-41　习题 11 图

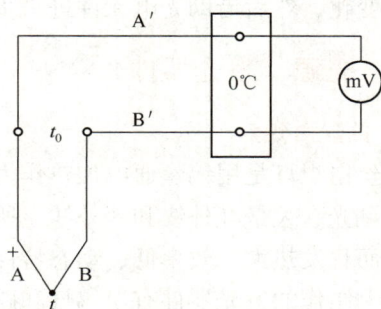

图 5-42　习题 12 图

13. 湿度通常用哪些量来表示?

14. 湿度传感器分为哪几类?

15. 什么是感湿特征量?

第6章 光电式传感器

6.1 概述

光电式传感器的理论基础是光电效应。光电式传感器可以检测出其接收到的发光强度的变化，将发光强度的变化转换成电信号的变化来实现控制。它首先把被测量的变化转换成光信号的变化，然后借助光电元件进一步将光信号转换成电信号。

6.1.1 光源（发光器件）

1. 钨丝白炽灯

钨丝白炽灯是用钨丝通电加热作为光辐射源。一般白炽灯的辐射光谱是连续的，发光范围为可见光、大量红外线和紫外线，所以任何光敏元件都能与它配合接收光信号。其特点是寿命短而且发热大、效率低、动态特性差，但对光敏元件的光谱特性要求不高。在普通白炽灯基础上制作的发光器件有溴钨灯和碘钨灯，其体积较小、光效高、寿命也较长。

2. 气体放电灯

气体放电灯是利用电流通过气体而产生发光现象制成的灯。气体放电灯的光谱是不连续的，光谱与气体的种类及放电条件有关。改变气体的成分、压力、阴极材料和放电电流大小，可得到主要在某一光谱范围的辐射。

低压汞灯、氢灯、钠灯、镉灯、氦灯是光谱仪器中常用的光源，统称为光谱灯。例如低压汞灯的辐射波长为254nm，钠灯的辐射波长为589nm，它们经常用作光电检测仪器的单色光源。如果光谱灯涂以荧光剂，由于光线与涂层材料的作用，荧光剂可以将气体放电谱线转化为更长的波长。目前荧光剂的选择范围很广，通过对荧光剂的选择可以使气体放电发出某一范围的波长，如照明荧光灯其气体放电所消耗的能量仅为白炽灯 $1/3 \sim 1/2$。

3. 发光二极管（LED）

发光二极管由半导体 PN 结构成，其工作电压低、响应速度快、寿命长、体积小、重量轻，因此获得了广泛应用。在半导体 PN 结中，P 区的空穴由于扩散而移动到 N 区，N 区的电子则扩散到 P 区，在 PN 结处形成势垒，从而抑制了空穴和电子的继续扩散。当 PN 结上加有正向电压时，势垒降低，电子由 N 区注入 P 区，空穴则由 P 区注入 N 区，称为少数载流子注入。所注入 P 区里的电子和 P 区里的空穴复合，注入 N 区里的空穴和 N 区里的电子复合，这种复合同时伴随着以光子形式放出能量，因而有发光现象。

电子和空穴复合，所释放的能量 E_g 等于 PN 结的禁带宽度（即能量间隙），所放出的光

子能量用 $h\nu$ 表示，h 为普朗克常数，ν 为光的频率，则

$$h\nu = E_g, \qquad h\frac{c}{\lambda} = E_g, \qquad \lambda = \frac{hc}{E_g}$$

普朗克常数 $h = 6.6 \times 10^{-34} J \cdot s$；光速 $c = 3 \times 10^8 m/s$；E_g 的单位为电子伏（eV），$1eV = 1.6 \times 10^{-19} J$。

$$hc = 19.8 \times 10^{-26} m \cdot W \cdot s = 12.4 \times 10^{-7} m \cdot eV。$$

可见光的波长 λ 近似地认为在 $7 \times 10^{-7} m$ 以下，所以制作发光二极管的材料，其禁带宽度至少应大于

$$hc/\lambda = 1.8eV$$

普通二极管是用锗或硅制造的，这两种材料的禁带宽度 E_g 分别为 $0.67eV$ 和 $1.12eV$，显然不能使用。

通常用的砷化镓和磷化镓两种材料组成的固溶体，写作 $GaAs_{1-x}P_x$，x 代表磷化镓的比例，当 $x > 0.35$ 时，可得到 $E_g \geqslant 1.8eV$ 的材料。改变 x 值还可以决定所发光的波长，使 λ 在 $550 \sim 900nm$ 间变化，它已经进入红外区。与此相似的可供制作发光二极管的材料见表 6-1。

表 6-1　LED 材料

材　料	波长/nm	材　料	波长/nm	材　料	波长/nm
ZnS	340	GaAs	900	$Zn_xCd_{1-x}Te$	$590 \sim 830$
SiC	480	InP	920	$GaAs_{1-x}P_x$	$550 \sim 900$
GaP	565，680	CuSe – ZnSe	$400 \sim 630$	InP_xAs_{1-x}	$910 \sim 3150$

发光二极管的伏安特性与普通二极管相似，但随材料禁带宽度的不同，开启（点燃）电压略有差异。图 6-1 所示为砷磷化镓（GaAsP）发光二极管的伏安特性曲线，1 表示 $1.7V$ 开启电压，2 表示约 $2.2V$ 开启电压。

注意，图 6-1 上的横坐标正负值刻度比例不同。一般而言，发光二极管的反向击穿电压大于 $5V$，为了安全起见，使用时反向电压应在 $5V$ 以下。

发光二极管的光谱特性如图 6-2 所示。图中砷磷化镓的曲线有两条，这是因为其材质成分稍有差异而得到不同的峰值波长 λ_p。除峰值波长 λ_p 决定发光颜色之外，峰的宽度（用 $\Delta\lambda$ 描述）决定光的色彩纯度，$\Delta\lambda$ 越小，其光色越纯。

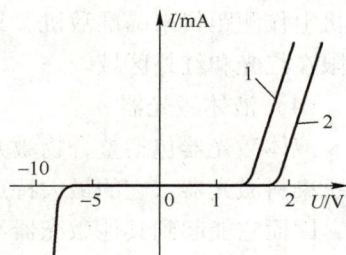

图 6-1　发光二极管的伏安特性曲线

4. 激光器

激光是 20 世纪 60 年代出现的最重大科技成就之一，具有高方向性、高单色性和高亮度三个重要特性。激光波长从 $0.24\mu m$ 到远红外，包括整个光频波段范围。

激光器种类繁多，按工作物质主要分为固体激光器（如红宝石激光器）、气体激光器（如氦 – 氖气体激光器、二氧化碳激光器）、半导体激光器（如砷化镓激光器）和液体激光器等。

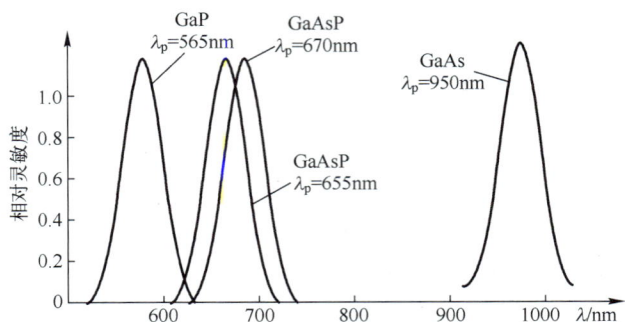

图6-2 发光二极管的光谱特性

（1）固体激光器

其典型实例是红宝石激光器，是1960年人类发明的第一台激光器。它的工作物质是固体，主要种类有红宝石激光器、掺钕的钇铝榴石激光器（简称YAG激光器）和钕玻璃激光器等。其主要特点是小而坚固、功率高。钕玻璃激光器是目前脉冲输出功率最高的器件，已达到几十太瓦。固体激光器在光谱吸收测量方面有一些应用。利用阿波罗工程登月留下的反射镜，红宝石激光器还曾成功地用于地球到月球的距离测量。

（2）气体激光器

其工作物质是气体，主要有各种原子、离子、金属蒸气、气体分子激光器。其常用的有氦-氖激光器、氩离子激光器、氦离子激光器，以及二氧化碳激光器、准分子激光器等。其形状像普通的放电管一样，能连续工作，单色性好。它们的波长覆盖了从紫外到远红外的频谱区域。

（3）半导体激光器

半导体激光器与前两种相比出现较晚，其成熟产品是砷化镓激光器。半导体激光器效率高、体积小、重量轻、结构简单，适宜在飞机、军舰、坦克上应用以及步兵随身携带，如在飞机上作测距仪来瞄准敌机。其缺点是输出功率较小。目前半导体激光器可选择的波长主要局限在红光和红外区域。

（4）液体激光器

液体激光器包括螯合物激光器、无机液体激光器和有机染料激光器，其中较为重要的是有机染料激光器。它的最大特点是发出的激光波长可在一段范围内调节，而且效率也不会降低，因而它能起到其他激光器不能起的作用。

6.1.2 光电效应

光电器件的理论基础是光电效应。光可以认为是由具有一定能量的粒子（称为光子）所组成，而每个光子所具有的能量 E 与其频率大小呈正比。光照射在物体表面上就可看成是物体受到一连串能量为 E 的光子轰击，而光电效应就是由于该物体吸收到光子能量为 E 的光后产生的电效应。通常把光线照射到物体表面后产生的光电效应分为三类。

1. 外光电效应

在光线的作用下，物体内的电子逸出物体表面向外发射的现象称为外光电效应。向外发射的电子称为光电子。基于外光电效应的光电器件有光电管、光电倍增管等。

光子是具有能量的粒子，每个光子的能量：

$$E = h\upsilon$$

式中，h 为普朗克常数，即 $6.626 \times 10^{-34} J \cdot s$；$\upsilon$ 为光的频率（s^{-1}）。

根据爱因斯坦的假设，一个电子只能接受一个光子的能量，所以要使一个电子从物体表面逸出，必须使光子的能量大于该物体的表面逸出功，超出部分的能量表现为逸出电子的动能。外光电效应多发生于金属和金属氧化物，从光开始照射至金属释放电子所需时间不超过 $10^{-9}s$。根据能量守恒定律

$$h\upsilon = \frac{1}{2}mv_0^2 + A_0$$

式中，m 为电子质量；v_0 为电子逸出速度；A_0 为表面电子逸出功。该方程称为爱因斯坦光电效应方程。

光电子能否产生，取决于光电子的能量是否大于该物体的表面电子逸出功 A_0。不同的物质具有不同的逸出功，即每一个物体都有一个对应的光频阈值，称为红限频率或波长限。光线频率低于红限频率，光子能量不足以使物体内的电子逸出，因而小于红限频率的入射光，光强再大也不会产生光电子发射；反之，入射光频率高于红限频率，即使光线微弱，也会有光电子射出。

当入射光的频谱成分不变时，产生的光电流与发光强度呈正比。即发光强度越大，意味着入射光子数目越多，逸出的电子数也就越多。

光电子逸出物体表面时具有初始动能 $mv_0^2/2$，因此外光电效应器件（如光电管）即使没有加阳极电压，也会有光电子产生。为了使光电流为零，必须加负的截止电压，而且截止电压与入射光的频率呈正比。

2. 内光电效应

在光线作用下，电子吸收光子能量从键合状态过渡到自由状态，而引起材料电导率的变化，这种现象被称为内光电效应，又称光电导效应。基于这种效应的光电器件有光敏电阻等。

当光照射到半导体材料上时，价带中的电子受到能量大于或等于禁带宽度的光子轰击，并使其由价带越过禁带而跃入导带（见图6-3），使材料中导带内的电子和价带内的空穴浓度增加，从而使电导率变大。

为了实现能级的跃迁，入射光的能量必须大于光电导材料的禁带宽度 E_g，即

$$h\upsilon = \frac{hc}{\lambda} = \frac{1.24}{\lambda} \geqslant E_g$$

式中，υ、λ 分别为入射光的频率和波长。

材料的光导性能取决于禁带宽度，对于一种光电导材

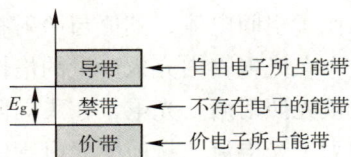

图6-3　材料中导带内的
电子和价带内的空穴

料，总存在一个照射光波长限 λ_0，只有波长小于 λ_0 的光照射在光电导体上时，才能产生电子能级间的跃进，从而使光电导体的电导率增加。

3. 光生伏特效应

在光线作用下能使物体产生一定方向电动势的称为半导体光生伏特效应。基于该效应的光电器件有光电池等。

（1）势垒效应（结光电效应）

对半导体和 PN 结，当光线照射其接触区域时，便引起光电动势，这就是结光电效应。以 PN 结为例，光线照射 PN 结时，设光子能量大于禁带宽度 E_g，使价带中的电子跃迁到导带，而产生电子空穴对，在阻挡层内电场的作用下，被光激发的电子移向 N 区外侧，被光激发的空穴移向 P 区外侧，从而使 P 区带正电，N 区带负电，形成光电动势。

（2）侧向光电效应

当半导体光电器件受不均匀光照时，载流子浓度梯度将会产生侧向光电效应。当光照部分吸收入射光子的能量产生电子空穴对时，光照部分载流子浓度比未受光照部分的载流子浓度大，就出现了载流子浓度梯度，因而载流子就要扩散。如果电子迁移率比空穴大，那么空穴的扩散不明显，则电子向未被光照部分扩散，就造成光照射的部分带正电，未被光照射部分带负电，光照部分与未被光照部分产生光电动势。基于该效应的光电器件，如半导体光电位置敏感器件（PSD）。

基于外光电效应的光电器件属于真空光电器件，基于内光电效应和半导体光生伏特效应的光电器件属于半导体光电器件。

6.2 外光电效应器件

6.2.1
光电管

6.2.1 光电管

光电管的结构如图 6-4a 所示，由一个阴极和一个阳极构成，并密封在一支真空玻璃管内。阳极通常用金属丝弯曲成矩形或圆形，置于玻璃管的中央；阴极装在玻璃管内壁上，其上涂有光电发射材料。光电管的特性主要取决于光电管阴极材料。常用的光电管的阴极材料有银氧铯、锑铯、铋银氧铯以及多碱光电阴极等。光电管有真空光电管和充气光电管两种。

当光照射在阴极上时，阴极发射出光电子，被具有一定电位的中央阳极所吸引，在光电管内形成空间电子流。在外电场作用下将形成电流 I，如图 6-4b 所示，电阻 R_L 上的电压降正比于空间电流，其值与照射在光电管阴极上的光形成函数关系。

在光电管内充入少量的惰性气体（如氩、氖等），构成充气光电管。当充气光电管的阴极被光照射后，光电子在飞向阳极的途中，与惰性气体的原子发生碰撞而使气体电离，因此增大了光电流，从而使光电管的灵敏度增加。光电管具有如下基本特性：

（1）伏安特性

在一定的光照下，对光电管阴极所加的电压与阳极所产生的电流之间的关系称为光电管

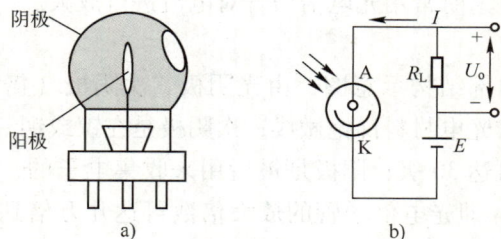

图6-4　光电管

a）结构图　b）原理图

的伏安特性。充气光电管和真空光电管的伏安特性分别如图6-5a、b所示，它们是光电传感器的主要参数依据，充气光电管的灵敏度更高。

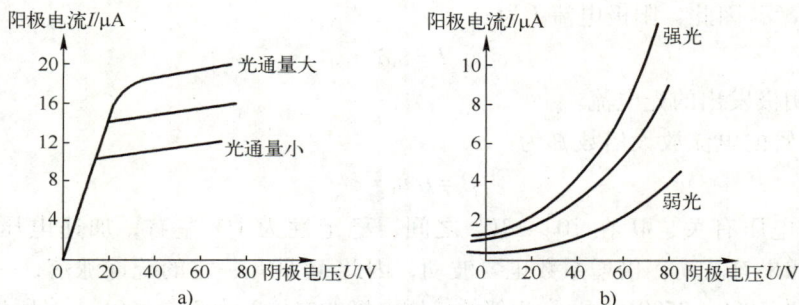

图6-5　光电管的伏安特性

a）充气光电管　b）真空光电管

（2）光照特性

当光电管的阴极与阳极之间所加电压一定时，光通量与光电流之间的关系称为光照特性。光电管的光照特性如图6-6所示。其中，曲线1是氧铯阴极光电管的光照特性，光电流I与光通量呈线性关系；曲线2是锑铯阴极光电管的光照特性，呈非线性关系。光照特性曲线的斜率（光电流与入射光光通量之比）称为光电管的灵敏度。

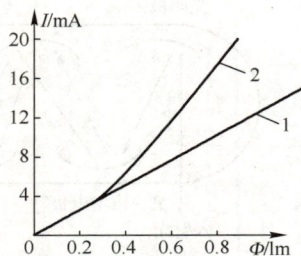

（3）光谱特性

光电管的光谱特性通常指阳极与阴极之间所加电压不变时，入射光的波长λ（或频率n）与其相对灵敏度之间的关系。它主要取决于阴极材料。阴极材料不同的光电管适用于不同的光谱范围。另一方面，同一光电管对于不同频率（即使发光强度相同）的入射光，其灵敏度也不同。

图6-6　光电管的光照特性

6.2.2　光电倍增管及其基本特性

当入射光很微弱时，普通光电管产生的光电流很小，只有零

6.2.2
光电倍增管及其基本特性

点几微安，很不容易探测。这时常用光电倍增管对电流进行放大。

1. 结构和工作原理

图6-7为光电倍增管内部结构示意图，由光阴极、次阴极（倍增电极）以及阳极三部分组成。光阴极是由半导体光电材料锑铯做成；次阴极是在镍或铜－铍的衬底上涂上锑铯材料而形成的，次阴极多的可达30级；阳极是最后用来收集电子的，收集到的电子数是阴极发射电子数的 $10^5 \sim 10^6$ 倍，即光电倍增管的放大倍数可达几万倍到几百万倍。光电倍增管的灵敏度就比普通光电管高几万倍到几百万倍。因此在很微弱的光照时，它也能产生很大的光电流。

2. 主要参数

（1）倍增系数 M

倍增系数 M 等于 n 个倍增电极的二次电子发射系数 δ 的乘积。如果 n 个倍增电极的 δ 都相同，则 $M = \delta^n$，因此，阳极电流 I 为

$$I = i_0 \delta^n$$

式中，i_0 为光阴极发出的光电流。

光电倍增管的电流放大倍数 β 为

$$\beta = I/i_0 = \delta^n$$

M 与所加电压有关，M 在 $10^5 \sim 10^8$ 之间，稳定性为1%左右，加速电压稳定性要在0.1%以内。如果有波动，倍增系数也要波动，因此 M 具有一定的统计涨落，一般阳极和阴极之间的电压为 $1000 \sim 2500V$，两个相邻的倍增电极的电位差为 $50 \sim 100V$。对所加电压越稳越好，这样可以减小统计涨落，从而减小测量误差。光电倍增管的特性曲线如图6-8所示。

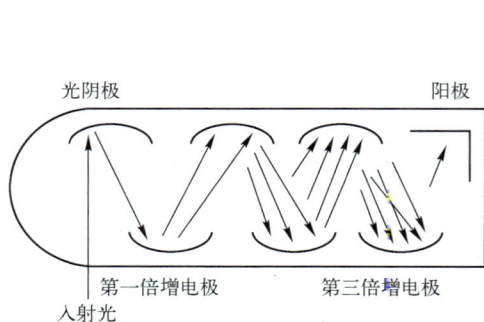

图6-7　光电倍增管内部结构示意图

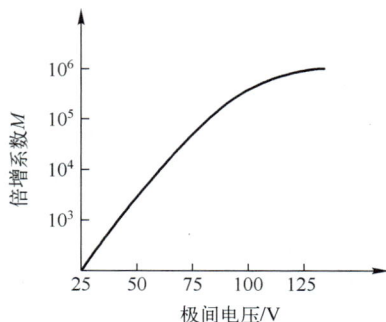

图6-8　光电倍增管的特性曲线

（2）光阴极灵敏度和光电倍增管总灵敏度

一个光子在阴极上能够打出的平均电子数称为光电倍增管的阴极灵敏度。而一个光子在阳极上产生的平均电子数称为光电倍增管的总灵敏度。

光电倍增管的最大灵敏度可达 $10A/lm$，极间电压越高，灵敏度越高；但极间电压也不能太高，太高反而会使阳极电流不稳。

另外，由于光电倍增管的灵敏度很高，所以不能受强光照射，否则将会损坏。

（3）暗电流和本底脉冲

一般在使用光电倍增管时，必须把管子放在暗室里避光使用，使其只对入射光起作用；但是由于环境温度、热辐射和其他因素的影响，即使没有光信号输入，加上电压后阳极仍有电流，这种电流称为暗电流，这是热发射所致或场致发射造成的，这种暗电流通常可以用补偿电路来消除。光电管在工作时，其阳极输出电流由暗电流和信号电流两部分组成。当信号电流比较大时，暗电流的影响可以忽略，但是当光信号非常弱，以至于阳极信号电流很小甚至和暗电流在同一数量级时，暗电流将严重影响对光信号测量的准确性。所以，暗电流的存在决定了光电管的可测光信号的最小值。一只好的光电倍增管，要求其暗电流小并且稳定。

如果光电倍增管与闪烁体放在一处，在完全蔽光情况下，出现的电流称为本底电流，其值大于暗电流。增加的部分是宇宙射线对闪烁体的照射而使其激发，被激发的闪烁体照射在光电倍增管上而造成的，本底电流具有脉冲形式。

（4）光电倍增管的光谱特性

光谱特性反映了光电倍增管的阳极输出电流与照射在光阴极上的光通量之间的函数关系。对于较好的管子，在很宽的光通量范围之内，这个关系是线性的，即入射光通量小于 10^{-4} lm 时，有较好的线性关系。随着光通量增大，开始出现非线性，光电倍增管的光谱特性如图 6-9 所示。

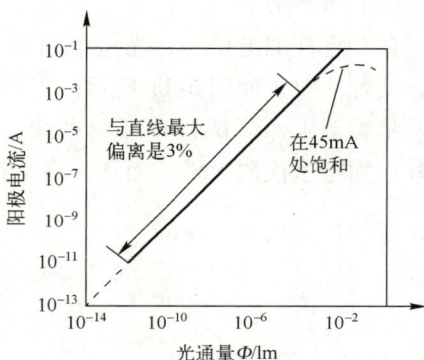

图 6-9　光电倍增管的光谱特性

6.3　内光电效应器件

6.3.1　光敏电阻

光敏电阻是由具有内光电效应的光导材料制成的，为纯电阻器件。光敏电阻具有很高的灵敏度，光谱响应的范围宽（从紫外区域到红外区域），体积小，重量轻，性能稳定，机械强度高，耐冲击和振动，寿命长，价格低，被广泛地应用于自动检测系统中。

光敏电阻的种类很多，一般由金属的硫化物、硒化物、碲化物等组成，如硫化镉、硫化铅、硫化铊、硒化镉、硒化铅、碲化铅等。由于所用材料和工艺不同，它们的光电性能也相差很大。

1. 光敏电阻的基本特性

（1）光电流

光敏电阻在不受光照射时的阻值称为暗电阻（暗阻），此时流过光敏电阻的电流称为暗电流；光敏电阻在受光照射时的阻值称为亮电阻（亮阻），此时流过光敏电阻的电流称为亮电流；亮电流与暗电流之差称为光电流。暗阻越大越好，亮阻越小越好，也就是光电流要尽可能大，这样光敏电阻的灵敏度就越高。一般光敏电阻的暗阻值通常超过 1MΩ，甚至高达

100MΩ，而亮阻值则在几千欧以下。

（2）伏安特性

在一定的照度下，加在光敏电阻两端的电压与光电流之间的关系曲线，称为光敏电阻的伏安特性曲线，如图6-10所示。可以看出，光敏电阻伏安特性近似直线，在外加电压一定时，光电流的大小随光照的增强而增加；外加电压越高，光电流也越大，而且没有饱和现象。光敏电阻在使用时受耗散功率的限制，其两端的电压不能超过最高工作电压，图6-10中虚线为允许功耗曲线，由它可以确定光敏电阻的正常工作电压；实线表示不同光照度对应的伏安特性曲线。在给定电压情况下，光照度越大，光电流越大；在一定光照度下，所加的电压越大，光电流越大，没有饱和现象。

（3）光照特性

在一定外加电压下，光敏电阻的光电流与光通量的关系曲线，称为光敏电阻的光照特性，其特性曲线如图6-11所示。不同的光敏电阻的光照特性是不同的，但多数情况下曲线的形状类似于如图6-11所示的曲线。光敏电阻的光照特性曲线是非线性的，所以光敏电阻不宜作为定量检测元件，而常在自动控制中用作光电开关。

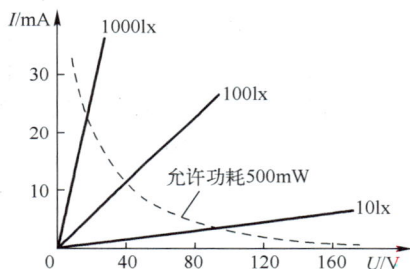

图6-10　光敏电阻的伏安特性曲线

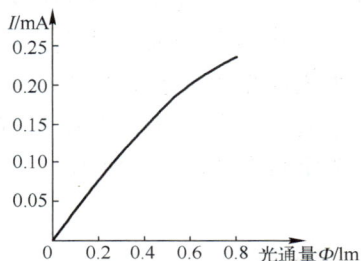

图6-11　光敏电阻的光照特性曲线

（4）光谱特性

光敏电阻的相对灵敏度与入射波长的关系称为光谱特性，也称为光谱响应。光敏电阻对于不同波长 λ 的入射光，其相对灵敏度 K_r 是不同的。图6-12所示为各种不同材料的光敏电阻的光谱特性曲线。图6-12可见，由不同材料制造的光电元件，其光谱特性差别很大，由某种材料制造的光电元件只对某一波长的入射光具有最高的灵敏度。因此，在选用光敏电阻时，应该把元件和光源结合起来考虑，才能获得满意的结果。

（5）频率特性

当光敏电阻受到光照射时，光电流要经过一段时间才能达到稳态值，而在停止光照后，光电流也不会立刻为零，这是光敏电阻的时延特性。不同材料的光敏电阻的时延特性不同，因此它们的频率（光强度变化的频率）特性也不同。图6-13所示为两种不同材料的光敏电阻的频率特性曲线，即相对灵敏度 K_r 与光强度变化频率 f 之间的关系曲线。由于光敏电阻的

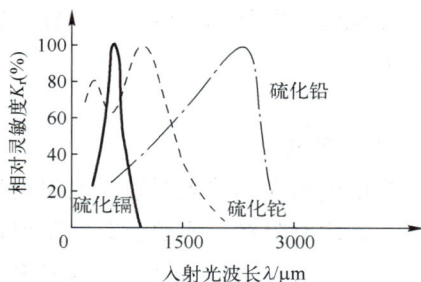

图6-12　光敏电阻的光谱特性曲线

时延比较大，所以它不能用在要求快速响应的场合。

（6）光谱温度特性

光敏电阻和其他半导体器件一样，都会受到温度的影响，随着温度的升高，暗电阻和灵敏度都会下降。同时温度变化也影响它的光谱特性曲线。图6-14所示为硫化铅的光谱温度特性曲线，即在不同温度下的相对灵敏度 K_r 与入射光波长 λ 之间的关系曲线。从图中可以看出，它的峰值随着温度上升向波长短的方向移动。因此，有时为了提高灵敏度，或为了能接受远红外光而采取降温措施。

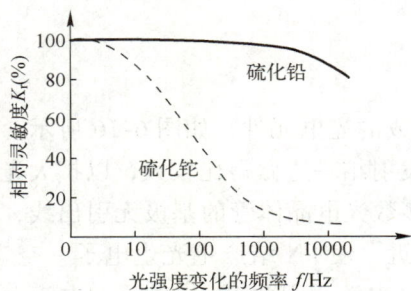

图6-13 两种不同材料光敏电阻的频率特性曲线

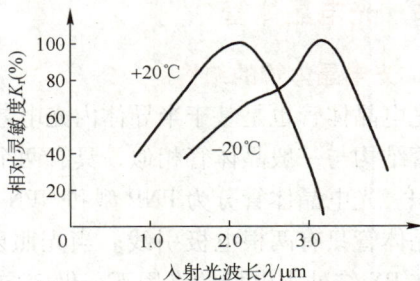

图6-14 硫化铅的光谱温度特性曲线

2. 光敏电阻质量的测试

将万用表置于 $R \times 1k\Omega$ 档，把光敏电阻放在距离25W白炽灯50cm远处（其照度约为100lx），可测得光敏电阻的亮阻值；再在完全黑暗的条件下直接测量其暗阻值。如果亮阻值为几千到几十千欧姆，暗阻值为几兆到几十兆欧姆，则说明光敏电阻质量良好。

6.3.2 光电二极管

1. 光电二极管的结构

光电二极管是基于半导体内光效应的原理制成的光电元件，光电二极管的结构与普通二极管相似，是一种利用PN结单向导电性的结型光电器件，如图6-15a所示。光电二极管的PN结装在管的顶部，可以直接受到光照射，光电二极管在电路中一般是处于反向工作状态，如图6-15b所示。光电二极管在没有光照射时反向电阻很大，反向电流很小，此电流为暗电流；当有光照射光电二极管时，光子打在PN结附近，使PN结附近产生光生电子-空穴对，它们在PN处的内电场作用下定向运动形成光电流，即短路电流。短路电流与光照度呈比例，光的照度越大，光电流越强。所以，在不受光照射时，光电二极管处于截止状态；受光

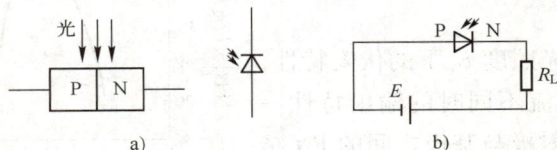

a)   b)

图6-15 光电二极管

a）光电二极管符号 b）光电二极管接线法

照射时，光电二极管处于导通状态。

2. 光电二极管的检测方法

当有光照射在光电二极管上时，光电二极管与普通二极管一样，有较小的正向电阻和较大的反向电阻；当无光照射时，光电二极管正向电阻和反向电阻都很大。用欧姆表检测时，先让光照射在光电二极管管芯上，测出其正向电阻，其阻值与光照强度有关，光照越强，正向阻值越小；然后用一块遮光黑布挡住照射在光电二极管上的光线，测量其阻值，这时正向电阻应立即变得很大。有光照和无光照下所测得的两个正向电阻值相差越大越好。

6.3.3 光电晶体管

1. 光电晶体管的结构

光电晶体管也是基于半导体内光电效应的原理制成的光电元件，如图 6-16 所示。光电晶体管结构与一般晶体管相似，具有两个 PN 结，其发射结一边做得比较大，以扩大光的照射面积。光电晶体管分为 PNP 型和 NPN 型两种。大多数光电晶体管的基极无引出线，因此光电晶体管只有两根电极引线。当光照射在 PN 结附近，使 PN 结产生光生电子 – 空穴对，它们在 PN 结处内电场的作用下，做定向运动，形成光电流，因此 PN 结的反向电流会大大增加。由于光照射发射结产生的光电流相当于晶体管的基极电流，因此集电极电流是光电流的 β 倍。光电晶体管比光电二极管具有更高的灵敏度。

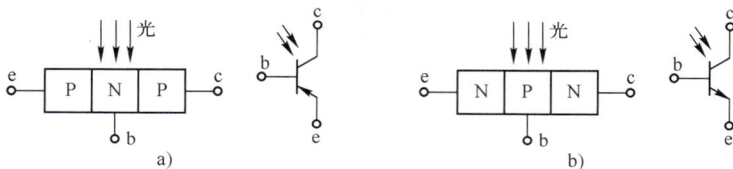

图 6-16 光电晶体管
a）PNP 型光电晶体管 b）NPN 型光电晶体管

2. 基本特性

（1）光谱特性

光电晶体管对于不同波长 λ 的入射光，其相对灵敏度 K_r 是不同的。图 6-17 所示为两种光电晶体管的光谱特性曲线。由于锗管的暗电流比硅管大，故一般锗管的性能比较差。所以在探测可见光或炽热状态物体时，都采用硅管；但当探测红外光时，锗管比较合适。

（2）伏安特性

光电晶体管在不同光照度 E_e 下的伏安特性，与一般晶体管在基极电流不同时的输出特性一样，只要将入射光在发射极与基极之间的 PN 结附近所产生的光电流看作基极电流，就可将光电晶体管看作一般的晶体管。

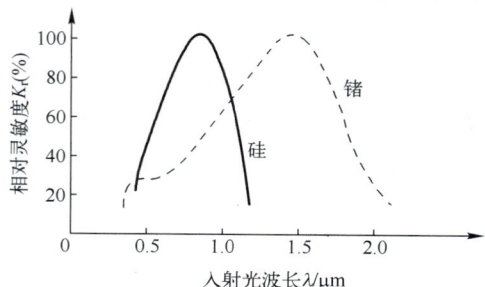

图 6-17 两种光电晶体管的光谱特性曲线

（3）光照特性

光电晶体管的输出电流 I_c 与光照度 E_e 之间的关系可近似看作线性关系，光电晶体管的光照特性曲线如图 6-18 所示。当光照足够大时，会出现饱和现象。因此，光电晶体管既可用作线性转换元件，也可用作开关元件。

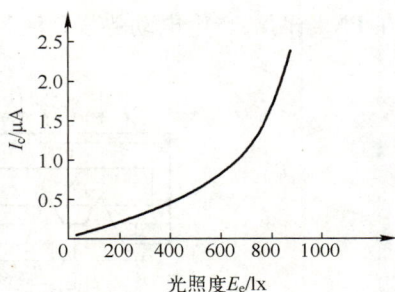

图 6-18 光电晶体管的光照特性曲线

（4）温度特性

温度特性表示温度与暗电流及输出电流之间的关系。图 6-19 所示为锗管的温度特性曲线。由图可见，温度变化对输出电流的影响较小，主要由光照度所决定；而暗电流随温度变化很大，所以在应用时应采取措施进行温度补偿。

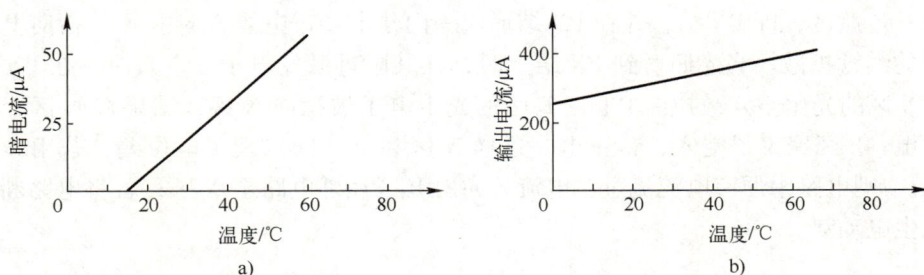

图 6-19 锗管的温度特性曲线
a）暗电流 b）输出电流

（5）时间常数

光电晶体管的传递函数可以看作一个非周期环节。一般锗管的时间常数约为 2×10^{-4} s，而硅管的时间常数在 10^{-5} s 左右。当检测系统要求响应速度快时，通常选择硅管。

3. 光电晶体管的检测方法

用一块黑布遮住照射在光电晶体管的光，选用万用表的 $R \times 1k\Omega$ 档，测量其两引脚引线间的正、反向电阻，若均为无限大时则为光电晶体管；再拿走黑布，若万用表指针向右偏转到 $15 \sim 30k\Omega$ 处，偏转角越大，说明其灵敏度越高。

6.4 光电池

光电池是利用光生伏特效应将光能直接转变成电能的器件，是自发电式有源器件。它有较大面积的 PN 结，当光照射在 PN 结上时，在 PN 结的两端出现光生电动势。它广泛用于将太阳能直接转变为电能，因此又称为太阳能电池。光电池的种类很多，其中应用最多的是硅光电池、硒光电池、砷化镓光电池和锗光电池等。

6.4.1 光电池的结构和工作原理

光电池的结构如图 6-20a 所示，实质上是一个大面积的 PN 结。当光照射到 PN 结上时，便在 PN 结两端产生电动势（P 区为正，N 区为负）形成电源。

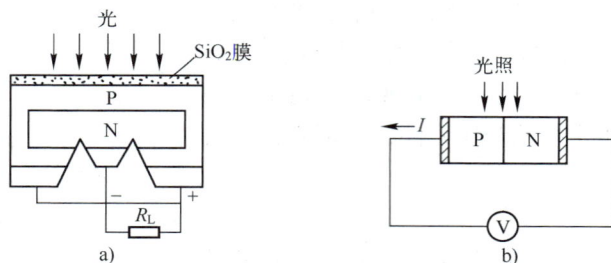

图 6-20　光电池
a）结构简图　b）工作原理示意图

光电池机理：P 型半导体与 N 型半导体结合在一起时，由于载流子的扩散作用，在其交界处形成一过渡区，即 PN 结，并在 PN 结形成一内建电场，电场方向由 N 区指向 P 区，阻止载流子的继续扩散。当光照射到 PN 结上时，在其附近激发电子—空穴对，在 PN 结电场作用下，N 区的光生空穴被拉向 P 区，P 区的光生电子被拉向 N 区，结果在 N 区聚集了电子，带负电；P 区聚集了空穴，带正电。这样 N 区和 P 区间出现了电位差，若用导线连接 PN 结两端，则电路中便有电流流过，电流方向由 P 区经外电路至 N 区；若将电路断开，便可测出光生电动势。

6.4.2　光电池的基本特性

（1）光谱特性

光电池的相对灵敏度 K_r 与入射光波长 λ 之间的关系称为光谱特性。图 6-21 所示为硒光电池和硅光电池的光谱特性曲线。由图可知，不同材料光电池的光谱峰值位置是不同的，硅光电池的入射光波长在 $0.45 \sim 1.1\,\mu m$ 范围内，而硒光电池的入射光波长在 $0.34 \sim 0.57\,\mu m$ 范围内。在实际使用时，可根据光源性质选择光电池。但要注意，光电池的峰值不仅与制造光电池的材料有关，而且也与使用温度有关。

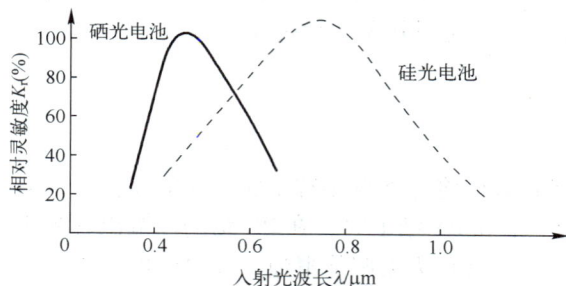

图 6-21　硒光电池和硅光电池的光谱特性曲线

（2）光照特性

光生电动势 U 与光照度 E_e 之间的特性曲线称为开路电压曲线；光电流密度 J_e 与光照度

E_e 之间的特性曲线称为短路电流曲线。图 6-22 所示为硅光电池的光照特性曲线。由图可知，短路电流在很大范围内与光照度呈线性关系，这是光电池的主要优点之一；开路电压与光照度之间的关系是非线性的，并且在光照度为 2000lx 的照射下就趋于饱和了。因此把光电池作为敏感元件时，应该把它当作电流源使用，也就是利用短路电流与光照度呈线性关系的特点。由实验可知，负载电阻越小，光电流与光照度之间的线性关系越好，线性范围越宽，对于不同的负载电阻，可以在不同的照度范围内使光电流与光照度保持线性关系。所以将光电池作为敏感器件时，所用负载电阻的大小应根据光照的具体情况而定。

（3）频率特性

光电池的频率特性是光的调制频率 f 与光电池的相对输出电流 I_r（相对输出电流 = 高频输出电流/低频最大输出电流）之间的关系曲线。硒光电池和硅光电池如图 6-23 所示，硅光电池具有较高的频率响应，而硒光电池则较差。因此，在高速计数器、有声电影等方面多采用硅光电池。

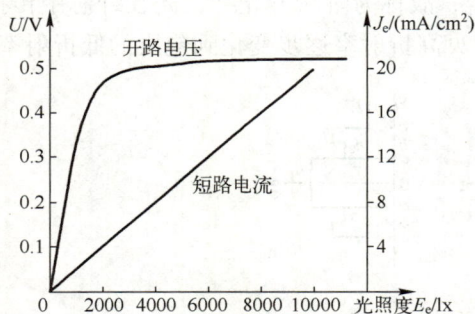

图 6-22 硅光电池的光照特性曲线

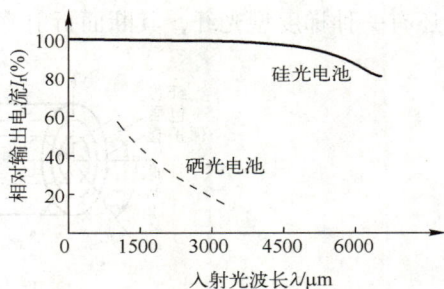

图 6-23 硒光电池和硅光电池的频率特性

（4）温度特性

光电池的温度特性是描述光电池的开路电压 U、短路电流 I 随温度 t 变化的曲线，如图 6-24 所示。由于关系到光电池设备的温度漂移，影响到测量精度或控制精度等主要指标，因此它是光电池的重要特性之一。由图 6-24 可以看出，开路电压随温度增加而下降得较快，而短路电流随温度上升而增加得却很缓慢。因此，用光电池作为敏感器件时，在自动检测系统设计时就应考虑到温度的漂移，需要采取相应的补偿措施。

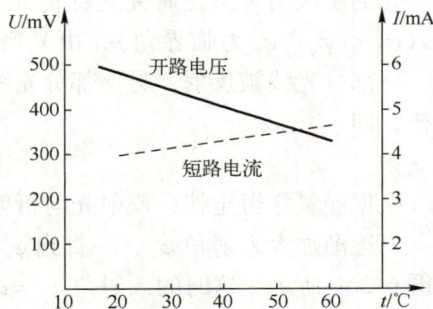

图 6-24 光电池的温度特性

6.5 光纤传感器

光纤传感器是 20 世纪 70 年代中期发展起来的一种基于光导纤维的新型传感器。它是光纤和光通信技术迅速发展的产物，它与以电为基础的传感器有本质区别。光纤传感器用光作为敏感信息的载体，用光纤作为传递敏感信息的介质。因此，它同时具有光纤及光学测量的特点，即电绝缘性能好、抗电磁干扰能力强、非侵入性、高灵敏度、容易实现对被测信号的远距离监控。光纤传感器可测量位移、速度、加速度、液位、应变、压力、流量、振动、温度、电流、电压、磁场等物理量。

6.5.1 光导纤维导光的基本原理

1. 光导纤维的结构

光纤呈圆柱形，它由玻璃纤维芯（纤芯）和玻璃包皮（包层）两个同心圆柱的双层结构组成。其结构如图 6-25 所示。纤芯位于光纤的中心部位，直径为几十微米，折射率为 n_1，光主要在这里传输。包层是玻璃或塑料，直径为 $100 \sim 200 \mu m$，折射率为 n_2。纤芯折射率 n_1 比包层折射率 n_2 稍大些，两层之间形成良好的光学界面，光线在这个界面上反射传播。光纤的导光能力取决于纤芯和包层的性质。在包层外面还常有一层保护套，多为尼龙材料，折射率为 n_3，以增加机械强度。由于其中 $n_2 < n_3 < n_1$，故称为阶跃型光纤，光在纤芯中传播。此外还有一种梯度型光纤，其断面折射率分布从中央高折射率逐步变化到包层的低折射率。

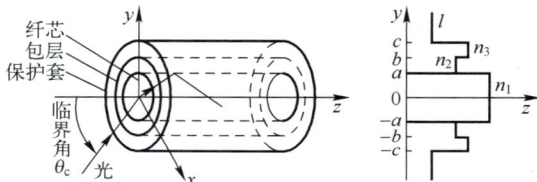

图 6-25　光纤的基本结构

2. 光的全反射定律

光的全反射现象是研究光纤传光原理的基础。在几何光学中，当光线以较小的入射角 φ_1（$\varphi_1 < \varphi_c$，φ_c 为临界角），由光密介质（折射率为 n_1）射入光疏介质（折射率为 n_2）时，一部分光线被反射，另一部分光线折射入光疏介质，如图 6-26a 所示。折射角满足折射定律，即

$$n_1 \sin\varphi_1 = n_2 \sin\varphi_2$$

根据能量守恒定律，反射光与折射光的能量之和等于入射光的能量。

当逐渐加大入射角 φ_1，一直到 φ_c 时，折射光就会沿着界面传播，此时折射角 $\varphi_2 = 90°$，如图 6-26b 所示，这时的入射角 $\varphi_1 = \varphi_c$，称为临界角，由下式决定

$$\sin\varphi_c = \frac{n_2}{n_1}$$

当继续加大入射角 φ_1（即 $\varphi_1 > \varphi_c$）时，光不再产生折射，只有反射，形成光的全反射现象，如图 6-26c 所示。

3. 光导纤维的导光原理

光导纤维（光纤）导光是利用光传输的全反射原理。光在空间是直线传播的。在光纤中，光的传输限制在光纤中，并随着光纤能传送很远的距离，光纤的传输是基于光的全反

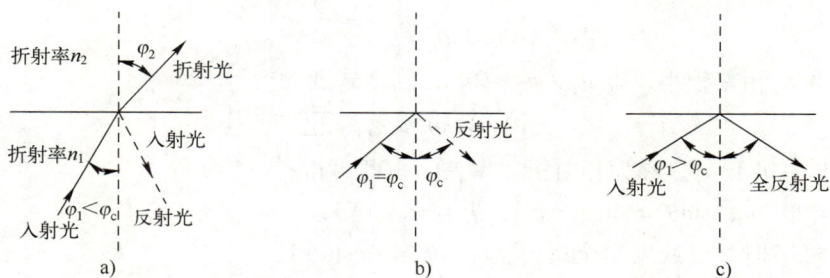

图 6-26　光线在临界面上发生的内反射示意图

a）入射角小于临界角　b）入射角等于临界角　c）入射角大于临界角

射。设有一段圆柱形光纤，如图 6-27 所示，它的两个端面均为光滑的平面。当光线射入一个端面并与圆柱的轴线成 θ_i 时，在端面发生折射进入光纤后，又以 θ_k 入射至纤芯与包层的界面，光线有一部分透射到包层，一部分反射回纤芯。但当入射角 θ_i 小于临界入射角 θ_c 时，光线就不会透射界面，而是全部被反射，光在纤芯和包层的界面上反复逐次全反射，呈锯齿波形状在纤芯内向前传播，最后从光纤的另一端面射出，这就是光纤的传光原理。

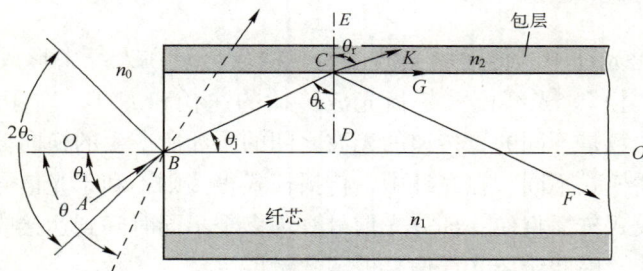

图 6-27　光纤导光示意图

由几何光学的折射定律可得出

$$n_0\sin\theta_i = n_1\sin\theta_j$$
$$n_1\sin\theta_k = n_2\sin\theta_r$$

由以上两式可以推出

$$\sin\theta_i = \frac{n_1}{n_0}\sin\theta_j = \frac{n_1}{n_0}\sin(90° - \theta_k) = \frac{n_1}{n_0}\cos\theta_k = \frac{n_1}{n_0}\sqrt{1 - \sin^2\theta_k}$$

$$= \frac{n_1}{n_0}\sqrt{1 - \left(\frac{n_2}{n_1}\sin\theta_r\right)^2} = \frac{1}{n_0}\sqrt{n_1^2 - n_2^2\sin^2\theta_r} = \sqrt{n_1^2 - n_2^2\sin^2\theta_r}$$

其中，空气折射率 $n_0 \approx 1$。

4. 数值孔径（NA）

纤维光学中把 $\sin\theta_c$ 定义为数值孔径 NA。数值孔径（NA）为

$$NA = \sin\theta_c = \frac{1}{n_0}\sqrt{n_1^2 - n_2^2}$$

当 $\theta_r = \pi/2$ 临界状态时，$\theta_i = \theta_c$，折射光线 CK 变为 CG，则

$$NA = \sin\theta_c = \sqrt{n_1^2 - n_2^2}$$

由于 n_1 与 n_2 相差较小，即 $n_1 + n_2 \approx 2n_1$，则上式变为

$$NA = \sin\theta_c \approx n_1\sqrt{2\Delta}$$

式中，$\Delta = (n_1 - n_2)/n_1$，称为相对折射率差。由此可得：

- 当 $\theta_r = 90°$ 时，$\sin\theta_i = \sin\theta_c = NA$，$\theta_c = \arcsin NA$；
- 当 $\theta_r > 90°$ 时，光线发生全反射，$\theta_i < \theta_c = \arcsin NA$；
- 当 $\theta_r < 90°$ 时，$\sin\theta_i > \sin_c = NA$，$\theta_i > \arcsin NA$，光线散失。

θ_c 是入射光线在纤芯中全反射传输的临界角，只要入射角小于 θ_c，全反射条件成立。NA 越大，θ_c 也越大，满足全反射条件的入射光的范围也越大。因此，NA 是光纤的一个重要参数。数值孔径是反映光纤集光本领的一个重要参数，即反映光纤接收光量的多少。其意义是：无论光源发射功率有多大，只有入射角处于 $2\theta_c$ 的光锥角内，光纤才能导光。如入射角过大，光线便从包层逸出而产生漏光。光纤的 NA 越大，表明它的集光能力越强，一般希望有大的数值孔径，这有利于提高耦合效率；但数值孔径过大，会造成光信号畸变。所以要适当选择数值孔径的数值，如石英光纤数值孔径一般为 $0.2 \sim 0.4$。

5. 光纤模式

光纤的"模"是光纤中能传输的光波，是其横向分量在光纤中形成驻波的光线组，这样一些光线组称为"模"。光纤模式是指光波传播的途径和方式。对于不同入射角度的光线，在界面反射的次数是不同的，传递的光波之间的干涉所产生的横向分量其强度分布也是不同的，这就是传播模式不同。在光纤中，传播模式很多则不利于光信号的传播，因为同一种光信号采取很多模式传播将使一部分光信号分为多个不同时间到达接收端的小信号，从而导致合成信号的畸变，因此希望光纤信号模式数量要少。

一般纤芯直径为 $2 \sim 12\mu m$，只能传输一种模式，称为单模光纤。这类光纤的传输性能好、信号畸变小、信息容量大、线性好、灵敏度高，但由于纤芯尺寸小，制造、连接和耦合都比较困难。纤芯直径较大（$50 \sim 100\mu m$），传输模式较多的则称为多模光纤。这类光纤的性能较差，输出波形有较大的差异，但由于纤芯截面积大，故容易制造，连接和耦合也比较方便。

6. 光纤传输损耗

光纤传输损耗主要来源于材料吸收损耗、散射损耗和光波导弯曲损耗。目前常用的光纤材料有石英玻璃、多成分玻璃、复合材料等。在这些材料中，由于存在的杂质离子、原子的缺陷等都会吸收光，从而造成材料吸收损耗。

散射损耗主要是由于材料密度及浓度不均匀引起的，这种散射与波长的四次方呈反比，因此散射会随着波长的缩短而迅速增大。所以可见光波段并不是光纤传输的最佳波段，在近红外波段（$1 \sim 1.7\mu m$）有最小的传输损耗。因此长波的长光纤已成为目前发展的方向。光纤拉制时粗细不均匀，造成纤维尺寸沿轴线变化，同样会引起光的散射损耗。另外纤芯和包层界面的不光滑、污染等，也会造成严重的散射损耗。

光波导弯曲损耗是使用过程中可能产生的一种损耗。光波导弯曲会引起传输模式的转

换，产生高阶模从而使光线进入包层产生损耗。当弯曲半径大于 10cm 时，损耗可忽略不计。

6.5.2　光纤传感器的结构

光纤传感器原理实际上是研究光在调制区内，外界信号（温度、压力、应变、位移、振动、电场等）与光的相互作用，即研究光被外界参数的调制原理。外界信号可能引起光的强度、波长、频率、相位、偏振态等光学性质的变化，从而形成不同的调制。光纤传感器由光源、敏感元件（光纤或非光纤的）、光接收器及光探测器等组成，光纤传感器构成如图 6-28 所示。由光源发出的光通过光纤引到敏感元件，被测参数作用于敏感元件，在光的调制区内，使光的某一性质受到被测量的调制，调制后的光信号经接收光纤耦合到光探测器，将光信号转换为电信号，最后经信号处理得到所需要的被测量。

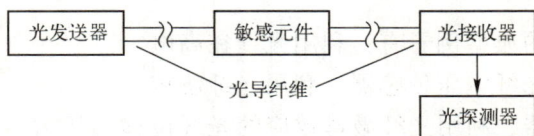

图 6-28　光纤传感器构成示意图

光纤传感器由如下 4 部分组成。

（1）光源

光源一般采用半导体光源或半导体激光器，如砷化镓发光二极管和激光器。激光器是一种新型光源，由于它具有许多突出的优点而被广泛用于国防、科研、医疗及工业等领域中。

（2）光接收器（耦合器）

耦合器的作用是使光源发出的光通量尽可能进入光纤。若直接耦合（不用耦合器），则光的损耗会很大。

（3）光探测器

它通过耦合器接收光信号并将其转换为电信号，再使电信号经信号处理电路处理而输出。通常要求探测器具有灵敏度高、响应快、噪声低的特点。应注意光源、传输光纤和光电探测器三者之间的光谱匹配，对系统的工作特性有很大的影响。

（4）连接器

它是用于光纤间对接的专门部件，通常是一个三维可调的精密机械机构，其目的是在尽可能减少光损失的条件下，实现光纤间的连接。

6.5.3　光纤传感器的类型

光纤传感器一般分为两大类：一类是利用光纤本身的某种敏感特性或功能制成的传感器，称为功能型传感器，又称为传感型传感器；另一类是光纤仅仅起传输光的作用，它在光纤端面或中间加装其他敏感元件用以感受被测量的变化，这类传感器称为非功能型传感器，又称为传光型传感器。

在用途上，非功能型传感器要多于功能型传感器，而且非功能型传感器的制作和应用也比较容易，所以目前非功能型传感器品种较多。功能型传感器的构思和原理往往比较巧妙，可解决一些特别棘手的问题。但无论哪一种传感器，最终都利用光探测器将光纤的输出变为电信号。

1. 功能型光纤传感器

功能型光纤传感器主要使用单模光纤，即利用对外界信息具有敏感能力和检测功能的光纤构成"传"和"感"合为一体的传感器，其原理结构如图 6-29 所示。在这类传感器中，光纤一方面起传导光的作用，另一方面又是敏感元件。它是靠被测物理量调制或影响光纤的传输特性，把被测物理量的变化转变为光信号。因此，这一类光纤传感器又可分为相位调制型、光强调制型、偏振态调制型和波长调制型。

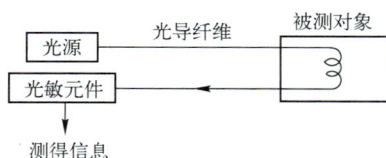

图 6-29　功能型光纤
传感器的原理结构图

功能型光纤传感器的典型例子有：利用光纤在高电场下的泡克耳斯效应的光纤电压传感器、利用光纤法拉第效应的光纤电流传感器、利用光纤微弯效应的光纤位移（压力）传感器。光纤的输出端采用光敏元件，它所接收的光信号便是被测量调制后的信号，并使之转变为电信号。

由于光纤本身也是敏感元件，因此加长光纤的长度，可以提高传感器灵敏度。这类光纤传感器在技术上难度较大，结构比较复杂，调整也较困难。

（1）相位调制型光纤传感器

根据光纤中传导光的理论分析可知，当一束波长为 λ 的相干光在光纤中传播时，光波的相位角 φ 与光纤的长度 L、纤芯折射率 n_1 和纤芯直径 d 有关。若光纤受物理量的作用，将会使这 3 个参数发生不同程度的变化，从而引起光相移。一般来说，光纤长度和折射率对光相位的影响大大超过光纤直径的影响，因此可忽略光纤直径引起的相位变化。由普通物理学可知，在一段长为 L 的单模光纤（纤芯折射率 n_1）中，波长为 λ 的输出光相对于输入端来说，其相位角 φ 为

$$\varphi = \frac{2\pi n_1 L}{\lambda}$$

当光纤受到外界物理量的作用时，光波的相位角变化为

$$\Delta\varphi = \frac{2\pi}{\lambda}(n_1 \Delta L + L\Delta n_1) = \frac{2\pi L}{\lambda}(n_1 \varepsilon_L + \Delta n_1)$$

式中，$\Delta\varphi$ 为光波相位角的变化量；λ 为光波波长；L 为光纤长度；n_1 为光纤纤芯折射率；ΔL 为光纤长度的变化量；Δn_1 为光纤纤芯折射率的变化量；ε_L 为光纤轴向应变，$\varepsilon_L = \Delta L/L$。这样，就可以应用光的相位检测技术测量出温度、压力、加速度、电流等物理量。

由于光的频率很高（约为 10^{14} Hz），光电探测器无法对这么高的频率做出响应，也就是说，光电探测器不能跟踪以这么高的频率进行变化的相位瞬时值。因此，光波的相位变化是不能直接被检测到的。为了能检测光波的相位变化，就必须应用光学干涉测量技术将相位调制转换成振幅（强度）调制。通常，在光纤传感器中常采用干涉测量仪。

干涉测量仪的基本原理：光源的输出光都被分束器（棱镜或低损耗光纤耦合器）分成光功率相等的两束光（也有的分成几束光），并分别耦合到两根或几根光纤中去。在光纤的输出端再将这些分离光束汇合起来，输入到一个光探测器，这样在干涉仪中就可以检测出相位调制信号。因此，相位调制型光纤传感器实际上是一种光纤干涉仪，故又称为干涉型光纤传感器。

图 6-30 为利用干涉仪测量压力或温度的相位调制型光纤传感器原理图。激光器发出的一束相干光经过扩束以后，被分束棱镜分成两束光，并分别耦合到传感光纤和参考光纤中。传感光纤被置于被测对象的环境中，感受压力（或温度）的信号；参考光纤不感受被测物理量。这两根光纤（单模光纤）构成干涉仪的两个臂。当两臂的光程长度大致相等（在光源相干长度内）时，那么来自两根光纤的光束经过准直和合成后将会产生干涉，并形成一系列明暗相间的干涉条纹。

若传感光纤受物理量的作用，则光纤的长度、直径和折射率将会发生变化，但直径变化对光的相位变化影响不大。当传感光纤感受的温度变化时，光纤的折射率会发生变化，而且光纤的长度因热胀冷缩发生改变。

根据光波的相位角变化公式可知，光纤的长度和折射率发生变化，将会引起传播光的相位角也发生变化。这样，传感光纤和参考光纤的两束输出光的相位也发生了变化。从而使合成光强随着相位的变化而变化（增强或减弱）。

如果在传感光纤和参考光纤的汇合端放置一个光探测器，就可以将合成光强的强弱变化转换成电信号大小的变化，如图 6-30 所示。由图 6-30 可以看出，在初始状态，传感光纤中的传播光与参考光纤中的传播光同相时，输出光电流最大。随着相位增加，光电流渐渐减小。相位移增加 π 弧度，光电流达到最小值。相位移继续增加到 2π 弧度时，光电流又上升到最大值。这样，光的相位调制便转换成电信号的幅值调制。对应相位变化 2π 弧度，移动

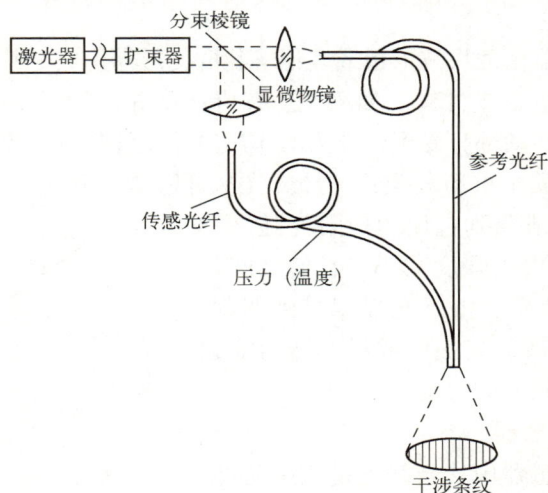

图 6-30　干涉仪测量压力或温度的相位调制型光纤传感器原理图

一根干涉条纹。如果在两光纤的输出端用光电元件来扫描干涉条纹的移动，并转换成电信号，再经放大后输入记录仪，则从记录的移动条纹数就可以检测出温度（或压力）信号。试验表明，检测温度的灵敏度要比检测压力的高得多。例如，1m 长的石英光纤，温度变化 1℃，干涉条纹移动 17 条，而压力须变化 154kPa，才移动一根干涉条纹。然而，加长光纤长度可以提高灵敏度。

（2）光强调制型光纤传感器

光强调制型光纤传感器的工作原理是利用外界因素改变光纤中光的强度，通过检测光纤中光强的变化来测量外界的被测参数，即强度调制。强度调制的特点是简单、可靠而经济。强度调制方式有多种，大致可分为以下几种：由光传播方向的改变引起的强度调制、由透射率改变引起的强度调制、由光纤中光的模式改变引起的强度调制、由吸收系数和折射率改变引起的强度调制。

根据模态理论，当光纤轴向受力而微弯时，光纤中的部分光会折射到纤芯的包层中去，不产生全反射，这样将引起纤芯中的光强发生变化。因此，可通过对纤芯或包层的能量变化来测量外界力，如应力、重量、加速度等物理量。由此可制作如图 6-31 所示的微弯损耗光强调制器，从而得到测量上述物理量的各种传感器。

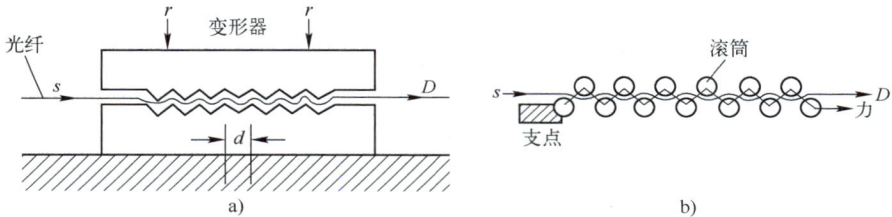

图 6-31　微弯损耗光强调制器及其传感器
a）波形板式的压力传感器　b）滚筒型微弯传感器

微弯光纤压力传感器由两块波形板或其他形状的变形器构成，其中一块活动，另一块固定。变形器一般采用有机合成材料（如尼龙、有机玻璃等）制成。一根光纤从一对变形器之间通过，当变形器的活动部分受到外界力的作用时，光纤将发生周期性微弯，引起传播光的散射损耗，使光在芯模中重新分配：一部分光从纤芯耦合到包层，另一部分光反射回纤芯。当外界力增大时，泄漏到包层的散射光随之增大，同时光纤纤芯的输出光强度减小。它们之间呈线性关系，如图 6-32 所示。由于光强度受到调制，通过检测泄漏到包层的散射光强度或纤芯透射光强度的变化就能测出压力或位移的变化。

2. 非功能型光纤传感器

在非功能型光纤传感器中，光纤不是敏感元件，它只起到传递信号的作用。传感器信号的感受是利用在光纤的端面或在两根光纤中间放置光学材料、

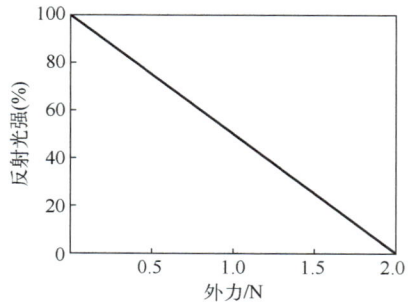

图 6-32　纤芯透射光强度与外力的关系

机械式或光学式的敏感元件，感受被测物理量的变化。非功能型又可分为两种：一种是把敏感元件置于发送、接收的光纤中间（见图6-33），在被测对象参数作用下，或使敏感元件遮断光路，或使敏感元件的光穿透率发生某种变化。于是，受光的光敏元件所接受的光量，便成为被测对象参数调制后的信号；另一种是在光纤终端设置"敏感元件＋发光元件"组合体（见图6-34），敏感元件感知被测对象参数的变化，并将其转变为电信号，输出给发光元件（如LED），最后以发光二极管（LED）的发光强度作为测量所得的信息。

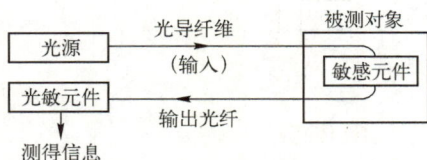

图6-33　非功能型光纤传感器敏感
元件在光纤中间原理结构图

图6-34　非功能型光纤"敏感元件＋
发光元件"组合体原理结构图

由于要求非功能型传感器能传输尽量多的光量，所以应采用多模光导纤维。非功能型传感器结构简单、可靠，且在技术上容易实现，便于推广应用。但其灵敏度比功能型传感器的低，测量精度也差些。

非功能型光纤传感器主要是光强调制型。按照敏感元件对光强调制的原理，又可以分为传输光强调制型和反射光强调制型，这里主要介绍传输光强调制型光纤传感器。传输光强调制型光纤传感器一般在两根光纤（输入光纤和输出光纤）之间配置有机械式或光电式的敏感元件，它在物理量作用下调制并传输发光强度，其方式有遮断光路和改变光纤相对位置等。

（1）遮断光路的光强调制型光纤传感器

图6-35a所示为用双金属光纤温度传感器测量油库温度的结构示意图。将双金属片固定在油库的壁上，用长光纤传输被温度调制的光信号，光信号经光探测器转换成电信号，再经放大后输出。在两根光纤束之间的平行光位置上放置一个双金属片，便可进行温度检测，如图6-35b所示。双金属片是温度敏感元件，由两种不同热膨胀系数的金属片（如膨胀系数极小的铁镍合金与黄铜或铁）贴合在一起，如图6-35c所示。当双金属片受热变形时，其端部将产生位移，位移量 x 由下式给出：

$$x = \frac{kL^2 \Delta t}{n}$$

式中，Δt 为温度变化量；L 为双金属片长度；k 为由两种金属热膨胀系数之差、弹性系数之比和厚宽比所确定的常数。上式表明，温度与位移量之间呈线性关系。

当温度变化时，双金属片带动端部的遮光片在平行光中做垂直方向的位移，起遮光作用并使透过的光强度发生变化。光束的透射率为

$$T = \frac{I_T}{I_0} \times 100\%$$

式中，T 为光透射率；I_T 为局部遮光时透射的发光强度；I_0 为不遮光时透射的发光强度。

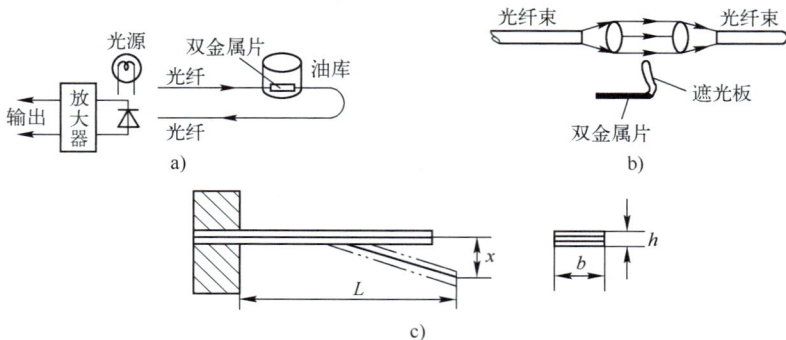

图 6-35　用于油库的双金属片光纤温度传感器

a）双金属光纤传感器在油库测量中的应用　b）双金属温度传感器测试原理图　c）双金属片受热引起位移

局部遮光时，透射到输出光纤中的光强与遮光的多少（即双金属片的位移量）有关。双金属片的位移量又随温度的增加而呈线性增加，因此，当温度增加时，光透射率将近似地呈线性降低，如图 6-36 所示。

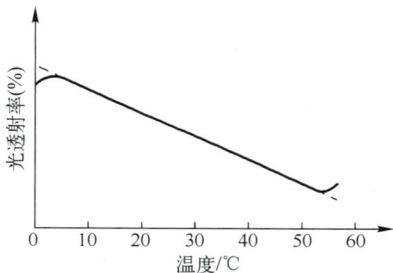

图 6-36　光透射率与温度的关系

光探测器的作用是将透射到输出光纤中的光信号转换成电信号，这样便能检测出温度。由于光纤温度传感器的传感头不带电，因此在诸如油库等易燃、易爆场合进行温度检测是特别适合的。具有双金属片的光纤温度传感器，可以在 10 ~ 50℃ 温度范围内进行较为精确的温度测量，光纤的传输距离可达 5000m。

（2）改变光纤相对位置的光强调制型光纤传感器

受抑全内反射光纤压力传感器是改变光纤轴向相对位置而对发光强度进行调制的一个典型例子。传感器有两根多模光纤：一根固定，另一根在压力作用下可以垂直位移，如图 6-37 所示。这两根光纤相对的端面被抛光，并与光纤轴线成一足够大的角度 θ，以使光纤中传播的所有模式的光产生全内反射。当两根光纤充分靠近（中间约有几个波长距离的薄层空气）时，一部分光将透射入空气层并进入输出光纤。这种现象称为受抑全内反射现象，它类似于量子力学中的"隧道效应"或"势垒穿透"。当一根光纤相对另一根固定的光纤垂直位移为 x 时，则两根光纤端面之间的距离变化 $x\sin\theta$。透射光强率便随距离发生变化。图 6-38 所示为光源波长 $\lambda = 0.63\mu m$，纤芯折射率 $n_1 = 1.48$，数值孔径 $NA = 0.2$，θ 分别为 52°、64° 和

76°时，光纤相对透射光强率与光纤间隙距离的关系。由曲线可知，光强变化与间隙距离的变化呈非线性关系。

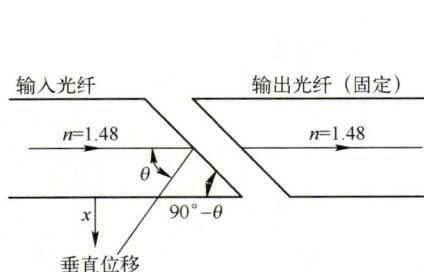

图6-37　受抑全内反射光纤压力传感器原理图

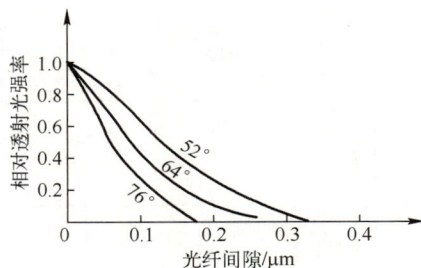

图6-38　相对透射光强率与光纤间隙距离的关系

因此，在实际使用中应限制光纤的位移距离，使传感器在变化距离较小的一段线性范围内工作。从曲线还可以看出，θ越大，曲线的线性段斜率越大。所以为了使传感器获得较高的灵敏度，光纤端面的倾斜角（$90°-\theta$）要切割得较小。

6.6　红外传感器

凡是存在于自然界的物体，如人体、火焰、冰等都会放射出红外线，只是它们发射的红外线的波长不同而已。人体的温度为36～37℃，所放射的红外线波长为10μm（属于远红外线区）；加热到400～700℃的物体，其放射出的红外线波长为3～5μm（属于中红外线区）。红外线传感器可以检测到这些物体发射的红外线，用于测量、成像或控制。

红外技术是在最近几十年中发展起来的一门新兴技术。它已在科技、国防、医学、建筑、气象、工农业生产等领域获得了广泛的应用。红外传感器按其应用可分为以下几个方面：红外辐射计（用于辐射和光谱辐射测量）、搜索和跟踪系统（用于搜索和跟踪红外目标，确定其空间位置并对它的运动进行跟踪）、热成像系统（可产生整个目标红外辐射的分布图像，如红外图像仪、多光谱扫描仪等），以及红外测距和通信系统。混合系统是指以上各系统中的两个或多个的组合。

用红外线作为检测媒介来测量某些非电量，具有以下几方面的优越性。可昼夜测量：红外线（中、远红外线）不受周围可见光的影响，所以可在昼夜进行测量；不必设光源：由于待测对象发射出红外线，所以不必设置光源。大气对某些波长的红外线吸收非常少，所以适用于遥感技术。

6.6.1　红外辐射

红外辐射俗称红外线，是一种不可见光。由于它是位于可见光中红色光线以外的光线，所以被称为红外线。它的波长范围在0.76～1000μm，红外线在电磁波谱中的位置如图6-39所示。工程上又把红外线所占据的波段分为4部分，即近红外、中红外、远红外和极远红外。

红外辐射的物理本质是热辐射。一个炽热物体向外辐射的能量大部分是通过红外线辐射

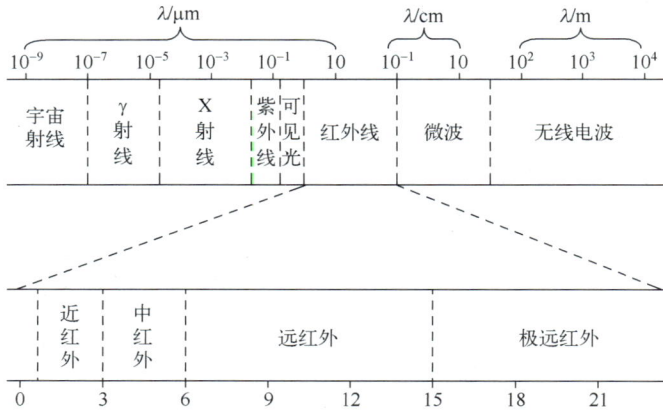

图6-39 电磁波谱图

出来的。物体的温度越高，辐射出来的红外线越多，辐射的能量就越强。而且红外线被物体吸收时，可以显著地转变为热能。

红外辐射与所有电磁波一样，是以波的形式在空间沿直线传播的。它在大气中传播时，大气层对不同波长的红外线存在不同的吸收带，红外线气体分析器就是利用该特性工作的。空气中对称的双原子气体（如 N_2、O_2、H_2 等）不吸收红外线。而红外线在通过大气层时，有 3 个波段透过率高，它们是 $2 \sim 2.6m$、$3 \sim 5m$ 和 $8 \sim 14m$，统称为"大气窗口"。这 3 个波段对红外探测技术特别重要，因为红外探测器一般都工作在这 3 个波段之内。

6.6.2 红外探测器

红外传感器一般由光学系统、探测器、信号调理电路及显示系统等组成。红外探测器是红外传感器的核心。红外探测器种类很多，常见的有两大类：热探测器和光子探测器。

1. 热探测器

热探测器是利用红外辐射的热效应，探测器的敏感元件吸收辐射能后引起温度升高，进而使有关物理参数发生相应变化，通过测量物理参数的变化，便可确定探测器所吸收的红外辐射。

与光子探测器相比，热探测器的探测率比光子探测器的峰值探测率低，响应时间长。但热探测器的主要优点是响应波段宽，响应范围可扩展到整个红外区域，可以在室温下工作，使用方便，应用相当广泛。

热探测器主要类型有热释电型、热敏电阻型、热电偶型和气体型。而热释电型探测器在热探测器中探测率最高，频率响应最宽，所以这种探测器备受重视，发展很快。下面主要介绍热释电型红外探测器。

热释电型红外探测器由具有极化现象的热晶体或称为"铁电体"的材料制作而成。"铁电体"的极化强度（单位面积上的电荷）与温度有关。当红外辐射照射到已经极化的铁电体薄片表面上时，引起薄片温度升高，使极化强度降低，表面电荷减少，这相当于释放一部分电荷，所以叫热释电型传感器。如果将负载电阻与"铁电体"薄片相连，则负载电阻上便产生一个电信号输出，而输出信号的强弱取决于薄片温度变化的快慢，从而反映出入射的红外辐射的强弱，热释电型红外传感器的电压响应率正比于入射光辐射率变化的速度。

2. 光子探测器

光子探测器利用入射红外辐射的光子流与探测器材料中电子的相互作用，改变电子的能量状态，引起各种电学现象（这一过程也称为光子效应）。通过测量材料电子性质的变化，可以知道红外辐射的强弱。利用光子效应制成的红外探测器，统称为光子探测器。光子探测器有内光电和外光电探测器两种。外光电探测器又分为光电导、光生伏特和光磁电探测器等3种。

光子探测器的主要特点是灵敏度高、响应速度快、具有较高的响应频率，但探测波段较窄，一般需在低温下工作。

6.7　光电式传感器应用举例

6.7.1　光敏电阻传感器的应用

图6-40所示为带材跑偏检测装置的工作原理和测量电路图。无论是钢带薄板，还是塑料薄膜、纸张、胶片等，在加工过程中极易偏离正确位置而产生所谓"跑偏"现象。带材加工过程中的跑偏不仅会影响其尺寸精度，而且会引起卷边、飞边等质量问题。带材跑偏检测装置就是检测带材在加工过程中偏离正确位置的程度及方向，从而为纠偏控制机构电路提供一个纠偏信号。

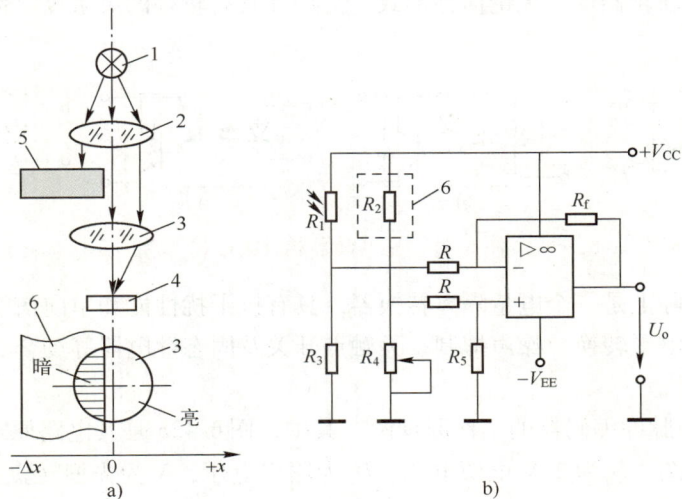

图6-40　带材跑偏检测装置
a）工作原理图　b）测量电路图
1—光源　2、3—透镜　4—光敏电阻 R_1　5—被测带材　6—遮光罩光源 1 发出的光经过透镜 2 会聚成平行光束后，再经透镜 3 会聚入射到光敏电阻 4（R_1）上。透镜 2、3 分别安置在带材合适位置的上、下方，在平行光束到达透镜 3 的途中，将会有部分光线受到被测带材的遮挡，从而使光敏电阻受照的光通量减小。R_1、R_2 是同型号的光敏电阻，R_1 作为测量元件安置在带料下方，R_2 作为温度补偿元件用遮光罩覆盖。$R_1 \sim R_4$ 组成一个电桥电路，当带材处于正确位置（中间位置）时，通过预调电桥平衡，使放大器输出电压 U_o 为 0。如果带材在移动过程中左偏时，遮光面积减小，光敏电阻的光照面积增加，阻值变小，电桥失衡，放大器输出负压 U_o；若带材右偏，则遮光面积增大，光敏电阻的光照减弱，阻值变大，电桥失衡，放大器输出正压 U_o。输出电压 U_o 的正负及大小，反映了带材走偏的方向及大小。输出电压 U_o 一方面由显示器显示出来，另一方面被送到纠偏控制系统，作为驱动执行机构产生纠偏动作的控制信号。

6.7.2　光电晶体管的应用

1. 光电耦合器

光电耦合器是将一个发光器件和一个光电元件同时封装在一个壳体内组合而成的转换元件。当有电流流过发光二极管时便产生一个光源，此光照射到封装在一起的光电元件后产生一个与发光二极管正向电流成比例的集电极电流。

最常见的情况是由一个发光二极管和一个光电晶体管组成，如图 6-41a 所示，常用的光电耦合器还有如图 6-41b、c、d 所示的形式。图 6-41a 所示的组合形式其结构简单、成本较低，且输出电流较大，可达 100mA，响应时间为 3~4s；图 6-41b 所示的组合形式其结构简单、成本较低、响应时间短（约为 1s），但输出电流小，在 50~300mA 之间；图 6-41c 所示的组合形式其传输效率高，只适用于较低频率的装置中；图 6-41d 所示的组合形式是一种高速、高传输效率的新颖器件。无论何种形式，为保证其有较好的灵敏度，都考虑了发光与接收波长的匹配。

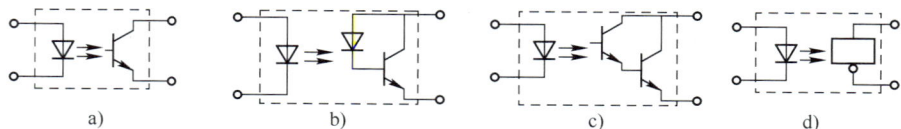

图 6-41　光电耦合器组成形式

光电耦合器实际上是一个电量隔离转换器，具有抗干扰性能和单向信号传输功能，广泛应用在电路隔离、电平转换、噪声抑制、无触点开关及固态继电器等场合。

2. 脉冲编码器

图 6-42 所示为脉冲编码器的工作原理图。其中，图 6-42a 是其电路原理图，图 6-42b 是其光栅转盘的结构图。U_i 为 24V 电源电压，U_o 为输出电压，N 为光栅转盘上总的光栅条数，R_1 和 R_2 为限流电阻器，而 A 和 B 则分别是光电二极管的发射端和光电晶体管的接收端。当转轴受外部因素的影响而以某一转速 n 转动时，光栅转盘也会随着以同样的速度转动。所以，在转轴转动一圈的时间内，接收端将接收到 N 个光信号，从而在其输出端输出 N 个电

脉冲信号。由此可知，脉冲编码器输出的电信号 U_o 的频率 f 是由转轴的转速 n 确定的。于是有 $f = nN$ 成立，它决定了脉冲编码器输出信号的频率 f 与转轴的转速 n 之间的关系。

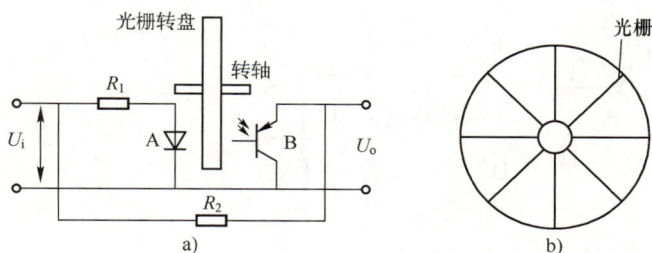

图 6-42 脉冲编码器工作原理图
a）电路原理图 b）光栅转盘结构图

3. 光电转速传感器

图 6-43 所示为光电数字转速表的工作原理图。图 6-43a 所示为透光式，在待测转速轴上固定一带孔的调制盘，在调制盘一边由白炽灯产生恒定光，透过盘上小孔到达光电二极管或光电晶体管组成的光电转换器上，并转换成相应的电脉冲信号，该脉冲信号经过放大整形电路输出整齐的脉冲信号，转速通过该脉冲频率测定。图 6-43b 所示为反射式，在待测转速的盘上固定一个涂有黑白相间条纹的圆盘，它们具有不同的反射信号，并可转换成电脉冲信号。

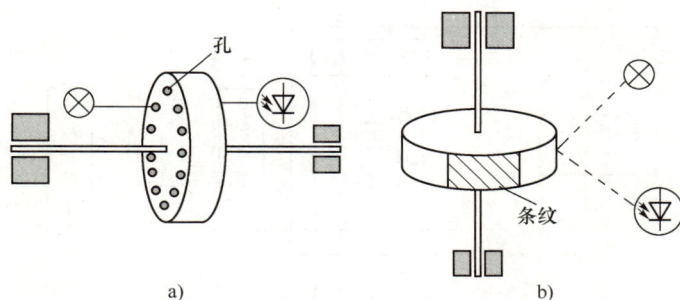

图 6-43 光电数字转速表工作原理图
a）透光式 b）反射式

转速 n 与脉冲频率 f 的关系式为

$$n = \frac{60f}{N}$$

式中，N 为孔数或黑白条纹数目。

频率可用一般的频率计测量。光电器件多采用光电池、光电二极管和光电晶体管，以提高寿命，减小体积，减小功耗及提高可靠性。

光电脉冲转换电路如图 6-44 所示。VT_1 为光电晶体管，当光线照射 VT_1 时，产生光电流，使 R_1 上压降增大，导致晶体管 VT_2 导通，触发由晶体管 VT_3 和 VT_4 组成的射极耦合触发器，使 U_o 为高电位；反之，U_o 为低电位。脉冲信号 U_o 可送到计数电路计数。

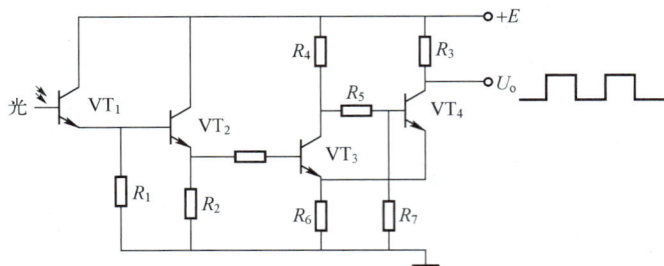

图 6-44　光电脉冲转换电路

6.7.3　光电池的应用

光电池主要有两大类型的应用：一是将其作为光生伏特器件使用，直接将太阳能转换为电能，即太阳能电池，这是人类探索新能源的重要研究课题；另一类是将光电池作为光电转换器应用，需要它具有灵敏度高、响应时间短等特性，而不像太阳能电池那样需要高的光电转换率，主要应用于光电检测和自动控制系统。

1.　太阳能电池电源

太阳能电池电源系统主要由太阳能电池方阵、蓄电池组、调节控制器和阻塞二极管组成，若要向交流负载供电，则加一个直流 – 交流变换器（逆变器），如图 6-45 所示。

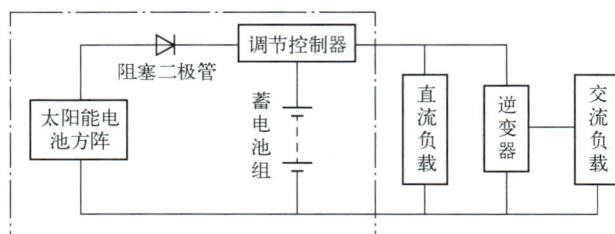

图 6-45　太阳能电池电源系统方框图

太阳能电池方阵是将太阳辐射直接转换成电能的发电装置。选用若干性能相近的单体太阳能电池，经串、并联后可形成单独做电源使用的太阳能电池组件，然后由多个这样的组件经串、并联构成一个阵列。有阳光照射时，太阳能电池方阵发电并对负载供电，同时也对蓄电池组供电，储存能量，供无太阳光照射时使用。在系统中，调节控制器实现充、放电自动控制，当充电电压达到蓄电池上限电压时，自动切断充电电路，停止对蓄电池充电；而当蓄电池电压低于下限电压时，自动切断输出电路。这样，调节控制器可保证蓄电池电压保持在一定范围内，以防止因充电电压过高或过低而导致器件受到损伤。阻塞二极管是在太阳能电池方阵不发电或出现短路故障时，起到避免蓄电池通过太阳能电池放电的作用。

2.　光电报警电路

当太阳光照射光电池 E 时，在如图 6-46 所示的电路中，晶闸管 SCR 有了门极触发电

压,此时晶闸管导通,负载接通。电位器 RP 调节光电平使
报警器发出声响。

6.7.4 红外测温仪

红外测温仪是利用热辐射体在红外波段的辐射通量来
测量温度的。当物体的温度低于 1000℃ 时,它向外辐射的
不再是可见光而是红外光,故可用红外探测器检测温度。
如采用可分离出所需波段的滤光片,可使红外测温仪工作
在任意红外波段。

图 6-46 光电报警电路

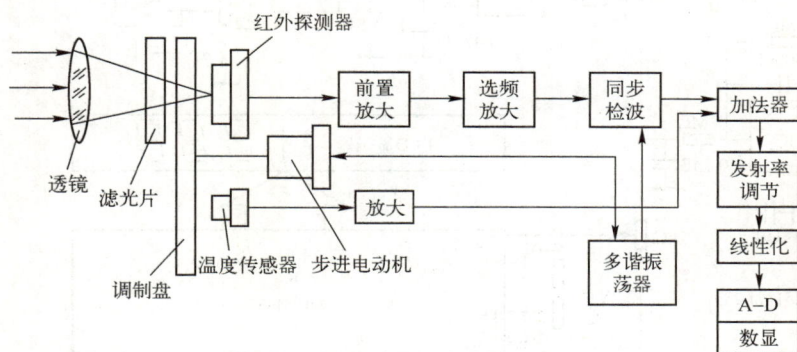

图 6-47 所示为目前常见的红外测温仪方框图。它是一个光机电一体化的红外测温系统,
图中的光学系统是一个固定焦距的投射系统,滤光片一般采用只允许波长范围在 8～14m 的
红外辐射能通过的材料。步进电动机带动调制盘转动,将被测的红外辐射调制成交变的红外
辐射。红外探测器核心为(钽酸锂)热释电型探测器,透镜的焦点落在其光电元件面上。
被测目标的红外辐射通过透镜聚焦在红外探测器上,红外探测器将红外辐射转换为电信号
输出。

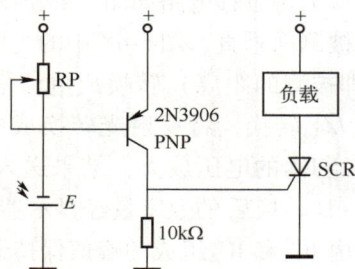

图 6-47 红外测温仪方框图

红外测温仪电路比较复杂,包括前置放大、选频放大、温度补偿、线性化等。目前已出
现带单片机的智能红外测温仪,利用单片机与软件的功能,大大简化了硬件电路,提高了仪
表的稳定性、可靠性和准确性。

红外测温仪的光学系统可以是透射式,也可以是反射式。反射式光学系统多采用凹面玻
璃反射镜,并在镜的表面镀金、铝、镍或铬等对红外辐射反射率较高的金属材料。

6.7.5 光纤传感器的应用

1. 光纤微位移传感器

图 6-48 所示为测量微位移的 Y 形光纤微位移传感器的原理示意图,其中一根光纤表示
传输入射光线,另一根表示传输反射光线。传感器与被测物的反射面的距离在 0～4.0mm 之
间变化时,可以通过测量显示电路将距离显示出来。

测量位移电路如图 6-49 所示。注意在测量时，光纤应与被测面垂直，图 6-48 中的光电二极管将光纤的光强信号（即被测的距离）转换成电流信号。在图 6-49 中，IC$_1$ 实现 I/V 转换，将反射光转换成电压输出，由于信号微弱，再经 IC$_2$ 的电压放大，结果送入 A－D 转换器 MC14433，A－D 转换后的数字量经显示器输出。由 IC$_2$ 放大的结果送入由 IC$_3$ 和 IC$_4$ 组成的峰值保持器（因为传感器的电流输出不是单值函数，达最大值时应予以报警），当 IC$_2$ 达到最大输出电压时，电容 C_M 被充电，经比较器 IC$_5$ 输出报警信号。发光二极管 LED 的亮与灭显示测量的近程与远程。

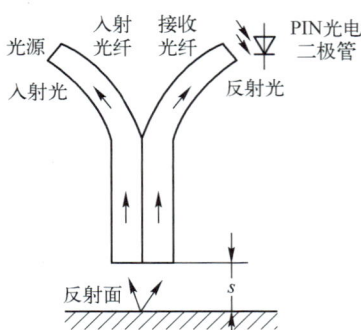

图 6-48　Y 形光纤微位移
传感器原理示意图

2. 光纤流速、流量传感器

（1）激光多普勒测速传感器（光纤流速传感器）

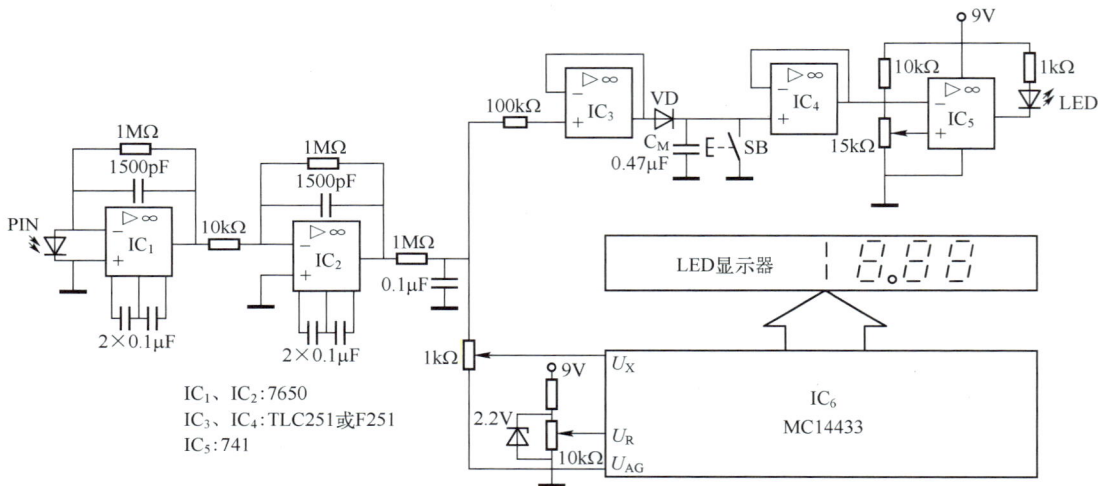

图 6-49　光纤微位移传感器测量位移电路图

图 6-50 是光纤激光多普勒测速传感器示意图，把光纤探头沿着与管中心线夹角 θ 的方向插入管道中，由光纤梢端发出的激光被运动流体中的微粒散射，产生多普勒频移的散射光信号，再由同一光纤耦合后回传，并与原信号光重叠产生差拍。多普勒频移量为

$$\Delta f = \frac{2nv\cos\theta}{\lambda}$$

式中，n 为运动微粒折射率；v 为微粒运动速度；λ 为激光波长。

（2）光纤流量传感器

在液体流动的管道中横贯一根多模光纤（非流线体），如图 6-51a 所示，当液体流过光纤时，在液流的下游会产生有规则的涡流。这种涡流在光纤的两侧交替地离开，从而使光纤受到交变的作用力，光纤就会产生周期性振动。野外的电线在风吹下"嗡嗡"作响就是这种现象作用的结果。

光纤的振动频率与流体的流速和光纤的直径有关。在光纤直径一定时，其振动频率近似正比于流速，如图 6-51b 所示。光纤中的相干光是通过外界扰动（如振动）来进行相位调制的。在多模光纤中，作为众多模式干涉的结果，在光纤出射端可以观察到"亮""暗"无规则相间的斑图。当光纤受到外界干扰时，亮区和暗区的亮度将不断变化。如果用一个小型光电探测器接收斑图中的亮区，便可接收到光

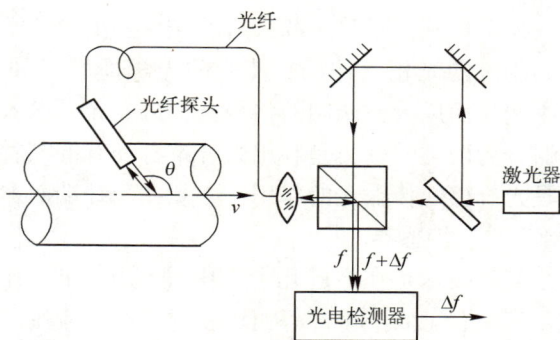

图 6-50　光纤激光多普勒测速传感器示意图

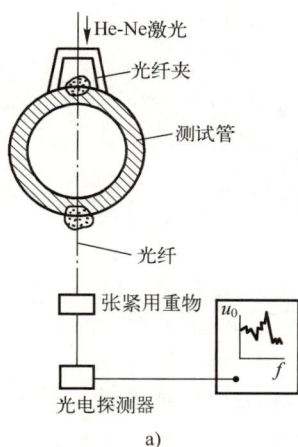

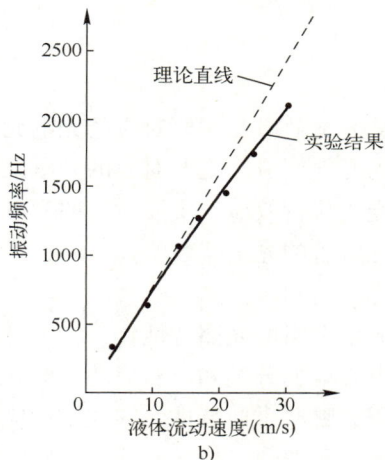

纤振动的信号，经过频谱仪分析便可检测出振动频率，由此可计算出液体的流速及流量。

图 6-51　光纤流量传感器原理图

光纤流量传感器最突出的优点是能在易爆、易燃的环境中安全可靠地工作。测量范围比较大，但在液体流动的小流速情况下因不产生涡流，会使测量下限受到限制。此外，由于光纤的直径很细，对液体产生的流阻小，所以流量几乎不受影响。它不但能测透明液体的流速，而且能测不透明液体的流速。

6.8　知识梳理

光电式传感器是将光通量转换为电量的一种传感器，它的基础是光电转换元件的光电效应。光电测量方法一般具有结构简单、非接触、高精度、高分辨率、高可靠性和响应快等优点。光电效应可分为内光电效应、外光电效应和光生伏特效应等。本章详细介绍了光电管、光敏电阻、光电池等光电元件的工作原理及其基本特性，以及红外传感器的基本原理和红外探测器及光电式传感器的一些典型应用。

光纤传感器是将光源入射的光束经由光纤送入调制区，在调制区内，外界被测参数与进入调制区的光相互作用，使光的光学性质（如光的强度、波长、频率、相位、偏振态等）发生变化而成为被调制的信号光，再经光纤送入光电元件、解调器而获得被测参数。光纤传感器分为两类：一类是利用光纤本身具有的某种敏感功能的功能型（FF 型）传感器；另一类是光纤仅起传输光的作用，必须在光纤端面加装其他敏感元件才能构成传感器的非功能型（NFF 型）传感器。

红外技术是在最近几十年中发展起来的一门新兴技术。它已在科技、国防、医学、建筑、气象、工农业生产等领域获得了广泛应用。用红外线作为检测媒介来测量某些非电量，具有以下几方面的优越性：①可昼夜测量，红外线（中、远红外线）不受周围可见光的影响，所以可在昼夜进行测量。②不必设光源，由于待测对象发射出红外线，所以不必设置光源。③适用于遥感技术，大气对某些波长的红外线吸收非常少，所以适用于遥感技术。

6.9 习题

1. 什么是外光电效应？主要对应的光电元件有哪些？
2. 什么是内光电效应？主要对应的光电元件有哪些？
3. 什么是光生伏特效应？主要对应的光电元件有哪些？
4. 什么是光电管的光谱特性？
5. 什么是光电流？
6. 什么是光敏电阻的光照特性？
7. 简述光电效应的分类和所对应的光电元件。
8. 光敏电阻有哪些重要特性？它在工业应用中是如何发挥这些特性的？
9. 光电二极管和普通二极管有什么区别？如何鉴别光电二极管的好坏？
10. 如何检测光敏电阻和光电晶体管的好坏？
11. 当光源波长为 $0.8 \sim 0.9 \mathrm{m}$ 时，宜采用哪种光电元件作测量元件？为什么？
12. 红外探测器有哪些类型？
13. 请说一说在生活中你见过的光电传感器。
14. 说明光纤的组成和光纤传感器的分类，并分析传光原理。
15. 光纤的数值孔径 NA 的物理意义是什么？NA 取值大小有什么作用？
16. 试计算 $n_1 = 1.46$，$n_2 = 1.45$ 的阶跃折射率光纤的数值孔径？如果外部介质为空气（$n_0 = 1$），求该种光纤的最大入射角。
17. 说明光纤传感器的结构特点。
18. 试分析和比较 FF 型和 NFF 型光纤传感器。

第7章　霍尔传感器

霍尔传感器是基于霍尔效应的一种传感器。1879 年，美国物理学家霍尔首先在金属材料中发现了霍尔效应，但由于当时金属材料的霍尔效应太弱而没有得到应用。随着半导体技术的发展，人们开始用半导体材料制成霍尔元件，由于它的霍尔效应显著而得到应用和发展。霍尔传感器广泛用于电磁测量、压力、加速度、振动等方面的测量。

7.1　霍尔元件工作原理

7.1 霍尔元件工作原理

霍尔元件是霍尔传感器的敏感元件和转换元件，是利用某些半导体材料的霍尔效应原理制成的。所谓霍尔效应是指置于磁场中的导体或半导体中通入电流时，若电流方向与磁场方向垂直，则在与磁场和电流都垂直的方向上会出现一个电势差。图 7-1 所示为一个 N 型半导体薄片的霍尔效应原理图。长、宽、厚分别为 L、l、d，在垂直于该半导体薄片平面的方向上，施加磁感应强度为 B 的磁场。在其长度方向的两个面上做两个金属电极，称为控制电极，并外加一电压 U，则在长度方向就有电流 I 流动。而自由电子与电流的运动方向相反。

在磁场中自由电子将受到洛仑兹力 F_L 的作用，受力的方向可由左手定则判定，即使磁力线穿过左手掌心，四指方向为电流方向，则拇指方向就是多数载流子所受洛仑兹力的方向。在洛仑兹力的作用下，电子向一侧偏转，使该侧形成负电荷的积累，另一侧则形成正电荷的积累。所以在半导体薄片的宽度方向形成了电场，该电场对自由电子产生电场力 F_E，该电场力 F_E 对电子的作用力与洛仑兹力的方向相反，即阻止自由电子

图 7-1　霍尔效应原理图

的继续偏转。当电场力与洛仑兹力相等时，自由电子的积累便达到了动态平衡，这时在半导体薄片的宽度方向所建立的电场称为霍尔电场，而在此方向的两个端面之间形成一个稳定的电势，称霍尔电势 U_H。上述洛仑兹力 F_L 的大小为

$$F_L = evB$$

式中，F_L 为洛仑兹力（N）；e 为电子电量，等于 1.602×10^{-19} C；v 为电子速度（m/s）；B 为磁感应强度（Wb/m²）。

电场力的大小为

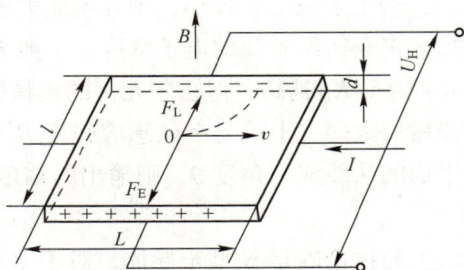

$$F_E = eE_H = e\frac{U_H}{l}$$

式中，F_E 为电场力（N）；E_H 为霍尔电场强度（V/m）；U_H 为霍尔电势（V）；l 为霍尔元件宽度（m）。

当 $F_L = F_E$ 时，达到动态平衡，则

$$evB = e\frac{U_H}{l}$$

经简化，得

$$U_H = vBl$$

对于 N 型半导体，通入霍尔元件的电流可表示为

$$I = nevld$$

式中，d 为霍尔元件厚度（m）；n 为 N 型半导体的电子浓度（个/m³）。

由上式可得

$$v = \frac{I}{neld}$$

$$U_H = \frac{IB}{ned} = \frac{R_H IB}{d} = K_H IB$$

式中，K_H 为霍尔元件的乘积灵敏度，$K_H = 1/(ned)$；R_H 为霍尔灵敏系数，$R_H = 1/(ne)$。

由上式可知，霍尔电势与 K_H、I、B 有关。当 I、B 大小一定时，K_H 越大，U_H 越大。显然，一般希望 K_H 越大越好。而 K_H 与 n、e、d 呈反比关系。若电子浓度 n 较高，则使得 K_H 太小；若电子浓度 n 较小，则导电能力就差。所以，希望半导体的电子浓度 n 适中，可以通过掺杂来获得所希望的电子浓度。一般来说，都是选择半导体材料来作霍尔元件。此外，厚度 d 越小，K_H 越高；但霍尔元件的机械强度下降，且输入/输出电阻增加。因此，霍尔元件不能做得太薄。上式是在磁感应强度 B 与霍尔元件成垂直条件下得出来的。若 B 与霍尔元件平面的法线成一角度 θ，则输出的霍尔电势为

$$U_H = K_H IB\cos\theta$$

上面讨论的是 N 型半导体，对于 P 型半导体，其多数载流子是空穴。同样也存在着霍尔效应，用空穴浓度 p 代替电子浓度 n，同样可以导出 P 型霍尔元件的霍尔电势表达式为

$$U_H = K_H IB$$

或

$$U_H = K_H IB\cos\theta$$

式中，$K_H = \dfrac{1}{ped}$。

注意：采用 N 型或 P 型半导体，其多数载流子所受洛仑兹力的方向是一样的，但它们产生的霍尔电势的极性是相反的，可以通过实验判别材料的类型。在霍尔传感器的使用中，若能通过测量电路测出 U_H，那么只要已知 B、I 中的一个参数，就可求出另一个参数。

7.2 霍尔元件的基本结构和主要特性参数

7.2.1 基本结构

用于制造霍尔元件的材料主要有 Ge（锗）、Si（硅）、InAs（砷化铟）和 InSb（锑化铟）等。采用锗和硅材料制作的霍尔元件，具有霍尔灵敏系数高、加工工艺简单的特点，它们的霍尔灵敏系数分别为 $4.25 \times 10^3 \mathrm{cm}^3/\mathrm{C}$ 和 $2.25 \times 10^3 \mathrm{cm}^3/\mathrm{C}$。采用砷化铟和锑化铟材料的霍尔元件，它们的霍尔系数相对要低一些，分别为 350 和 1000，但它们的切片工艺好，采用化学腐蚀法，可将其加工到 $10\mu\mathrm{m}$，且具有很高的霍尔灵敏系数。霍尔元件的结构示意图如图 7-2 所示。

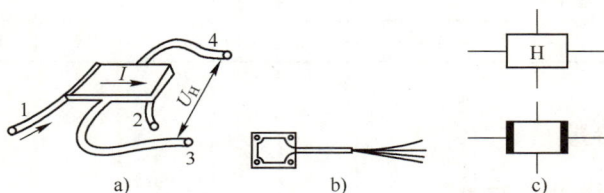

图7-2 霍尔元件结构图
a）霍尔片 b）外形 c）符号
1、2—控制电流引线端 3、4—霍尔电势输出端

图 7-2a 所示的矩形状霍尔薄片称为基片，在它相互垂直的两组侧面上各装一组电极：电极 1、2 用于输入激励电压或激励电流，称它为激励电极；电极 3、4 用于输出霍尔电势，称它为霍尔电极。基片长宽比约 2（$L:l=2:1$），霍尔电极宽度应选小于霍尔元件长度且位置应尽可能置于 $L/2$ 处。将基片用非导磁金属或陶瓷或环氧树脂封装，就制成了霍尔元件。其典型的外形如图 7-2b 所示，一般激励电流引线端以红色导线标记，霍尔电势输出端以绿色导线标记。霍尔元件的电路符号如图 7-2c 所示。国内常用的霍尔元件种类很多，表 7-1 列出了常用国产霍尔元件的有关参数，供选用时参考。

表 7-1 常用国产霍尔元件的参数

参数名称	符号	单位	HZ-1 型	HZ-2 型	HZ-3 型	HZ-4 型	HT-1 型	HT-2 型	HS-1 型
			材料（N 型）						
			Ge（111）	Ge（111）	Ge（111）	Ge（100）	InSb	InSb	InAs
电阻率	ρ	$\Omega \cdot \mathrm{cm}$	0.8~1.2	0.8~1.2	0.8~1.2	0.4~0.5	0.003~0.01	0.003~0.05	0.01
几何尺寸	$L \times l \times d$	$\mathrm{mm} \times \mathrm{mm} \times \mathrm{mm}$	$8 \times 4 \times 0.2$	$4 \times 2 \times 0.2$	$8 \times 4 \times 0.2$	$8 \times 4 \times 0.2$	$6 \times 3 \times 0.2$	$8 \times 4 \times 0.2$	$8 \times 4 \times 0.2$
输入电阻	R_i	Ω	$110 \pm 20\%$	$110 \pm 20\%$	$110 \pm 20\%$	$45 \pm 20\%$	$0.8 \pm 20\%$	$0.8 \pm 20\%$	$1.2 \pm 20\%$
输出电阻	R_o	Ω	$100 \pm 20\%$	$100 \pm 20\%$	$100 \pm 20\%$	$40 \pm 20\%$	$0.5 \pm 20\%$	$0.5 \pm 20\%$	$1 \pm 20\%$
灵敏度	K_H	$\mathrm{mV}/(\mathrm{mA} \cdot \mathrm{Gs})$	>12	>12	>12	>4	$1.8 \pm 20\%$	$1.8 \pm 20\%$	$1 \pm 20\%$

（续）

参数名称	符号	单位	HZ-1 型	HZ-2 型	HZ-3 型	HZ-4 型	HT-1 型	HT-2 型	HS-1 型
			材料（N 型）						
			Ge (111)	Ge (111)	Ge (111)	Ge (100)	InSb	InSb	InAs
不等位电阻	R_M	Ω	<0.07	<0.05	<0.07	<0.02	<0.05	<0.05	<0.03
寄生直流电压	U_0	μV	<150	<200	<150	<100	—	—	—
额定控制电流	I_c	mA	20	15	25	50	250	300	200
霍尔电势温度系数	α	1/℃	0.04%	0.04%	0.04%	0.03%	−1.5%	−1.5%	—
输出电阻温度系数	β	1/℃	0.5%	0.5%	0.5%	0.3%	−0.5%	−0.5%	—
热阻	R_Q	℃/mW	0.4	0.25	0.2	0.1	—	—	—
工作温度	T	℃	−40~45	−40~45	−40~45	−40~75	0~40	0~40	−40~60

7.2.2　主要特性参数

1. 输入电阻 R_i 和输出电阻 R_0

（1）输入电阻 R_i

霍尔元件两激励电流端的直流电阻称为输入电阻 R_i。R_i 是纯电阻，可用直流电桥或欧姆表直接测量。它的数值从几十欧到几百欧，视不同型号的元件而定。温度升高，输入电阻变小，从而使输入电流 I 变大，最终引起霍尔电压变大。为了减少这种影响，最好采用恒流源作为激励源。

（2）输出电阻 R_0

霍尔电势两个输出端之间的电阻称为输出电阻 R_0。R_0 是纯电阻，可用直流电桥或欧姆表直接测量，一般为几欧姆到几百欧姆。R_0 随温度改变而改变。选择合适的负载电阻 R_L 与之匹配，可以使由温度引起的霍尔电压的漂移减至最小。

2. 额定激励电流 I 和最大激励电流 I_M

霍尔元件在空气中产生 10℃ 的温升时所施加的激励电流值称为额定激励电流 I。由于霍尔电势随激励电流增加而增大，故在应用中总希望选用较大的激励电流。但激励电流增大，霍尔元件的功耗增大，元件的温度升高，从而引起霍尔电势的温漂增大，因此每种型号的元件均规定了相应的最大激励电流，它的数值从几毫安到几十毫安。

3. 灵敏度 K_H

其公式为

$$K_H = \frac{U_H}{IB}$$

式中，K_H 的单位为 mV/（mA·T），反映了霍尔元件本身所具有的磁电转换能力，一般希望它越大越好。

4. 不等位电势 U_M

在额定激励电流下，当外加磁场为零时，即当 $I\neq0$ 而 $B=0$ 时，$U_H=0$；但由于4个电极的几何尺寸不对称，引起了 $I\neq0$ 且 $B=0$ 时，$U_H\neq0$。为此引入 U_M 来表征霍尔元件输出端之间的开路电压，即不等位电势。一般要求霍尔元件的 $U_M<1\mathrm{mV}$，优质的霍尔元件的 U_M 可以小于 $0.1\mathrm{mV}$。在实际应用中多采用电桥法来补偿不等位电势引起的误差。

5. 霍尔电势温度系数 α

在一定磁感应强度和激励电流的作用下，温度每变化1℃时霍尔电势变化的百分数称为霍尔电势温度系数 α，它与霍尔元件的材料有关，一般约为 $0.1\%/℃$，在要求较高的场合，应选择低温漂的霍尔元件。

7.3　霍尔元件的测量电路及补偿

7.3.1　基本测量电路

霍尔元件的基本测量电路如图7-3所示。在图示电路中，激励电流由电源 E 供给，调节可变电阻 R 可以改变控制电流 I 的大小。R_L 为输出的霍尔电势的负载电阻，一般是显示仪表、记录装置、放大器电路的输入电阻。I 既可以是直流，也可以是交流。若被测物理量是 I、B 或者 IB 乘积的函数，通过测量霍尔电势 U_H 就可知道被测量的大小。霍尔效应建立的时间极短（$10^{-14}\sim10^{-12}\mathrm{s}$），因此其频率响应范围较宽，可达 $10^9\mathrm{Hz}$。

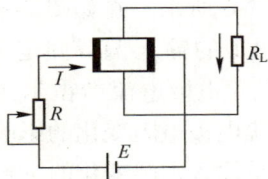

图7-3　霍尔元件的基本测量电路

7.3.2　温度误差的补偿

霍尔元件属于半导体材料元件，必然对温度比较敏感，温度的变化对霍尔元件的输入/输出电阻，以及霍尔电势都有明显的影响。

由不同材料制成的霍尔元件的内阻（输入/输出电阻）与温度变化的关系如图7-4所示。由图示关系可知：锑化铟（InSb）材料的霍尔元件对温度最敏感，其温度系数最大，特别在低温范围内更明显，并且是负的温度系数；其次是硅（Si）材料的霍尔元件；再次是锗（Ge）材料的霍尔元件，其中 Ge(Hz-1.2.3) 在80℃左右有个转折点，它从正温度系数转为负温度系数，而 Ge(Hz-4) 的转折点在120℃左右。而砷化铟（InAs）的温度系数最小，所以它的温度特性最好。

各种材料的霍尔元件的输出电势与温度变化的关系如图7-5所示。由图示关系可知：锑化铟材料的霍尔元件的输出电势对温度变化的敏感最显著，且是负温度系数；砷化铟材料的霍尔元件比锗材料的霍尔元件受温度变化影响大，但它们都有一个转折点，到了转折点就从正温度系数转变成负温度系数，转折点的温度就是霍尔元件的上限工作温度。考虑到元件工作时的温升，其上限工作温度应适当降低一些；硅材料的霍尔元件的温度与电势特性较好。

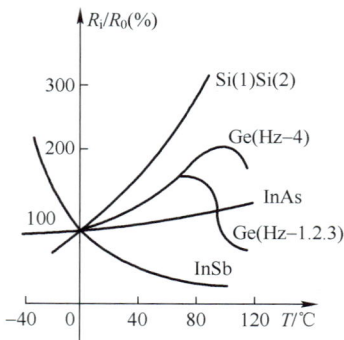

图 7-4　内阻与温度变化关系曲线

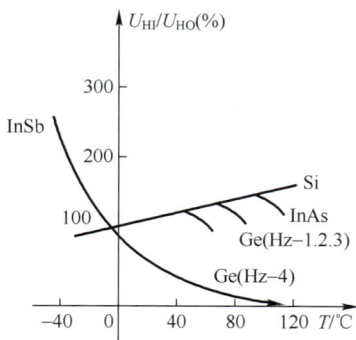

图 7-5　输出电势与温度变化关系曲线

霍尔元件的温度补偿可以采用如下几种方法。

1. 恒流源补偿

温度的变化会引起内阻的变化，而内阻的变化又使激励电流发生变化以致影响到霍尔电势的输出，采用恒流源可以补偿这种影响，其电路如图 7-6 所示。在如图 7-6 所示电路中，只要晶体管 VT 的输入偏置固定和放大倍数 β 固定，则 VT 的集电极电流即霍尔元件的激励电流便不会受到集电极电阻变化的影响，即忽略了温度对霍尔元件输入电阻变化的影响。

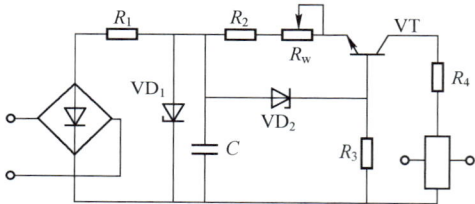

图 7-6　恒流源补偿电路

2. 选择合理的负载电阻进行补偿

在图 7-3 所示的电路中，当温度为 T 时，负载电阻 R_L 上的电压为

$$U_L = U_H \frac{R_L}{R_L + R_o}$$

式中，R_o 为霍尔元件的输出电阻。

当温度由 T 变为 $T + \Delta T$ 时，则 R_L 上的电压变为

$$U_L + \Delta U_L = U_H(1 + \alpha \Delta T)\frac{R_L}{R_L + R_o(1 + \beta \Delta T)}$$

式中，α 为霍尔电势的温度系数；β 为霍尔元件输出电阻的温度系数。

要使 U_L 不受温度变化的影响，只要合理选择 R_L 使温度为 T 时 R_L 上的电压 U_L 与温度为 $T + \Delta T$ 时 R_L 上的电压相等，即

$$U_{L \cdot T} = U_{L \cdot (T + \Delta T)} + \Delta U_{L \cdot (T + \Delta T)}$$

$$U_H \frac{R_L}{R_L + R_o} = U_H(1 + \alpha \Delta T)\frac{R_L}{R_L + R_o(1 + \beta \Delta T)}$$

将上式进行化简整理后，得

$$R_{\mathrm{L}} = R_{\mathrm{o}} \frac{\beta - \alpha}{\alpha}$$

对一个确定的霍尔元件，可查表7-1得到α、β和R_{o}值，再求得R_{L}值，这样就可以在输出回路实现对温度误差的补偿了。

3. 利用霍尔元件输入回路的串联电阻或并联电阻进行补偿

霍尔元件在输入回路中采用恒压源供电工作，并使霍尔电势输出端处于开路工作状态。此时可以利用在输入回路串入电阻的方式进行温度补偿，如图7-7所示。

经分析可知，当串联电阻取$R = (\beta - \alpha)R_{\mathrm{i}.0}/\alpha$时，可以补偿因温度变化而带来的霍尔电势变化，其中$R_{\mathrm{i}.0}$为霍尔元件在0℃时的输入电阻，$\beta$为霍尔元件的内阻温度系数，$\alpha$为霍尔电势温度系数。

霍尔元件在输入回路中采用恒流源供电工作，并使霍尔电势输出端处于开路工作状态，此时可以利用在输入回路并入电阻的方式进行温度补偿，具体如图7-8所示。

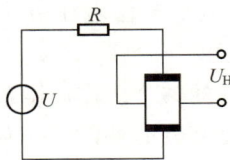

图7-7　串联输入电阻补偿原理　　　　图7-8　并联输入电阻补偿原理

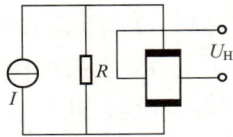

经分析可知，当并联电阻$R = (\beta - \alpha)R_{\mathrm{i}.0}/\alpha$时，可以补偿因温度变化而带来的霍尔电势变化。

4. 热敏电阻补偿

采用热敏电阻对霍尔元件的温度特性进行补偿，如图7-9所示。

由图示电路可知，当输出的霍尔电势随温度增加而减小时，R_{t1}应采用负温度系数的热敏电阻，它的阻值会随温度的升高而减小，从而增加了激励电流，使输出的霍尔电势增加而起到补偿作用；而R_{t2}也应采用负温度系数的热敏电阻，因它的阻值会随温升而减小，使负载上的霍尔电势输出增加，同样能起到补偿作用。在使用热敏电阻进行温度补偿时，要求热敏电阻和霍尔元件封装在一起，或者使两者之间的位置靠得很近，这样才能使补偿效果显著。

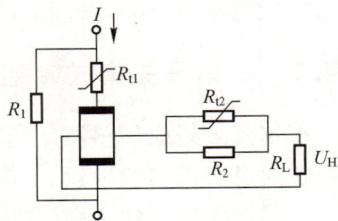

图7-9　热敏电阻温度补偿电路

7.3.3　不等位电势的补偿

在无磁场的情况下，当霍尔元件通过一定的控制电流I时，在两输出端产生的电压称为不等位电势，用U_{M}表示。

不等位电势是由于元件输出极焊接不对称、厚薄不均匀以及两个输出极接触不良等原因造成的，可以通过桥路平衡的原理加以补偿。图7-10所示为一种常见的具有温度补偿的不等位电势的桥式补偿电路。该补偿电路本身也接成桥式电路，其工作电压由霍尔元件的控制电压提供；其中一个桥臂为热敏电阻 R_t，且 R_t 与霍尔元件的等效电阻的温度特性相同。在该电桥的负载电阻 R_{P2} 上取出电桥的部分输出电压（称为补偿电压），与霍尔元件的输出电压反接。在磁感应强度 B 为零时，调节 R_{P1} 和 R_{P2}，使补偿电压抵消霍尔元件此时输出的不等位电势，从而使 $B=0$ 时的总输出电压为零。

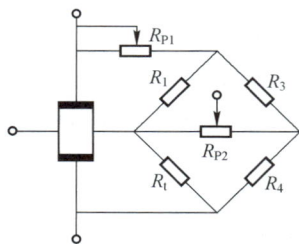

图 7-10　不等位电势的桥式补偿电路

在霍尔元件的工作温度下限为 T_1 时，热敏电阻的阻值为 $R_{t \cdot T_1}$。电位器 R_{P2} 保持在某一确定位置，通过调节电位器 R_{P1} 来调节电桥的补偿电压，使补偿电压抵消此时的不等位电势 U_{ML}，此时的补偿电压称为恒定补偿电压。

当工作温度由 T_1 升高到 $T_1 + \Delta T$ 时，热敏电阻的阻值为 $R_{t \cdot (T_1 + \Delta T)}$。$R_{P1}$ 保持不变，通过调节 R_{P2}，使补偿电压抵消此时的不等位电势 $U_{ML} + \Delta U_M$。此时的补偿电压实际上包含了两个分量：一个是抵消工作温度为 T_1 时的不等位电势 U_{ML} 的恒定补偿电压分量，另一个是抵消工作温度升高 ΔT 时不等位电势的变化量 ΔU_M 的变化补偿电压分量。

根据上述讨论可知，采用桥式补偿电路，可以在霍尔元件的整个工作温度范围内对不等位电势进行良好的补偿，并且对不等位电势的恒定部分和变化部分的补偿可相互独立地进行调节，所以可达到比较好的补偿效果。

7.4　霍尔集成电路

7.4
霍尔集成电路

随着微电子技术的发展，目前霍尔器件多已集成化。霍尔集成电路有许多优点，如体积小、灵敏度高、输出幅度大、温漂小、对电源稳定性要求低等。霍尔集成电路可分为线性和开关型两大类。

7.4.1　霍尔开关集成传感器

霍尔开关集成传感器是利用霍尔元件与集成电路技术制成的一种磁敏传感器，能感知一切与磁信息有关的物理量，并以开关信号形式输出。图 7-11 所示为开关型霍尔集成电路。开关型是将霍尔元件、稳压电路、放大器、施密特触发器、OC 门等电路集成在同一个芯片上。当外加磁感应强度超过规定的工作点时，OC 门由高阻态变为导通状态，输出变为低电平；当外加磁感应强度低于释放点时，OC 门重新变为高阻态，输出高电平。图 7-12 所示为其输出电压与磁感应强度的关系曲线。

霍尔开关集成传感器具有使用寿命长、无触点磨损、无火花干扰、无转换抖动、工作频率高、温度特性好、能适应恶劣环境等优点。常见霍尔开关集成传感器型号有 UGN – 3020、UGN – 3030 和 UGN – 3075。其工作电压为 $4.5 \sim 25\mathrm{V}$，输出低电平小于 $0.04\mathrm{mV}$。常用于点火系统、保安系统、转速测量、里程测量、机械设备限位开关、按钮开关、电流的测量和控制、位置及角度的检测等。

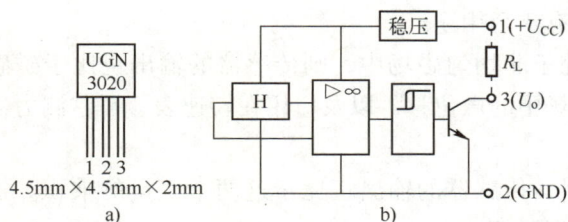

图 7-11　开关型霍尔集成电路
a）外形尺寸　b）内部电路框图

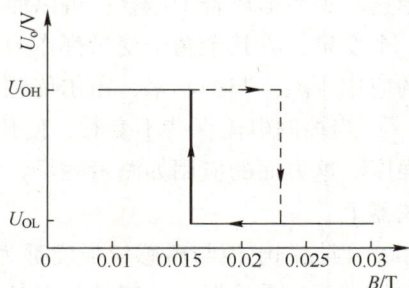

图 7-12　霍尔开关集成电路输出特性

7.4.2　霍尔线性集成传感器

霍尔线性集成传感器的输出电压与外加磁感应强度呈线性比例关系。一般由霍尔元件和放大器组成，当外加磁场时，霍尔元件会产生与磁感应强度呈线性特征曲线的霍尔电压，经放大器放大后输出。霍尔线性集成传感器有单端输出型和双端输出型两种，典型产品分别为 SL3501T 和 SL3501M 两种。

1. 单端输出型传感器的电路

图 7-13 所示为 SL3501T 单端输出型传感器内部电路。电路是将霍尔元件和恒流源、线性放大器等集成在一个芯片上，单端输出型，工作电压为 8～12V，输出电压为 2.5～5V，灵敏度为 3500～7000mV/(mA·T)。

2. 双端输出型传感器的电路

图 7-14 所示为 SL3501M 双端输出型传感器的内部电路。双端输出型的两个输出端输出正、负差分信号，还可提供输出失调调零。工作电压为 8～16V，输出电压为 0～3.6V，灵敏度为 700～1400mV/(mA·T)。霍尔线性集成传感器常用于位置、力、重量、厚度、速度、磁感应强度、电流等的测量和控制。

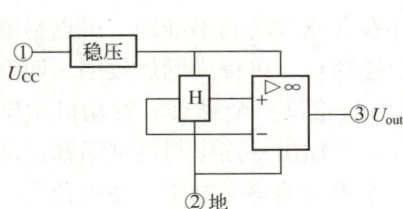

图 7-13　SL3501T 单端输出型传感器内部电路

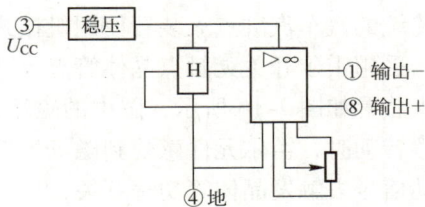

图 7-14　SL3501M 双端输出型传感器的内部电路

7.5　霍尔传感器的应用

霍尔电势是关于 I、B、θ 这 3 个变量的函数，即 $E_H = K_H I B \cos\theta$。

7.5
霍尔传感器的
应用

利用这个关系形成若干组合：可以使其中两个变量不变，将第3个量作为变量；或者固定其中一个变量，将其余两个变量都作为变量。3个变量的多种组合使得霍尔传感器具有非常广阔的应用领域。归纳起来，霍尔传感器主要有3个用途：

① 当控制电流保持不变时，使传感器处于非均匀磁场中，则传感器的输出正比于磁感应强度。这方面的应用如测量磁场、测量磁场中的微位移，以及应用在转速表、霍尔测力器等仪器上。

② 当控制电流与磁感应强度都为变量时，传感器的输出正比于这两个变量的乘积。这方面的应用如乘法器、功率计、混频器、调制器等。

③ 当磁感应强度保持不变时，传感器的输出正比于控制电流。这方面的应用如回转器、隔离器等。

1. 霍尔式位移测量

图 7-15a 所示的两块永久磁铁（磁钢）相同极性相对放置，将线性霍尔元件或集成霍尔器件置于中间，其磁感应强度为零，这个位置可以作为位移的零点。当霍尔元件在 Z 轴方向位移量为 ΔZ 时，霍尔元件有一电压 U_H 输出，其输出特性如图 7-15b 所示。只要测出 U_H 值，即可得到位移的数值。位移传感器的灵敏度与两块磁钢间距离有关，距离越小，灵敏度越高。一般要求其磁场梯度大于 $0.03T/mm$，这种位移传感器的分辨率优于 $10^{-6}m$。如果浮力、压力等参数的变化能转化为位移的变化，便可测出液位、压力等参数。

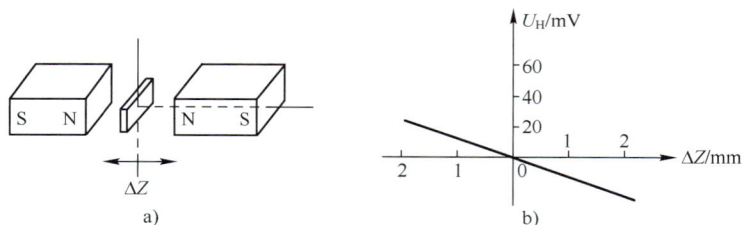

图 7-15 霍尔式位移测量

2. 霍尔式无触点晶体管点火装置

传统的汽车汽缸点火装置使用机械式的分电器，存在着点火时间不准确、触点易磨损等缺点。采用霍尔开关无触点晶体管点火装置可以克服上述缺点，可提高燃烧效率。四汽缸汽车点火装置如图 7-16 所示，图中的磁轮毂代替了传统的凸轮及白金触点。发动机主轴带动磁轮毂转动时，霍尔元件感受到磁场极性发生交替改变，它输出一连串与汽缸活塞运动同步的脉动信号去触发晶体管功率开关，点火线圈二次侧产生很高的感应电压，使火花塞产生火花放电，完成汽缸点火过程。

3. 霍尔式功率计

霍尔式功率计是一种采用霍尔传感器进行负载功率测量的仪器，其电路原理图如图 7-17 所示。由于负载功率等于负载电压和负载电流之乘积，使用霍尔元件时，分别使负载电压与磁感应强度呈比例，负载电流与控制电流呈比例，显然负载功率正比于霍尔元件的霍尔电势。由此可见，利用霍尔元件输出的霍尔电势为输入控制电流与驱动磁感应强度的乘

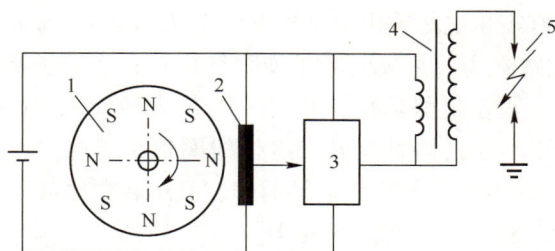

图 7-16　霍尔式无触点晶体管点火装置示意图
1—磁轮毂　2—开关型霍尔集成元件　3—晶体管功率开关　4—点火线圈　5—火花塞

积的函数关系，即可测量出负载功率的大小。图 7-17 所示为交流负载功率的测量线路，流过霍尔元件的电流 I 是负载电流 I_L 的分流值，R_f 为负载电流 I_L 的取样分流电阻，为使霍尔元件电流 I 能模拟负载电流 I_L，要求 $R_1 << Z_L$（负载阻抗），外加磁场的磁感应强度是确定负载电压 U_L 的分压值，R_2 为负载电压 U_L 的取样分压电阻，为使激磁电压尽量与负载电压同相位，励磁回路中的 R_2 要求取得很大，使励磁回路阻抗接近于电阻性，实际上它总会略带一些电感性，因此电感 L 是用于相位补偿的，这样霍尔电势就与负载的交流有效功率呈正比了。

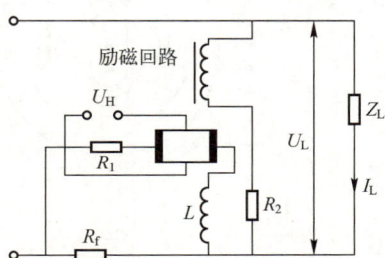

图 7-17　霍尔式功率计电路原理图

4. 霍尔计数装置

由于霍尔集成电路 UGN3501T 具有较高的灵敏度，能感受到很小的磁场变化，因而可以检测铁磁物质的有无。利用这一特性可以制成计数装置，其应用电路及计数装置如图 7-18 所示。

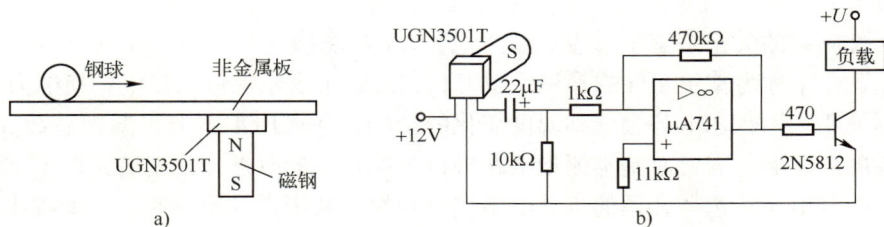

图 7-18　霍尔计数装置及电路图

当钢球滚过霍尔器件 UGN3501T 时，可输出 20mV 的脉冲，脉冲信号经运放 μA741 放大后，输入至晶体管 2N5812 的基极，并且接一个负载电阻，在 2N5812 的集电极接计数器即可计数了。从图中也可以看出，霍尔器件也是一种接近开关。

5. 霍尔式无刷直流电动机

霍尔式无刷直流电动机是一种采用霍尔传感器驱动的无触点直流电动机，它的基本原理如图 7-19 所示。由图 7-19 可知，转子是长度为 L 的圆桶形永久磁铁，并且以径向极化，定子线圈分成 4 组呈环形放入铁芯内侧槽内。当转子处于如图 7-19a 中所示位置时，霍尔元件

H_1 感应到转子磁场，便有霍尔电势输出，其经 VT_4 放大后使 L_{x2} 通电，对应定子铁芯产生一个与转子呈 90° 的超前激励磁场，它吸引转子逆时针旋转；当转子旋转 90° 以后，霍尔元件 H_2 感应到转子磁场，便有霍尔电势输出，其经 VT_2 放大后使 L_{y2} 通电，于是产生一个超前 90° 的激励磁场，它再吸引转子逆时针旋转。这样线圈依次通电，由于有一个超前 90° 的逆时针旋转磁场吸引着转子，电动机便连续运转起来，其运转顺序如下：N 对 H_1→VT_4 导通→ L_{x2} 通电，S 对 H_2→VT_2 导通→L_{y2} 通电，S 对 H_1→VT_3 导通→L_{x1} 通电，N 对 H_2→VT_1 导通 →L_{y1} 通电。霍尔式直流无刷电动机在实际使用时，一般需要采用深度负反馈的形式来达到电动机稳定和调速的目的。

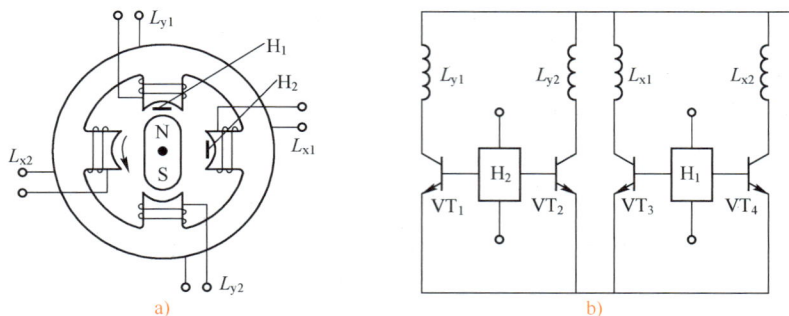

图 7-19　霍尔式无刷直流电动机基本原理

7.6　知识梳理

　　霍尔元件的基本结构是在一个半导体薄片上安装了两对电极：一个为对称控制电极，输入控制电流 I_C；另一个为对称输出极，输出霍尔电势。

　　霍尔元件测量的关键是霍尔效应。霍尔电势 U_H 与磁感应强度 B、控制电流之间存在关系 $U_H = K_H IB$。K_H 称为霍尔元件的乘积灵敏度，它反映了霍尔元件的磁电转换能力。

　　在实际使用中，霍尔电势会受到温度变化的影响，一般用霍尔电势温度系数 α 来表征。为了减小温度的影响，需要对基本测量电路进行温度补偿的改进，常用的有以下方法：采用恒流源提供控制电流；选择合理的负载电阻进行补偿；利用霍尔元件回路的串联或并联电阻进行补偿；也可以在输入回路或输出回路中加入热敏电阻进行温度误差的补偿。

　　由于霍尔元件在制造工艺方面的原因，当通入额定直流控制电流 I_C 而外磁场 $B=0$ 时，霍尔电势输出并不为零，而会存在一个不等位电势 U_M，从而对测量造成误差。为解决这一问题，可采用具有温度补偿的桥式补偿电路。该电路本身也接成桥式电路，且其中一个桥臂采用热敏电阻，可以在霍尔元件的整个工作温度范围内对 U_M 进行良好的补偿。

7.7　习题

　　1. 什么是霍尔效应?

2. 霍尔元件存在不等位电势的主要原因有哪些？如何对其进行补偿？补偿的原理是什么？

3. 为什么要对霍尔元件进行温度补偿？主要有哪些补偿方法？补偿的原理是什么？

4. 为测量某霍尔元件的乘积灵敏度 K_H，构成如图 7-20 所示的实验电路。现施加 $B = 0.1T$ 的外磁场，方向如图 7-20 所示。调节 R 使 $I_C = 60mA$，测量输出电压 $U_H = 30mV$（设表头内阻为无穷大）。试求霍尔元件的乘积灵敏度，并判断其所用材料的类型。

5. 图 7-21 所示为一个霍尔式转速测量仪的结构原理图。调制盘上固定有 $P = 200$ 对永久磁极，N、S 极交替放置，调制盘与被测转轴刚性连接。在非常接近调制盘面的某位置固定一个霍尔元件，调制盘上每当有一对磁极从霍尔元件下面转过，霍尔元件就会产生一个脉冲，并将其发送到频率计。假定在 $t = 5min$ 的采样时间内，频率计共接收到 $N = 3 \times 10^5$ 个脉冲，求被测转轴的转速 n（单位：r/min）。

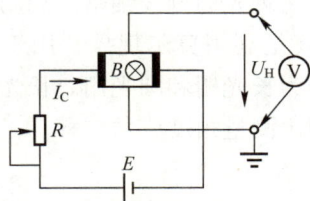

图 7-20　测量霍尔元件乘积灵敏度的实验电路

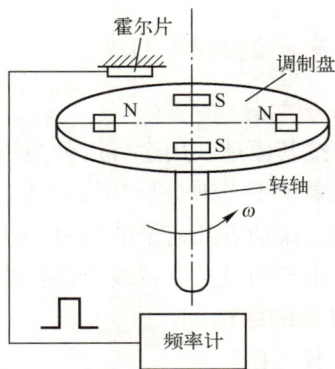

图 7-21　霍尔式转速测量仪的结构原理图

6. 图 7-22 所示为一个交/直流钳形数字电流表的结构原理图。环形磁集束器的作用是将载流导线中被测电流产生的磁场集中到霍尔元件上，以提高灵敏度。设霍尔元件的乘积灵敏度为 K_H，通入的控制电流为 I_C，作用于霍尔元件的磁感应强度 B 与被测电流 I_x 呈正比，比例系数为 K_B，现通过测量电路求得霍尔输出电势为 U_H，求被测电流 I_x 以及霍尔电势的电流灵敏度。

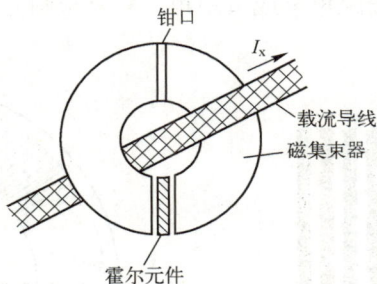

图 7-22　交/直流钳形数字电流表结构原理图

第8章 光栅传感器

光栅传感器是根据莫尔条纹原理制成的脉冲输出数字式传感器。光栅传感器应用在程序控制、数控机床和三坐标测量机构中，可测量静、动态的直线位移和整圆角位移。在机械振动测量、变形测量等领域也有应用。

8.1 光栅

8.1.1 光栅的结构

1. 光栅的分类

光栅按其原理和用途可以分为物理光栅和计量光栅。物理光栅刻线细密，利用光的衍射现象，主要用于光谱分析和波长等的测量。计量光栅主要是利用莫尔现象，用于长度、角度、速度、振动等几何量的测量。计量光栅按用途可以分为长光栅和圆光栅。长光栅又称为光栅尺，用于测量长度或线位移。圆光栅又称为盘栅，用于测量角度或角位移。

2. 光栅的结构

（1）长光栅

所谓光栅，是在刻线基面上等距离（或不等间距）地密集刻画，使刻画处不透光，未刻线处透光，形成透光与不透光相间排列的光电器件。长光栅的结构如图 8-1 所示。光栅上的刻线称为栅线。栅线的宽度为 a，缝隙宽度为 b，一般取 $a=b$，而 $w=a+b$ 称为栅距（也称为光栅常数或光栅节距），是光栅的重要参数，栅线密度用每毫米长度内的栅线数表示，如 100 线/mm、250 线/mm 等。

（2）圆光栅

圆光栅的结构如图 8-2 所示。栅线的宽度为 a，缝隙宽度为 b，一般取 $a=b$，而 $w=a+b$ 称为栅距，还有一个参数是栅距角 γ 或节距角，它是指圆光栅上相邻两条栅线的夹角。

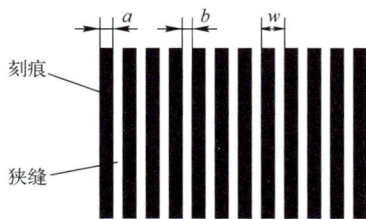

图 8-1 长光栅的结构

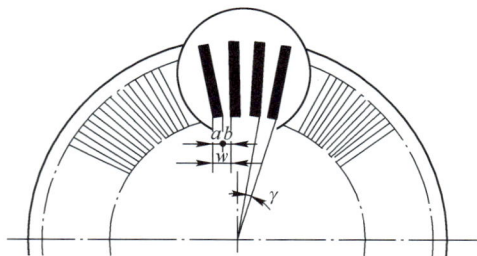

图 8-2 圆光栅的结构

圆光栅有三种形式。①径向光栅，其栅线的延长线通过圆心；②切向光栅，其栅线的延长线与光栅盘的一个小同心圆相切；③环形光栅，其栅线由一簇等间距同心圆组成。圆光栅通常在圆盘上刻有 1080～64800 条线。三种形式的圆光栅栅线如图 8-3 所示。

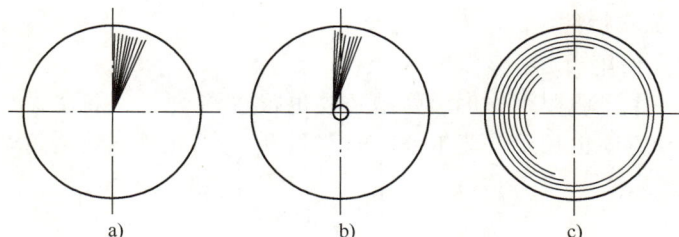

图 8-3　圆光栅栅线
a) 径向光栅　b) 切向光栅　c) 环形光栅

8.1.2　莫尔条纹

1. 莫尔条纹的形成

光栅常数相同的两块光栅（分别是主光栅和指示光栅）相互叠合在一起时，中间留有很小的间隙，并使两者的栅线之间形成一个很小的夹角 θ，如图 8-4 所示。这样就可以看到在近于垂直栅线方向上出现明暗相间的条纹，这些条纹叫莫尔条纹。由图 8-4 可见，在 d 线上，两块光栅的栅线重合，透光面积最大，形成条纹的亮带，它是由一系列四边形图案构成的；在 f 线上，两块光栅的栅线错开，形成条纹的暗带，它是由一些黑色叉线图案组成的。因此，莫尔条纹的形成是由两块光栅的遮光和透光效应形成的。

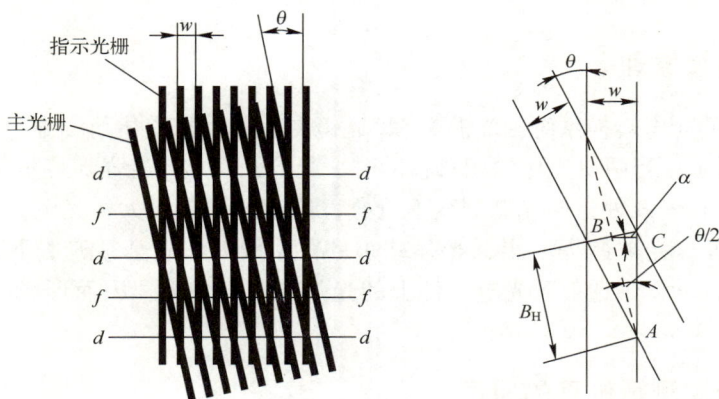

图 8-4　光栅和横向莫尔条纹

横向莫尔条纹的斜率为

$$\tan\alpha = \tan\frac{\theta}{2}$$

莫尔条纹间距为

$$B_H = AB = \frac{BC}{\sin\frac{\theta}{2}} = \frac{w}{2\sin\frac{\theta}{2}} \approx \frac{w/2}{\theta/2} = \frac{w}{\theta}$$

莫尔条纹的宽度 B_H 由光栅常数与光栅夹角决定。

2. 莫尔条纹的基本特性

（1）位移的放大作用

当光栅每移动一个光栅栅距 w 时，莫尔条纹也跟着移动一个条纹宽度 B_H，如果光栅做反向移动，条纹移动方向也相反。莫尔条纹的间距 B_H 与两光栅线纹夹角 θ 之间的关系为

$$B_H = \frac{w}{\theta}$$

可以看出，θ 越小，B_H 越大，这相当于把栅距 w 放大了 $1/\theta$ 倍。例如 $\theta = 0.1°$，则 $1/\theta \approx 573$，即莫尔条纹宽度 B_H 是栅距 w 的 573 倍，这相当于把栅距放大了 573 倍，说明光栅具有位移放大作用，从而提高了测量的灵敏度。

（2）莫尔条纹移动方向

如主光栅沿着刻线垂直方向向右移动时，莫尔条纹将沿着指示光栅的栅线向上移动；反之，当主光栅向左移动时，莫尔条纹沿着指示光栅的栅线向下移动。因此，根据莫尔条纹移动方向就可以对主光栅的运动进行辨向。

（3）误差的平均效应

莫尔条纹由光栅的大量刻线形成，对刻线的刻画误差有平均抵消作用，能在很大程度上消除短周期误差的影响。

8.2   光栅传感器的工作原理

8.2.1   光电转换原理

光栅传感器的光电转换系统由光源 1、聚光镜 2、主光栅 3、指示光栅 4 和光电元件 5 组成，如图 8-5a 所示。当两块光栅做相对移动时，光电元件上的光强随莫尔条纹移动而变化，如图 8-5b 所示。在 a 线处，两光栅刻线不重叠，透过的光强最大，光电元件输出的电信号也最大；在 c 线处，光被遮去一半，光强减小；在 b 线处，光全被遮去而成全黑，光强为零。若光栅继续移动，则透射到光电元件上的光强又逐渐增大，因而形成图 8-5c 所示的输出波形。

8.2.2   莫尔条纹测量位移的原理

当光电元件 5 接收到明暗相间的正弦信号时，根据光电转换原理将光信号转换为电信号。当主光栅移动一个栅距 w 时，电信号变化一个周期。这样光信号的输出电压 U 可以用光栅位移 x 的正弦函数来表示，光电元件输出的波形为

$$U = U_0 + U_m \sin\frac{2\pi x}{w}$$

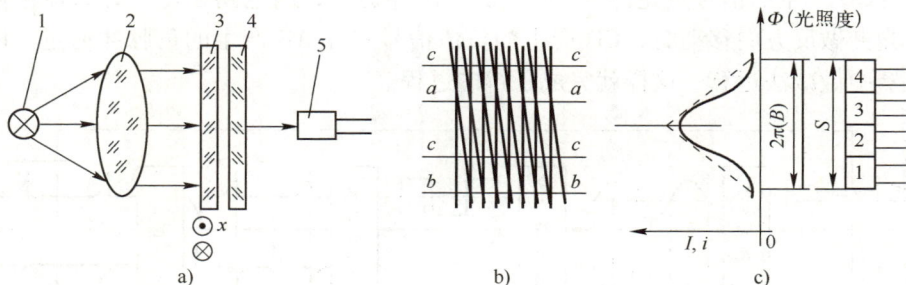

图 8-5　光电转换原理

a) 组成　b) 莫尔条纹　c) 光强分布

B—条纹间距　S—细分数（计数）

由上式可知，利用光栅可以测量位移量 x 的值。

输出电压信号的斜率为

$$\frac{\mathrm{d}U}{\mathrm{d}x} = \frac{2\pi U_{\mathrm{m}}}{w}\cos\frac{2\pi x}{w}$$

由上式可见，当 $2\pi x/w = (2n-1)\pi/2$，即 $x = w/4$，$3w/4$，$5w/4$，…时，斜率最大，灵敏度最高，故其输出信号灵敏度 K_{u} 为

$$K_{\mathrm{u}} = \frac{2\pi U_{\mathrm{m}}}{w}$$

8.2.3　辨向原理

位移测量传感器如果不能辨向，则只能作为增量式传感器使用。其辨向原理如图 8-6 所示。为辨别主光栅的移动方向，需要有两个具有相位差的莫尔条纹信号同时输入来辨别方向，且这两个莫尔条纹信号相差 90° 相位。实现的方法是在相隔 $B/4$ 条纹间隔的位置上安装两个光电元件，当莫尔条纹移动时两个狭缝的亮度变化规律完全一样，相位相差 90°，滞后还是超前完全取决于光栅运动的方向。这种区别运动方向称为位置细分辨向原理。

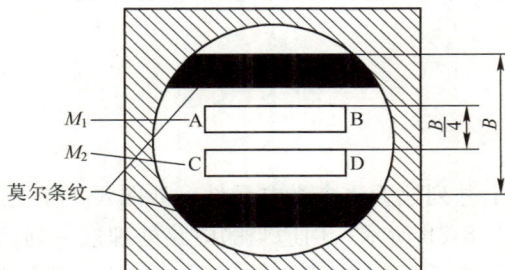

图 8-6　辨向原理

图 8-7 所示为辨向原理电路框图。AB 与 CD 两个狭缝在结构上相差 90°，所以它们在光电元件上取得的信号相位必然相差 90°。AB 产生主信号，CD 产生门控信号。当主光栅做正

向运动时，CD 产生的信号只允许 AB 产生的正脉冲通过，门电路在可逆计数器中做加法运算；当主光栅做反方向移动时，CD 产生的负值信号只让 AB 产生的负脉冲通过，门电路在可逆计数器中做减法运算。这样就完成了辨向过程。

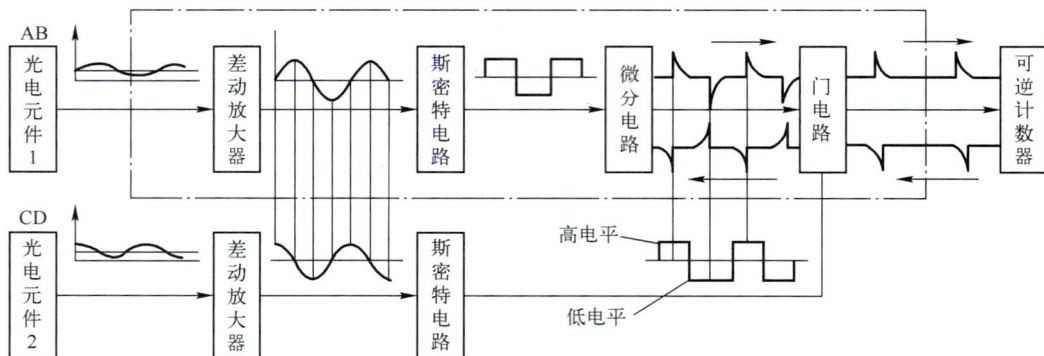

图 8-7　辨向原理电路框图

8.3　莫尔条纹细分技术

8.3.1　细分方法

根据光栅测量原理可知，以移过的莫尔条纹的数量来确定位移量，其分辨率为光栅栅距。为了提高分辨率和测量比栅距更小的位移量，可采用细分技术。所谓细分，就是在莫尔条纹信号变化一个周期内，发出若干个脉冲，以减小脉冲当量，如一个周期内发出 n 个脉冲，即可使测量精度提高到 n 倍，而每个脉冲相当于原来栅距的 $1/n$。由于细分后计数脉冲频率提高到了 n 倍，因此也称为 n 倍频。目前使用的细分方法有以下几种：

① 增加光栅的刻线度。

② 对电信号进行电子插值，把一个周期变化的莫尔条纹信号再细分，即增大一个周期的脉冲数，这种方法称为倍频法。它又可分为直接细分、电桥细分、示波管细分和锁相细分等。

③ 机械和光学细分。

8.3.2　光电元件直接细分

在一个莫尔条纹宽度上并列放置 4 个光电元件，如图 8-8a 所示，得到相位分别相差 90° 的 4 个正弦周期信号，如图 8-8b 所示。用适当的电路处理这一列信号，由图 8-9a 可知，AB 和 CD 两光电元件输出的 U_1 和 U_2 经方波发生器后变成方波，并相差 90°。在 1、3 点的方波经倒相一次，便得到 2、4 点的两个方波的倒相电压。将它们分别细分后获得 5、6、7、8 四点的正脉冲，同时送到与非门得到 9 点的 12 个输出脉冲，该脉冲为原来任意一路的四倍，实现了四倍频细分，如图 8-9b 所示。

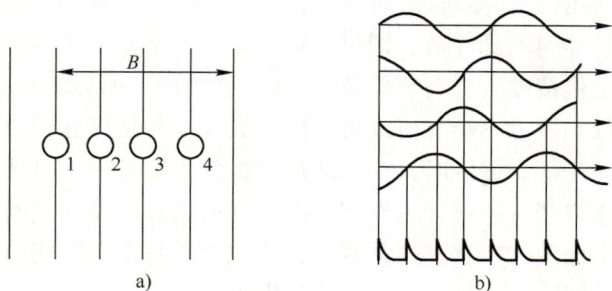

图 8-8　四路电信号波形示意图

a）并列放置 4 个光电元件　b）4 个正弦周期信号

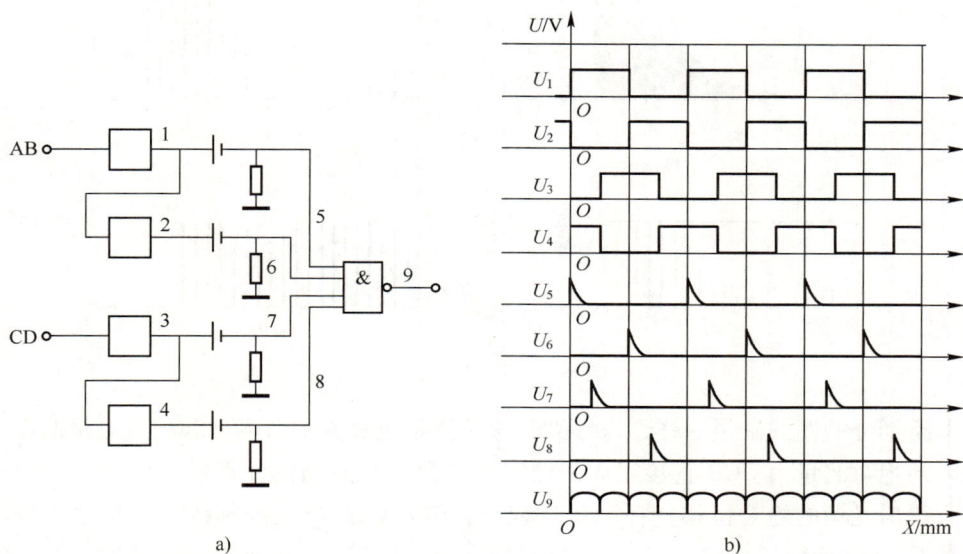

图 8-9　四倍频细分

a）电路　b）波形

8.3.3　CCD 直接细分

1. 细分原理

CCD 直接细分的原理是利用线阵 CCD（电荷耦合器件）上数千个等间距的像素构成的"感光尺"对整栅距的位移信号，即对周期性的交点移动信号进行细分，使测量信号能够反映一个栅距内的精确位移。细分的具体方法是在均匀背景光照下，光栅刻线在 CCD 像素位置上形成明暗相间的像，如图 8-10a 所示。CCD 在扫描驱动脉冲的控制下对一维视场进行扫描，输出一个周期性的脉冲序列。周期内的脉冲数等于像素数，脉冲幅值反映了像点的亮度，从脉冲序列中可以明显地辨认出交点的位置（暗点），如图 8-10b 所示。对脉冲进行限幅比较，并配以简单的逻辑电路即可筛选出从扫描原点到第一个交点之间的脉冲，如图 8-10c 所示。当刻线与 CCD 像场的交点移动时，亮点临界脉冲的位置也会相应地改变。用计数器记下从扫描原点到临界脉冲间的脉冲数，即可确定光栅在一个栅距间的位移。在没有软件细分的情况下，离散信号定位精度不会高于 CCD 的物理分辨率，所以，以扫描脉冲作为计数脉冲已经足够，提高计数频率也不会有所改善。将计数脉冲与扫描脉冲合二为一可大大简化后续电路。当光栅位移大于一个栅距时，交点的位置将发生突变，此时从扫描原点到临界脉冲之间的脉冲数也会发生突变。通过计算机记录下突变的次数以及变化的正负方向再经过累加计算即可获得大于一个栅距的位移。这种累计方法记录了每个栅距间的绝对距离，所以可以排除因光栅刻线粗细、间距不均匀而造成的测量误差。

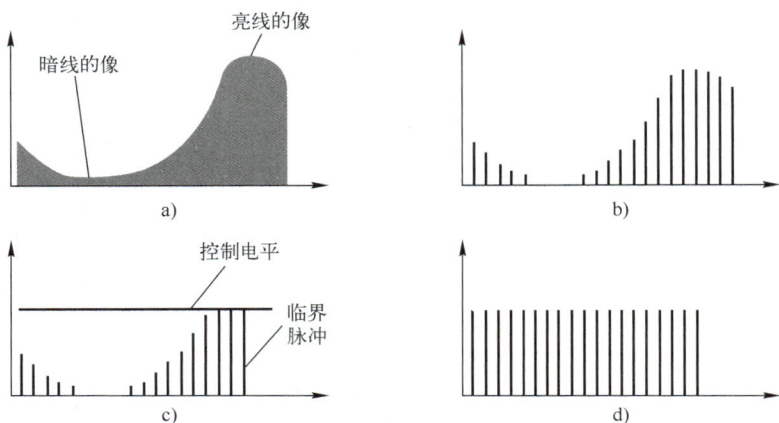

图 8-10　CCD 直接细分

与电路细分的栅式测量一样，直接细分法的测量也分为绝对测量和相对测量两部分。一个栅距内的绝对测量由 CCD 直接完成，栅线的计数和辨向则由计算机软件完成。两部分数据整合后得出光栅的绝对位移。在测量过程中，CCD 保持与光栅刻线的夹角 θ 不变，驱动电路驱动 CCD 进行循环采样，经过临界比较筛选后的脉冲不断地刷新计数器。以上的测量周期由硬件自动完成，以保证系统的动态响应速度。测量软件通过查询方式对计数器读数，获取位移信息并对数据进行拼接，从而得到最终测量结果。

2. 细分精度

这种细分方法的分辨率取决于两交点像之间所包含的像素数，其精度取决于像素的尺寸精度以及各像素光电特性的一致性。由于 CCD 是采取蚀刻方法制作的集成电路，各像素尺寸和光电特性都较均一，所以采用 CCD 直接细分法时，其精度可以做到与其分辨率在同一个数量级。如果采用软件拟合方法，则精度还可以进一步提高。

由于线阵 CCD 与标尺刻线也有一个 θ 角，投影在 CCD 视场中的交点数就等于以前的莫尔条纹数，因此改变 θ 的大小就可以改变视场中交点的个数，从而改变直接细分的分辨率。CCD 直接细分光栅的分辨率 δ 由下式决定，即

$$\delta = \frac{L\sin\theta}{P} = \frac{qw}{P}$$

式中，P 为像素的个数；q 为交点的个数。

计量光栅的栅距为 $w = 0.01\text{mm}$，线阵 CCD 像素可以做到 $P = 5000$ 个。设在视场中有两个交点的像，此时 $q = 2$，由上式可知分辨率 δ 可达到 4nm。当采用 CCD 光栅栅距直接细分法时，CCD 输出的图像信号经处理后为一系列代表光栅栅线相对位置的周期性脉冲序列，如图 8-10d 所示。设每一个周期内的脉冲数为 n，则位移 x 与输出信号 n 的关系为

$$x = NN'M'S = nS$$

式中，N 为光栅刻线数；M 为细分电路将条纹细分份数；N' 为光栅相邻两刻线间对应的线阵 CCD 像素数；M' 为对信号进行的插值细分数；n 为一个周期内的脉冲数；S 为位移脉冲当量。

8.3.4　光栅传感器的误差

单件光栅的误差是由刻画工艺和刻画设备决定的。计量光栅大多数在构成莫尔条纹的情况下使用。莫尔条纹的平均误差作用使局部刻画误差的影响大大减小。

设光电接收元件所覆盖的光栅刻线总数为 N，单个栅距误差为 δ，则利用相关公式粗略地描述平均误差与单个栅距误差之间的关系。因为常用栅距 w 为 $0.01 \sim 0.05\text{mm}$，若取光电元件尺寸为 10mm，则

$$N = \frac{10\text{mm}}{w} = 200 \sim 1000$$

平均误差 Δ 为

$$\Delta = \pm \frac{\delta}{\sqrt{N}} = \pm \left(\frac{1}{14} \sim \frac{1}{32} \right) \delta$$

所以，其平均误差 Δ 很小。实际上莫尔条纹变化一周，只移动一个栅距，也就是 200 ～ 1000 条刻线的长度，因此单个栅距误差的影响实际上比上式的还小。

长光栅栅距误差的一般水平为微米（μm）数量级，圆光栅为秒（″）数量级。

8.4　常用光学系统

8.4.1　透射直读式光路

将图 8-5 中光电元件 5 采用四极硅光电池作为转换元件，就构成四细分直读式分光系统。把形成的横向莫尔条纹宽度 B 调整到等于四极硅光电池的宽度 S 如图 8-5c，这样莫尔条纹变化一个条纹宽度 B，四极硅光电池依次输出四路相位相差 90°的电信号，如图 8-11 所示波形，四路电信号相当于对莫尔条纹进行四细分。这种光路的结构简单，位置紧凑，调整使用方便，目前广泛应用于粗栅距的黑白透射光栅传感器中。

8.4.2　反射直读式光路

反射直读式光路如图 8-12 所示。光源 1 经聚光镜 2 变成平行光束，并以一定角度通过

场镜 3 射向指示光栅 4，莫尔条纹是金属制成的标尺光栅 5 反射回来的光线与指示光栅 4 相互作用形成的，由光电元件 6 接收莫尔条纹并将其转换成电信号。这种光路常用于黑白反射光栅传感器中。

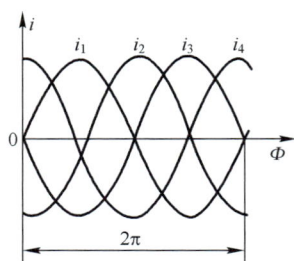

图 8-11　四路电信号波形

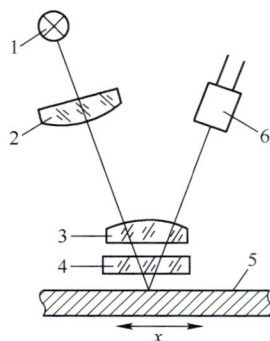

图 8-12　反射直读式光路

1—光源　2—聚光镜　3—场镜　4—光栅

5—标尺光栅　6—光电元件

8.4.3　反射积分式光路

反射积分式光路如图 8-13 所示。图中，只用一只闪耀光栅 4 作为主光栅，没有指示光栅。光源 1 发出的光经准直透镜 2 变成平行光束垂直入射到具有等腰三角形栅线的闪耀光栅 4 上 A、B 两点的线槽面。此时最大强度的衍射光将沿原路反射回分光镜 3。在分光面处相遇产生干涉现象，其干涉条纹经透镜 5 由光电元件 6 接收并转换成电信号。这种光学系统具有光学四细分的作用，分辨力较高。例如，栅线密度为 600 线/mm 时，干涉条纹变化一个周期就相当于光栅移动量为 $\Delta w = 1/4 \times 1/600\,\mathrm{mm} = 0.42\,\mu\mathrm{m}$。

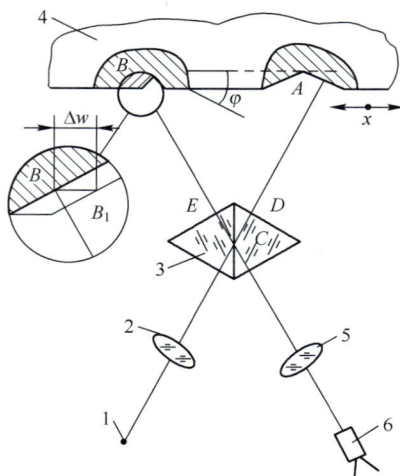

图 8-13　反射积分式光路

1—光源　2—准直透镜　3—分光镜　4—闪耀光栅

5—透镜　6—光电元件

8.5　知识梳理

光栅式传感器是根据莫尔条纹原理制成的脉冲输出数字式传感器。光栅常数相同的两块光栅相互叠合在一起时，中间留有很小的间隙，并使两者的栅线之间形成一个很小的夹角 θ。这样就可以看到在近于垂直栅线方向上出现明暗相间的条纹，这些条纹叫莫尔条纹。莫尔条纹的基本特性是有位移的放大作用、莫尔条纹移动方向及误差的平均效应。

所谓细分，就是在莫尔条纹信号变化一个周期内，发出若干个脉冲，以减小脉冲当量，如一个周期内发出 n 个脉冲，即可使测量精度提高到 n 倍，而每个脉冲相当于原来栅距的 $1/n$。由于细分后计数脉冲频率提高到了 n 倍，因此也称为 n 倍频。细分方法有增加光栅的刻线度、倍频法、机械和光学细分。

8.6　习题

1. 透射式光栅传感器的莫尔条纹是怎样产生的？条纹间距、栅距和夹角的关系是什么？
2. 一个 200 线/mm 的透射式光栅的莫尔条纹放大倍数是多少？
3. 怎样理解光栅的误差平均特性？
4. 如何判别光栅传感器的运动方向？
5. 如何提高光电式编码器的分辨率？

第9章　智能与其他传感器

9.1　气体传感器

气体传感器是一种能把气体中的特定成分检测出来，并将它转换为电信号的器件，以便提供有关待测气体的成分或浓度大小的信息。

9.1.1　概述

气体传感器主要检测对象及其应用场所见表9-1。

表9-1　气体传感器主要检测对象及其应用场所

分　类	检测对象气体	应用场所
易燃易爆气体	液化石油气、焦炉煤气（发生炉煤气、天然气）	家庭用
	甲烷	煤矿
	可燃性煤气	办事处
有毒气体	一氧化碳（不完全燃烧的煤气）	煤气灶
	硫化氢、含硫的有机化合物	特殊场所
	卤素、卤化物、氨气等	办事处
环境气体	氧气（防止缺氧）	家庭、办公室
	二氧化碳（防止缺氧）	家庭、办公室
	水蒸气（调节湿度、防止结露）	电子设备、汽车、地下工程
	大气污染性气体（SO_x、NO_x、Cl_2等）	温室、工业区
工业气体	燃烧过程气体控制，调节燃/空比	内燃机、锅炉
	一氧化碳（防止不完全燃烧）	内燃机、冶炼厂
	水蒸气（食品加工）	电子灶
其他灾害	烟雾、驾驶人呼出的酒精	火灾预报、车祸事故预警

气体传感器的性能必须满足下列条件：

① 能够检测并能及时给出报警、显示与控制信号；

② 对被测气体以外的共存气体或物质不敏感；

③ 性能稳定性、重复性好；

④ 动态特性好、响应迅速；

⑤ 使用、维护方便，价格便宜。

9.1.2 半导体气体传感器

1. 半导体气体传感器及其分类

利用半导体气敏元件同气体接触而造成半导体性质变化，来检测气体的成分或浓度。半导体气体传感器大体可分为电阻式和非电阻式两大类。电阻式半导体气体传感器是用氧化锡、氧化锌等金属氧化物材料制作。非电阻式半导体气体传感器是一种半导体器件。半导体气体传感器的分类见表9-2。

表9-2 半导体气体传感器的分类

类型	主要物理特性	传感器举例	工作温度	代表性气体
电阻式	表面控制型	氧化锡、氧化锌	室温~450℃	可燃性气体
	体控制型	$La_{1-x}Sr_xCoO_3$、FeO、氧化钛、氧化钴、氧化镁、氧化锡	300~450℃ 700℃以上	酒精、可燃性气体、氧气
非电阻式	表面电位	氧化银	室温	乙醇
	二极管整流特性	铂-硫化镉、铂-氧化钛	室温~200℃	氢气、一氧化碳、酒精
	晶体管特性	铂栅MOS场效应管	150℃	氢气、硫化氢

2. 主要特性及其改善

（1）气体选择性及其改善

气体选择性是对不同气体的敏感特性。其改善方法：掺杂（氧化物或添加物）；控制气敏元件的烧结温度；改善气敏元件工作时的加热温度。

（2）气体浓度特性

气体传感器的输出量与被测气体浓度之间的关系是气体传感器的基本特性。

（3）初始稳定、气敏响应和复原特性

任何半导体气敏元件内部均有加热丝，一方面用来烧灼元件表面油垢或污物，另一方面则是用来加速元件对被测气体的吸、脱作用，加热温度一般为200~400℃。图9-1是气敏传感器的外形及其基本测量电路。

1）初始稳定：加热后通过稳定电阻的输出特性曲线如图9-2所示。

2）气敏响应：气敏元件接触被测气体引起电阻值变化。

3）复原性：测试结束后电阻值复原到洁净空气状态的固有电阻值（$R_a = 10^3 \sim 10^5 \Omega$）的时间。

（4）灵敏度的提高与稳定性改善

添加金属或金属氧化物材料使其产生催化

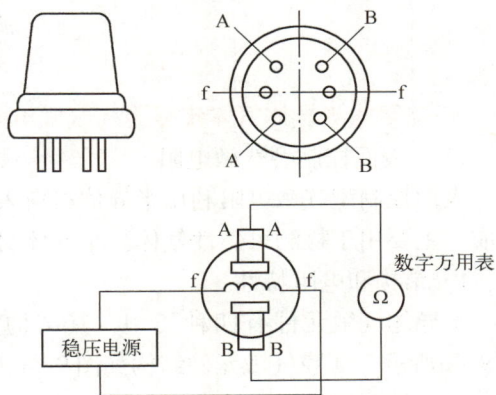

图9-1 气敏传感器的外形及其基本测量电路

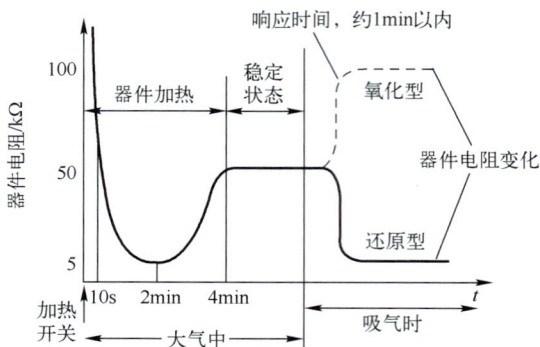

图 9-2　加热后通过稳定电阻的输出特性曲线

作用来提高灵敏度。添加"溶剂"和"缓溶剂"，控制气敏材料的烧制过程，可以改善其稳定性。

（5）温度、湿度的影响及其他问题

环境温、湿度对气敏元件的气敏特性有影响，SnO_2 气敏元件的温、湿度特性如图 9-3 所示。气敏元件的加热丝电压决定元件的工作电流，也会影响元件的气敏特性。

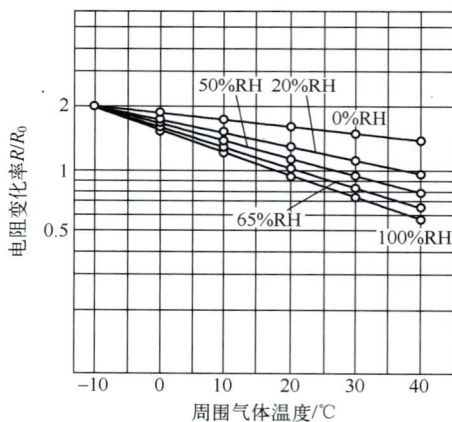

图 9-3　SnO_2 气敏元件的温、湿度特性

3. 电阻式半导体气体传感器（气敏电阻）

（1）表面控制型气敏电阻

表面控制型气敏电阻利用半导体材料表面吸附气体时会引起气敏元件电阻值变化的特性制成，主要用于检测可燃性气体。半导体材料多数采用 SnO_2 和 ZnO 等难还原的氧化物。

1）结构和电阻特性。

半导体气敏元件有四种类型，其结构如图 9-4 所示。多孔质烧结体气敏元件结构如图 9-4a 所示。薄膜气敏元件结构如图 9-4b 所示。厚膜气敏元件结构如图 9-4c 所示。多层结构气敏元件结构如图 9-4d 所示。其电阻特性如图 9-5 所示，即

$$\log R = m\log C + n$$

式中，C 为被测气体浓度；m、n 均为常数，n 与气体检测灵敏度有关，m 为气体浓度灵敏度，对可燃性气体 $m = 1/3 \sim 1/2$。

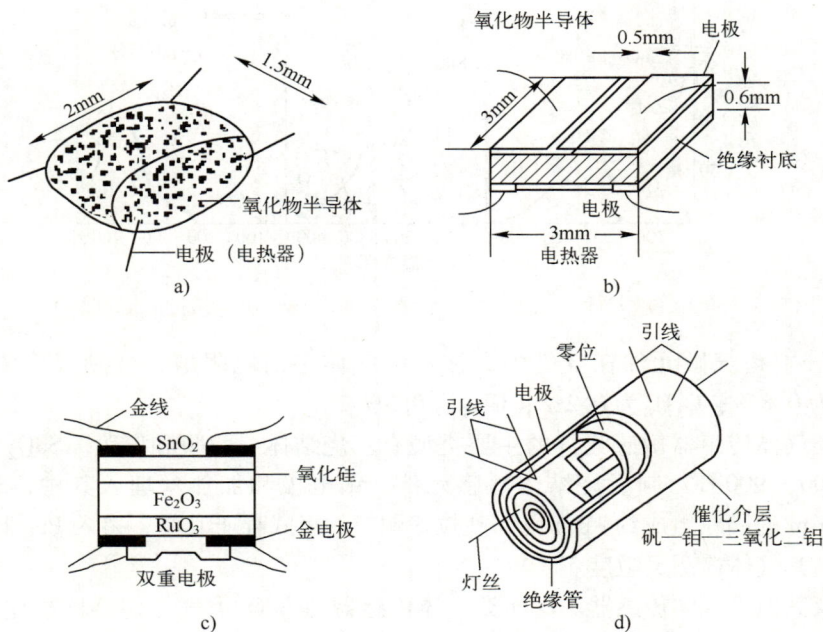

图 9-4　半导体气敏元件结构

a）烧结体气敏元件　b）薄膜气敏元件　c）厚膜气敏元件　d）多层结构气敏元件

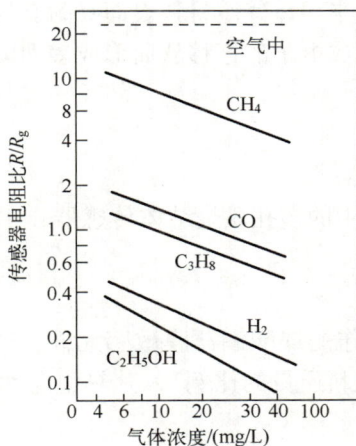

图 9-5　电阻特性

2）传感器类型。

氧化锡类气体传感器中，SnO_2 是典型的 N 型半导体，是最佳气敏材料，检测气体主要有：CH_4、C_3H_8、CO、H_2、C_2H_5OH、H_2S 等可燃性气体和 NO_x、酒精等。SnO_2 气敏元件的气体检测灵敏度与温度的关系如图 9-6 所示。

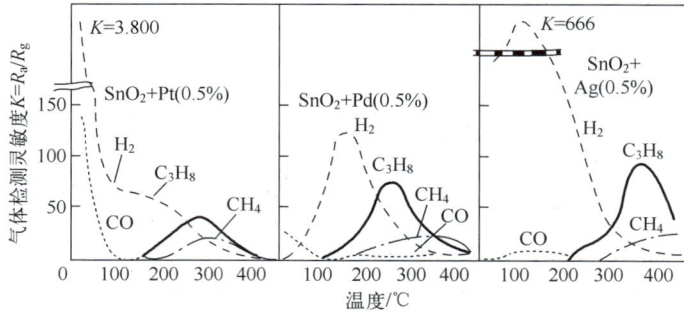

图 9-6 　SnO_2 气敏元件（添加 Pt、Pd、Ag）的气体检测灵敏度与温度的关系

R_a 和 R_g 分别是气敏元件在空气中和被检测气体中的电阻值，被测气体浓度：CO 为 0.02%；H_2 为 0.8%；C_3H_8 为 0.2%；CH_4 为 0.5%。

氧化锡类气体传感器敏感元件的主要类型有：烧结体、薄膜和厚膜。SnO_2 粉末经烧结（烧结温度 700～900℃）制成烧结体敏感元件，铂电极和加热丝埋入其中，SnO_2 以直径 0.001～0.05μm 的晶粒组成约 1μm 以下砂粒状颗粒的形式存在其中，掺入 Pt、Pd、Ag 等添加剂可以提高其气体检测灵敏度。

氧化锌及其他类气体传感器。ZnO 类气体传感器与 SnO_2 类气体传感器相比，工作温度范围高出 100℃。其他金属氧化物，如氧化钨、氧化钒、氧化镉、氧化铟、氧化钛、氧化铬等，也可用作气体传感器的材料。

3）工作原理。

表面控制型气体传感器中的半导体气敏材料表面吸附有气体时，则半导体和吸附的气体之间会有电子的施与受发生，造成电子的迁移从而形成表面电荷层，最终引起元件电阻值的变化。

（2）体控制型气敏电阻

1）三氧化二铁类气体传感器。

以 $\gamma - Fe_2O_3$ 和 $\alpha - Fe_2O_3$ 为主的多孔质烧结体传感器，主要用于检测甲烷（CH_4）和丙烷（C_3H_8）气体。

2）钙钛矿类气体传感器。

在 Al_2O_3 陶瓷基片上成形制作的镍酸镧薄膜敏感元件，适用于燃烧控制用气体传感器，测定空燃比（混合气中空气与燃料质量的比例），其热稳定性好。燃烧控制用镍酸镧气体传感器的特性如图 9-7 所示。

3）燃烧控制用气体传感器。

燃烧控制用气体传感器主要用于测定空燃比。

半导体气体传感器的电阻值随温度变化也较大，高温气体中空燃比的测量要求气体传感器在一定温度范围内或进行一定的温度补偿使其性能稳定。以 P 型半导体氧化钴为主要材料，掺加氧化镁作为稳定剂，制成 $Co_{1-x}Mg_xO(x>0.5)$ 的敏感元件，其特性很好，$Co_{1-x}Mg_xO$ 敏感元件的敏感特性如图9-8所示。

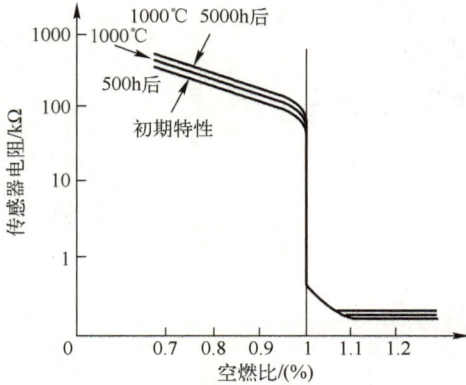

图9-7　燃烧控制用镍酸镧气体传感器的特性

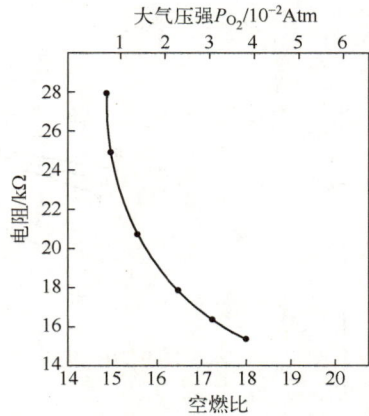

图9-8　$Co_{1-x}Mg_xO$ 敏感元件的敏感特性

4. 非电阻式半导体气体传感器

（1）MOS二极管气体传感器

如果二极管的金属与半导体的界面吸附有气体，而这种气体又对半导体的禁带宽度或金属的功函数有影响的话，则其整流特性会变化。

钯－MOS二极管敏感元件结构如图9-9所示，在P型硅片上热氧化生成 $0.05 \sim 0.1\mu m$ 厚的 SiO_2 层，然后用真空蒸发方法在其上蒸发一层 $0.05 \sim 0.2\mu m$ 厚的钯、铂等金属薄膜作为栅电极，构成MOS二极管结构的敏感元件。

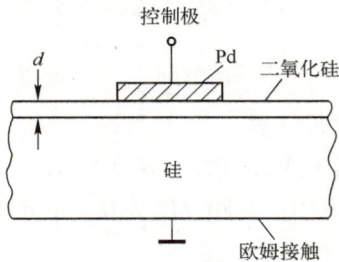

图9-9　钯－MOS二极管敏感元件结构

用于检测 H_2 的钯－氧化钛二极管敏感元件的伏安特性曲线如图9-10所示。其检测机理是因为吸附在钯表面的 O_2 由于 H_2 浓度的增高而解吸，从而使肖特基势垒降低，在一定的正向偏压下，二极管电流增大。20℃时，空气中 H_2 的浓度（ppm）分别为 a：0，b：14，c：140，d：1400，e：7150，f：10000，g：15000。

利用MOS二极管的 $C-U$ 特性检测 H_2。因为无栅偏置时，钯在 H_2 中的功函数比在空气中时低，加栅偏置后，钯吸附 H_2 导致MOS二极管的 $C-U$ 特性曲线向负偏压方向平移，如图9-11所示。利用图9-12所示的敏感元件的光电特性也可检测 H_2。

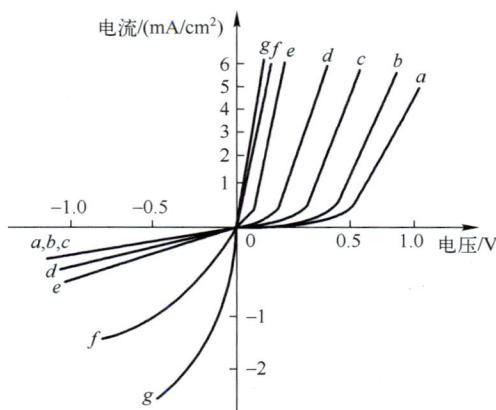

图 9-10　钯－氧化钛二极管敏感元件的伏安特性曲线

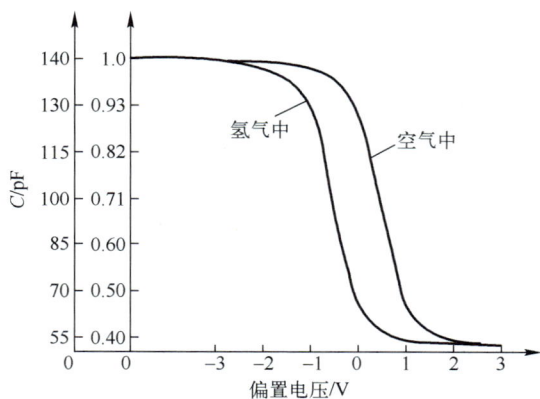

图 9-11　钯－MOS 二极管敏感元件的 $C-U$ 特性曲线

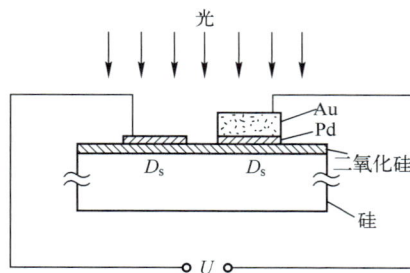

图 9-12　敏感元件光电特性

（2）MOS 场效应晶体管气体传感器

钯—MOS 场效应晶体管敏感元件结构如图 9-13 所示，SiO_2 比普通 MOS 场效应晶体管薄（厚度为 $0.01\,\mu m$），而且金属栅采用钯薄膜厚度为 $0.01\,\mu m$ 的钯—MOS 场效应晶体管。

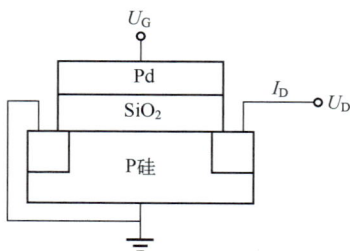

图 9-13　钯－MOS 场效应晶体管敏感元件

MOS 场效应晶体管漏极电流 I_D 由栅极电压控制，将栅极与漏极短路，在源极与漏极之

间加电压，则

$$I_D = \beta(U - U_T)^2$$

式中，U_T是I_D流过时的最小临界电压值；β是常数。由于U_T会随空气中所含H_2浓度的增高而降低，所以可以利用这一特性检测H_2以及容易分解出H_2的气体。其工作温度为$120 \sim 150℃$。

9.1.3 半导体气体传感器的应用

半导体气体传感器具有灵敏度高、响应快、使用寿命长和成本低等特点，广泛应用于有毒有害、易燃易爆气体的检测、控制和报警等。其气体传感器应用实例如下。

1. 气体报警器

图9-14所示是一种简易家用气体报警器电路，采用直热式气敏器件TGS109作为气体传感器。当室内可燃气体增加时，由于气敏元件接触到可燃气体而其阻值降低，使流经测试回路的电流增加，可直接驱动蜂鸣器报警。

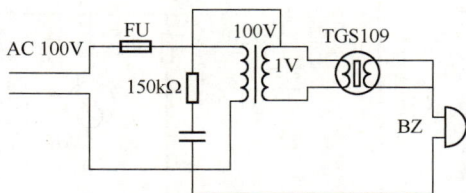

图9-14 简易家用气体报警器电路

2. 煤气报警器

分段报警式城市煤气报警器电路如图9-15所示，电路采用TGS109气敏电阻作为具有温度补偿和防止通电初期误报的"二段式"煤气报警器传感器。

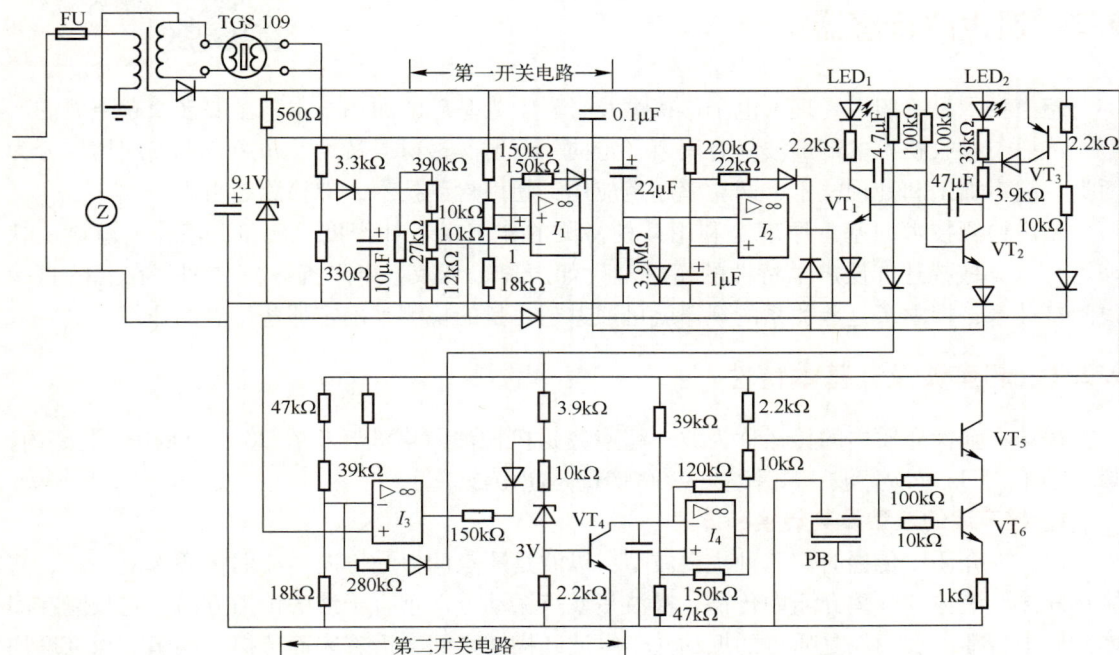

图9-15 分段报警式城市煤气报警器电路图

3. 空气净化换气扇

图9-16是空气净化换气扇电路原理图。当室内空气污浊时，烟雾或其他污染气体会使 SnO_2 气敏器件的阻值下降，晶体管 VT（2SC711）导通，继电器动作接通风扇电源，排放污浊气体，换进新鲜空气。当室内污浊气体浓度下降到希望的数值时，气敏器件阻值上升，VT 截止，继电器断开，风扇电源切断，风扇停止工作。

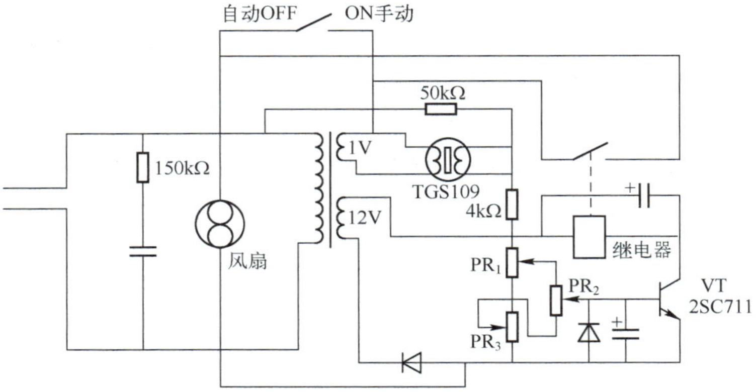

图9-16　空气净化换气扇电路原理图

9.2　超声波传感器

超声技术是一门以物理、电子、机械及材料学为基础的通用技术，主要涉及超声波的产生、传播与接收技术。超声波具有聚束、定向、反射、透射等特性。超声技术的应用可分为两类：超声加工和处理技术，即功率超声应用；超声检测技术，即检测超声。

超声检测技术的基本原理是利用某种待测的非声量（如密度、流量、液位、厚度、缺陷等）与某些描述介质声学特性的超声量（如声速、衰减、声阻抗等）之间存在着的直接或间接关系，探索了这些关系的规律就可通过超声量的检测来确定那些待测的非声量。

9.2.1　超声波及其基本特性

振动在弹性介质内的传播称为波。超声波是机械波。声波频率在 $20 \sim 20000Hz$ 范围内，频率小于20Hz是次声波，频率大于20000Hz是超声波。

1. 超声波的波型及其转换和波速

声波在介质中传播时有三种主要波型：纵波是质点的振动方向与波的传播方向一致，它能在固体、液体和气体介质中传播。横波是质点振动方向垂直于波的传播方向，它只能在固体介质中传播。表面波是质点的振动介于纵波和横波之间，沿着表面传播，振幅随深度增加而迅速衰减；表面波质点振动的轨迹是椭圆形，质点位移的长轴垂直于传播方向，质点位移的短轴平行于传播方向；表面波只能在固体表面传播。

当纵波以某一角度入射到第二介质（固体）的界面上时，除有纵波的反射、折射外，还会有横波的反射和折射，如图 9-17 所示。在一定条件下，还能产生表面波。各种波形都符合波的反射定律和折射定律。超声波的传播速度（声速）的关系式为

$$声速 = \sqrt{弹性率/密度}$$

超声波在气体和液体中没有横波，只能传播纵波。其传播速度为

$$c = \sqrt{K/\rho}$$

式中，K 为介质的体积弹性模量，是体积（绝热过程）压缩性的倒数；ρ 为介质的密度。气体中的声速约为 344m/s，液体中的声速为 $900 \sim 1900$m/s。

超声波在固体介质中，纵波、横波、表面波三者的声速分别为

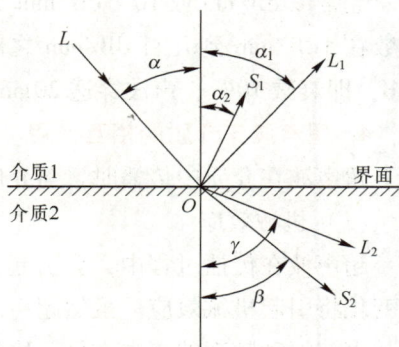

图 9-17　波型转换图

L—入射纵波　L_1—反射纵波　L_2—折射纵波
S_1—反射横波　S_2—折射横波

$$c_{纵} = \sqrt{\frac{E}{\rho} \cdot \frac{1-\mu}{(1+\mu)(1-2\mu)}}$$

$$c_{横} = \sqrt{\frac{E}{\rho} \cdot \frac{1}{2(1+\mu)}} = \sqrt{\frac{G}{\rho}}$$

$$c_{表面} \approx 0.9\sqrt{\frac{G}{\rho}} = 0.9c_{横}$$

式中，E 为固体介质的弹性模量；μ 为固体介质的泊松比；G 为固体介质的剪切弹性模量；ρ 为介质密度。对于固体介质，μ 介于 $0.2 \sim 0.5$ 之间，因此一般认为 $c_{横} \approx c_{纵}/2$。

2. 超声波的反射和折射

当超声波从一种介质传播到另一种介质时，在两介质的分界面上将发生反射和折射，如图 9-18 所示。超声波的反射和折射满足波的反射定律和折射定律，即

$$\alpha' = \alpha$$

$$\frac{\sin\alpha}{\sin\beta} = \frac{c_1}{c_2}$$

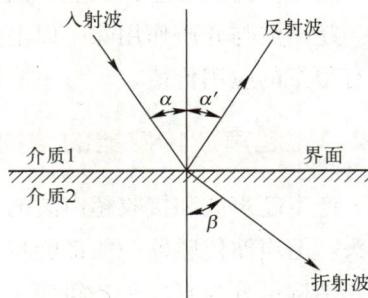

图 9-18　超声波的反射和折射

3. 声波的衰减

超声波在一种介质中传播时，随着距离的增加，能量逐渐衰减。其声压和声强的衰减规律为

$$P = P_0 e^{-\alpha x}$$

$$I = I_0 e^{-2\alpha x}$$

式中，P_0、I_0 分别为声波在距离声源 $x=0$ 处的声压和声强；P、I 分别为声波在距离声源 x 处的声压和声强；α 为衰减系数。

超声波在介质中传播时，能量的衰减决定于声波的扩散、散射和吸收。

经常以 dB/cm 或 10^{-3} dB/mm 为单位来表示衰减系数。在一般探测频率上，材料的衰减系数在 1dB/mm 到几百 dB/mm 之间。若衰减系数为 1dB/mm，声波穿透 1mm 时，则衰减 1dB，即衰减 10%；声波穿透 20mm，则衰减 20dB，即衰减 90%。

4. 超声波与介质的相互作用

超声波在介质中传播时，与介质相互作用会产生以下效应。

（1）机械效应

超声波在传播过程中，会引起介质质点交替地压缩和扩张，构成了压力的变化，这种压力变化将引起机械效应。虽然超声波引起的介质质点运动产生的位移和速度并不大，但是，与超声波振动频率的二次方呈正比的质点加速度却很大，有时超过重力加速度的数万倍。这么大的加速度足以造成对介质的强大机械作用，甚至能达到破坏介质的程度。

（2）空化效应

在流体动力学中，存在于液体中的微气泡（空化核）在声场的作用下振动，当声压达到一定值时，气泡将迅速膨胀，然后突然闭合，在气泡闭合时产生冲击波。这种膨胀、闭合、振动等一系列动力学过程称为声空化（Acoustic cavitation）。这种声空化现象是超声学及其应用的基础。

（3）热效应

如果超声波作用于介质时被介质所吸收，实际上也就是有能量吸收。同时，由于超声波的振动，使介质产生强烈的高频振荡，介质间互相摩擦而发热，这种能量能使固体、流体介质的温度升高。超声波在穿透两种不同介质的分界面时，温度升高值更大，这是由于分界面上特性阻抗不同，将产生反射，形成驻波引起分子间的相互摩擦而发热。

超声波的热效应在工业、医疗上都得到了广泛应用。

超声波与介质作用除了以上几种效应外，还有声流效应、触发效应和弥散效应等，它们都有很好的应用价值。

9.2.2 超声波传感器的结构

产生超声波和接收超声波的装置就是超声波传感器，习惯上称为超声波换能器或超声波探头。超声波传感器一般都能将声信号转换成电信号，属于典型的双向传感器。超声波探头按其结构可分为直探头、斜探头、双探头和液浸探头；若按其工作原理又可分为压电式、磁致伸缩式、电磁式等。实际使用中最常见的是压电式探头。

压电式超声波探头主要由压电晶片（敏感元件）、吸收块（阻尼块）、保护膜组成，其结构如图 9-19 所示。压电晶片多为圆板形，其厚度 d 与超声波频率 f 呈反比，公式为

$$f = \frac{1}{2d} \sqrt{\frac{E_{11}}{\rho}}$$

式中，E_{11} 为晶片沿 X 轴方向的弹性模量；ρ 为晶片的密度。

从上式可知，压电晶片在基频做厚度振动时，晶片厚度 d 相当于晶片振动的半波长，可

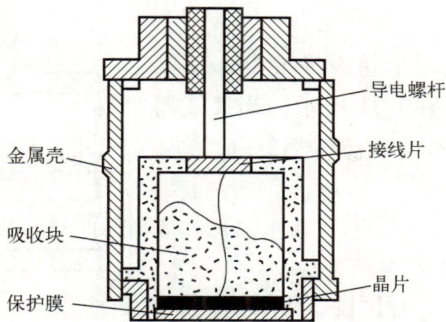

图 9-19　压电式超声波探头结构

以依此规律选择晶片厚度。石英晶体的频率常数（$\sqrt{E_{11}/\rho}/2$）是 2.87MHz·mm，锆钛酸铅陶瓷（PZT）的频率常数是 1.89MHz·mm。说明石英晶片厚 1mm 时，其自然振动频率为 2.87MHz，PZT 片厚 1mm 时，其自然振动频率为 1.89MHz。

压电晶片的两面镀有银层，作为导电极板。阻尼块的作用是降低晶片的机械品质，吸收声能量。如果没有阻尼块，当激励的电脉冲信号停止时，晶片将会继续振荡而加长超声波的脉冲宽度，使分辨率变差。

9.2.3　超声波传感器的应用

超声波传感器广泛应用于工业中超声清洗、超声波焊接、超声波加工（超声钻孔、切削、研磨、抛光，超声波金属拉管、拉丝、轧制等）、超声波处理（搪锡、凝聚、淬火，超声波电镀、净化水质等）、超声波治疗和超声波检测（超声波测厚、检漏，探伤、成像等）等。

1. 超声波测厚

超声波测厚常用脉冲回波法，如图 9-20 所示。如果超声波在工件中的声速 c 已知，设工件厚度为 δ，脉冲波从发射到接收的时间间隔 t 可以测量，因此可求出工件厚度为

$$\delta = ct/2$$

为测量时间间隔 t，可用图 9-20 的方法，将发射脉冲和反射回波脉冲加至示波器垂直偏转板上。标记发生器输出的已知时间间隔的脉冲，并将其加至示波器垂直偏转板上。线性扫描电压加在水平偏转板上。因此，可以从显示屏上直接观测发射和反射回波脉冲，并由波峰间隔及时求出时间间隔 t。

2. 超声流量计

超声波在流体中的传播速度与流体的流动速度有关，据此可以实现流量测量，这种方法也不会造成压力损失，并且适合大管径、非导电性、强腐蚀性的液体或气体的流量测量。超声流量计有以下几种测量方法。

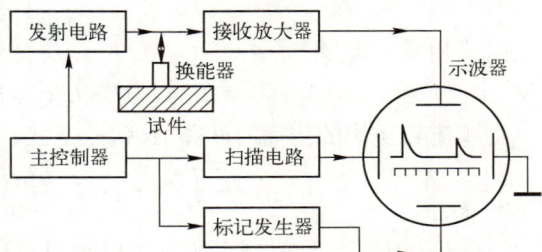

图 9-20　脉冲回波法测厚示意图

（1）时差法

在管道的两侧斜向安装两个超声换能器，使其轴线重合在一条斜线上，如图 9-21 所示，当换能器 A 发射、B 接收时，声波基本上顺流传播，速度快、时间短，可表示为

$$t_1 = \frac{L}{c+v}$$

B 发射而 A 接收时，逆流传播，速度慢、时间长，即

$$t_2 = \frac{L}{c-v}$$

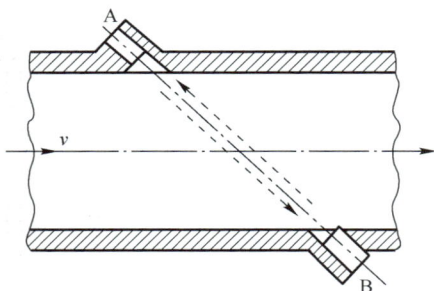

图 9-21　超声流量计结构示意图

式中，L 为两换能器间的传播距离；c 为超声波在静止流体中的速度；v 为被测流体的平均流速。

两种方向传播的时间差 Δt 为

$$\Delta t = t_2 - t_1 = \frac{2Lv}{c^2 - v^2}$$

因 $v \ll c$，故 v^2 可忽略，故得

$$\Delta t = 2Lv/c^2$$

或

$$v = c^2 \Delta t / (2L)$$

当流体中的声速 c 为常数时，流体的流速 v 与 Δt 呈正比，测出时间差即可求出流速 v 进而得到流量。

值得注意的是，一般液体中的声速往往在 1500m/s 左右，而流体流速只有每秒几米，如要求流速测量的精度达到 1%，则对声速测量的精度需为 $10^{-6} \sim 10^{-5}$ 数量级，这是难以做到的。更何况声速受温度的影响不容易忽略，所以直接利用上式不易实现流量的精确测量。

（2）速差法

可将上式改写为

$$c + v = L/t_1$$

同理，可得

$$c - v = L/t_2$$

以上两式相减，得

$$2v = L/t_1 - L/t_2 = L(t_2 - t_1)/(t_1 t_2)$$

将顺流和逆流的传播时间差 Δt 代入上式，得

$$v = \frac{L\Delta t}{2t_1 t_2} = \frac{L\Delta t}{2t_1(t_2 - t_1 + t_2)} = \frac{L\Delta t}{2t_1(\Delta t + t_2)}$$

式中，$L/2$ 为常数，只要测出顺流传播时间 t_1 和时间差 Δt，就能求出 v，进而求得流量，这样就避免了测声速 c 的困难。这种方法还不受温度的影响，容易得到可靠的数据。因为以上

两式相减即双向声速之差，故称此法为速差法。

（3）频差法

超声发射探头和接收探头可以经放大器接成闭环，使接收到的脉冲放大之后去驱动发射探头，这就构成了振荡器，振荡频率取决于从发射到接收的时间，即前述的 t_1 或 t_2。如果 A 发射，B 接收，则频率为

$$f_1 = 1/t_1 = (c + v)/L$$

反之，B 发射，A 接收，其频率为

$$f_2 = 1/t_2 = (c - v)/L$$

以上两频率之差为

$$\Delta f = f_1 - f_2 = 2v/L$$

可见，频差与速度呈正比，式中也不含声速 c，测量结果不受温度影响，这种方法更为简单实用。不过，一般频差 Δf 很小，直接测量不精确，往往采用倍频电路。

因为两个探头是轮流负责发射和接收的，所以要有控制其转换的电路，利用两个方向闭环振荡的倍频进行可逆计数器求差。如果配上 D - A 转换并放大成 0 ~ 10mA 或 4 ~ 20mA 信号，便构成超声流量变送器。

（4）多普勒法

非纯净流体在工业中也很普遍，流体中若含有悬浮颗粒或气泡，适合采用多普勒（Doppler）效应测量流量，其原理如图 9-22 所示。

发射探头 A 和接收探头 B，都安装在与管道轴线夹角为 θ 的两侧，且都迎着流向，当平均流速为 v，声波在静止流体中的速度为 c 时，根据多普勒效应，接收到的超声波频率（靠流体里的悬浮颗粒或气泡反射而来）f_2 将比原发射频率 f_1 略高，其频差 Δf 即多普勒频移，可用下式表示

$$\Delta f = f_2 - f_1 = \frac{2v\cos\theta}{c}f_1$$

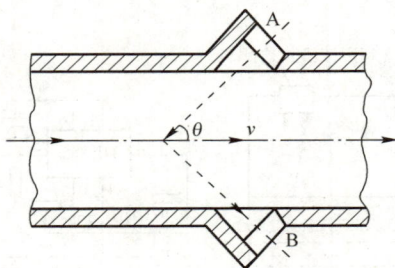

图9-22　超声多普勒流量计原理图

由此可见，在发射频率 f_1 恒定时，频移与流速呈正比。但是，式中又出现了受温度影响比较明显的声速 c，应设法消去。

如果在超声波探头上设置声楔，使超声波先经过声楔再进入流体，声楔材料中的声速为 c_1，流体中的声速为 c，声波由声楔材料进入流体时的入射角为 β，在流体中的折射角为 φ，如图 9-23 所示。则根据折射定律可以写出

$$\frac{c}{\cos\theta} = \frac{c}{\sin\varphi} = \frac{c_1}{\sin\beta} = \frac{c_1}{\cos\alpha}$$

将上述关系代入频差的表达式，得

$$\Delta f = f_2 - f_1 = \frac{2v\cos\alpha}{c_1}f_1$$

由此可得流速 $v = c_1\Delta f/(2\cos\alpha \cdot f_1)$，进而求得流量。

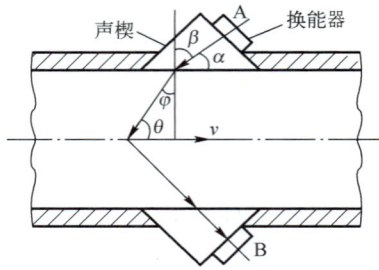

图 9-23　有声楔的超声多普勒流量计原理图

可见，采用声楔之后，流速 v 中不含流体的声速 c，而只有声楔材料中的声速 c_1，声楔为固体材料，其声速 c_1 受温度影响比液体中声速受温度的影响要小一个数量级，因而可以减小温度引起的测量误差。

多普勒法也有将两个探头置于管道同一侧的情况，利用声束扩散锥角的重叠部分形成收发声道。对于煤粉和油的混合流体（COM）及煤粉和水的混合流体（CWM），多普勒法有广阔的应用前景。

3. 超声波液位检测与控制

由于超声波在空气中传播时有一定衰减，根据液面反射回来的信号只与液位位置有关，如图 9-24a 所示。液面位置越高，信号越大；液位越低，则信号就越小。液位检测电路是超声波产生电路，如图 9-24b 所示；超声波接收电路，如图 9-24c 所示。

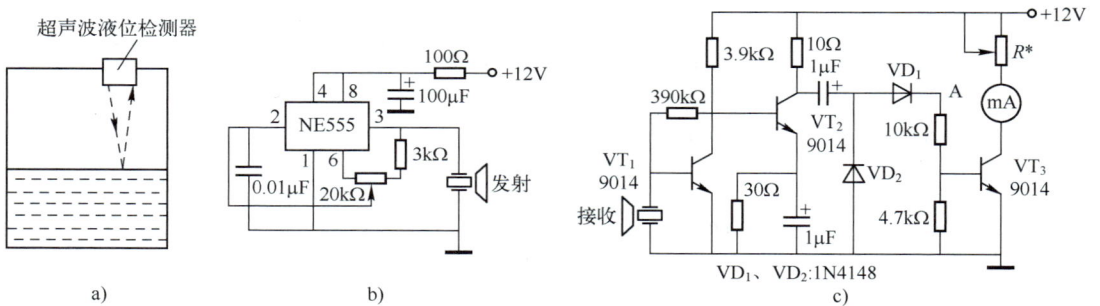

图 9-24　超声波液位检测原理及检测电路图

a）超声波液位检测示意图　b）超声波电路　c）超声波接收电路

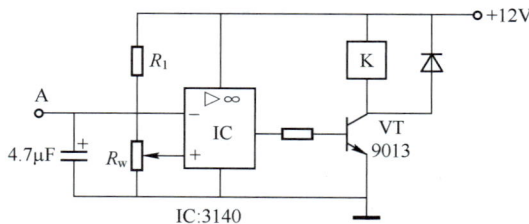

图 9-25　液位控制电路

图 9-25 为液位控制电路。A 点与图 9-24c 的 A 点相连接，将检测液位信号输入比较器同相端。当液位低于设置阈值时（可调 R_w），比较器输出为低电平，VT 不导通；若液位升到规定位置，其信号电压大于设定电压，则比较器翻转，输出为高电平，VT 导通，继电器 K 吸合，实现液位控制。

9.3　智能传感器

9.3.1　概述

1. 智能传感器发展

随着生产过程自动化领域的不断扩展，需要测量和控制的参量日益增加，自动化测控系统对传感器技术的需求更为迫切：增加品种，减小体积和重量，增强功能；数字化，智能化，标准化。自动化系统的功能越全，系统对传感器的依赖程度也越大。现场总线是连接测控系统中各智能装置（包括智能传感器）的双向数字通信网络。其主要特点是：

（1）传输数字信号

用数字信号取代原来的 4～20mA 标准模拟信号，进而提高可靠性和抗干扰能力。这就要求传感器中可输出 4～20mA 标准信号的变送器改为带数字总线接口并能输出数字信号。所有现场传感器，都可以通过数字总线接口方便地挂接在一条环形现场总线上。这样可以大大削减现场与控制室（高/上位计算机）之间一对一的连接导线，节约初期安装费用，大大简化整个系统的布线和设计。这种节约对一个大型、多点测量系统是很有意义的，譬如：一个电站需要 5000 台传感器及其仪表；一个钢铁厂需要 20000 台传感器及其仪表；大型石油化工厂需要 6000 台传感器及其仪表；大型发电机组需要 3000 台传感器及其仪表；一架飞机需要 3600 台传感器；一部汽车需要 30～100 台传感器等。

（2）标准化

总线采用统一标准，使系统具有开放性。不同厂家的产品，在硬件、软件、通信规程、连接方式等方面互相兼容、互换联用，既方便用户使用，又易于安装维护，不少大公司都推出了自己的现场总线标准。国际化的统一标准工作正在有序开展中。

（3）智能化

采用将智能与控制职能分散下放到现场装置的原则，现场总线网络的每一节点安装的现场仪表应是智能型的，即安装的传感器应是智能传感器。在这种控制系统中，智能型现场装置是整个控制管理系统的主体。这种基于现场总线的控制系统，要求必须使用智能传感器，而不是一般传统的传感器。

2. 智能传感器的定义

传感器本身是一个系统，随着科学技术的发展，这个系统的组成与研究内容也在不断更新。人们提出"传感器系统"，是因为当前世界传感技术发展的重要趋势就是传感器系统的发展。所谓传感器系统，简单地讲就是传感器、计算机和通信技术的结合，而智能传感器系统与微传感器系统是其中的两个主要研究方向。前者重点在如何赋予传感器系统以"智能"；后者以实现微小结构为主要目标。目前，关于智能传感器的中、英文称谓尚未完全统一。英国人将智能传感器称为"Intelligent Sensor"；美国人则习惯于把智能传感器称作"Smart Sensor"，直译就是"灵巧的、聪明的传感器"。

所谓智能传感器，就是带微处理器、兼有信息检测和信息处理功能的传感器。电气电子工程师学会（IEEE）在1998年通过了智能传感器的定义，即"除产生一个被测量或被控量的正确表示之外，还同时具有简化换能器的综合信息以用于网络环境的功能的传感器"。

目前，国内大多数采用智能传感器系统（Intelligent sensor system）的说法，简称智能传感器（Intelligent Sensor），是传感器与微处理器赋予智能的结合，兼有信息检测与信息处理的传感器是智能传感器（系统）。模糊传感器也是一种智能传感器（系统），将传感器与微处理器集成在一块芯片上是构成智能传感器（系统）的一种方式。

智能传感器的最大特点就是将传感器检测信息的功能与微处理器的信息处理功能有机地融合在一起。从一定意义上讲，它具有类似于人工智能的作用。需要指出，这里讲的"带微处理器"包含两种情况：

① 将传感器与微处理器集成在一个芯片上构成所谓的"单片智能传感器"。

② 传感器能够配微处理器。

显然，后者的定义范围更宽，但二者均属于智能传感器的范畴。

3. 智能传感器的功能

先看一个智能传感器的例子，图9-26为智能红外线测温仪原理框图。

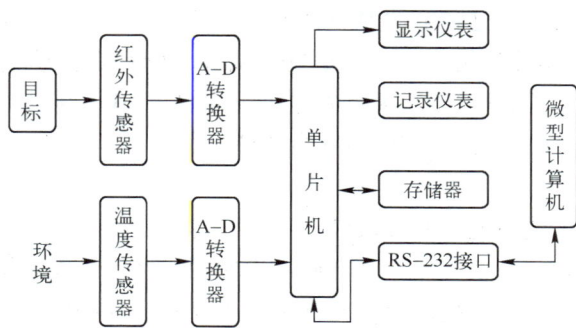

图9-26 智能红外线测温仪原理框图

红外传感器将被检测目标的温度转换为电信号，经A–D变换后输入单片机。温度传感器将环境温度转换为电信号，经A–D变换后输入单片机。单片机中存放有红外传感器的非线性校正数据。红外传感器检测的数据经单片机计算处理，消除非线性误差和环境温度影响后，供记录、显示、存储备用。可见，智能传感器是具备了记忆、分析和思考能力及输出期望值的传感器。其特点如下：

① 能提供更全面、更真实的信息，可以消除异常值、例外值。

② 具有信号处理包括温度补偿、线性化等功能。

③ 随机调整和自适应。

④ 一定程度的存储、识别和自诊断。

⑤ 含有特定算法并可根据需要改变算法。

智能传感器不仅在物理层面上检测信号，而且在逻辑层面上对信号进行分析、处理、存储和通信。相当于具备了人类的记忆、分析、思考和交流的能力，即具备了人类的智能，所以称为智能传感器。

9.3.2 智能传感器的层次结构

人类的智能是基于即时获得的信息和原先掌握的知识。人类的智能实现了多重感信息的融合并且把它与人类积累的知识结合了起来，人类智能的构成如图 9-27 所示。

智能传感器也应该由多重传感器或不同类型传感器从外部目标以分布和并行的方式收集信息；通过信号处理过程把多重传感器的输出或不同类型传感器的输出结合起来或集成在一起，实现传感器信号融合或集成；最后，根据先前拥有的关于被测目标的有关知识，进行更高级的智能信息处理，将信息转换为知识和概念以供使用。理想智能传感器的层次结构应是 3 层：①底层，分布并行传感过程，实现被测信号的收集。②中

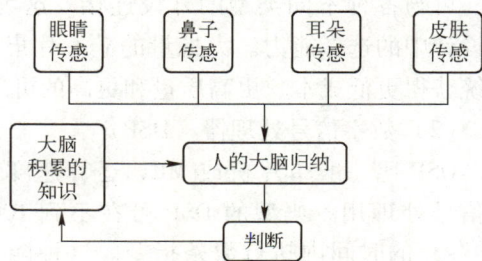

图 9-27 人类智能的构成

间层，将收集到的信号融合或集成，实现信息处理。③顶层，中央集中抽象过程，实现融合或集成后的信息的知识处理。

实现传感器智能化，让传感器具备理想智能传感器的层次结构。就目前发展状况看，有 3 条不同的途径：①利用计算机合成（智能合成）；②利用特殊功能的材料（智能材料）；③利用功能化几何结构（智能结构）。

9.3.3 计算型智能传感器基本结构

计算型智能传感器是由并行的多个基本传感器（也可以是一个）与期望的数字信号处理硬件结合的传感功能组件，如图 9-28 所示。

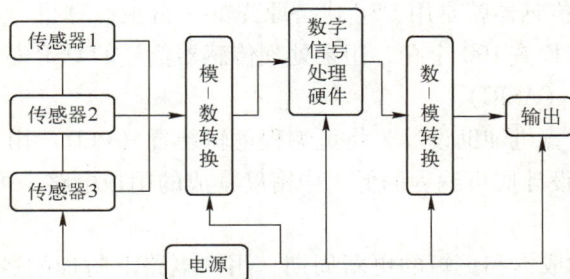

图 9-28 多个基本传感器与数字信号处理硬件结合的框图

期望的数字信号处理硬件安装有专用程序，可以有效改善测量质量，增加准确性，还可以为传感器加入诊断功能和其他形式的智能。

（1）微控制器（MCU）

现今已有硅芯片等多种半导体和计算机技术应用于数字信号处理硬件的开发。典型的数字信号处理硬件有如下几种：

微控制器（MCU）实际上是专用的单片机。其包括微处理器、ROM 和 RAM 存储器、时钟信号发生器和片内输入/输出 I/O 端口等。其结构如图 9-29 所示。

MCU 为智能传感器提供了灵活、快速、省时地实现一体控制的捷径。MCU 编程较容易，逻辑运算能力强，可与各种不同类型的外设连接，这为 MCU 增加了设计中的选择能力。大批量的硅芯片集成生产可使系统获得更低成本、更高质量和更高的可靠性。

·（2）数字信号处理器（DSP）

DSP 比一般单片机或 MCU 运算速度快，可供实时信号处理用。典型的 DSP 可在不到 100ns（1ns = 10^{-9}s）的时间内执行数条指令。这种能力使其可获得最高达 20MIPS（百万条指令每秒）的运行速度，通常是 MCU 的 10～20 倍。例如 DSP56L811 有如下性能：

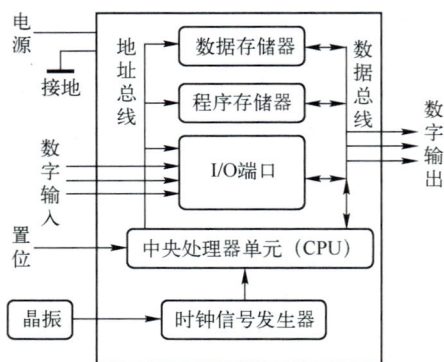

图 9-29　微控制器 MCU 结构框图

① 可在 2.7～3.6V 电压范围内工作，在 40MHz 时钟频率下，最高运行速度达 20MIPS；

② 单循环、多重累加位移计算方式；

③ 16 位指令和 16 位数据字长；

④ 两个 36 位累加器；

⑤ 三个串行 I/O 端口；

⑥ 16 位并行 I/O 端口，两个外部中断；

⑦ 40MHz 时钟频率下，功率损耗为 120mW。

汽车的接近障碍探测系统和减噪系统就使用了 DSP 与传感器的结合；检查电动机框架上螺栓孔倾斜度的智能传感器就是用 DSP 代替原先的一台主计算机，速度由原来的 1min 检查一个孔，提高到 1min 检查 100 个孔，用来处理传感器信号的 DSP 芯片只有一张名片大小。

（3）专用集成电路（ASIC）

ASIC 技术是利用计算机辅助设计，将可编程逻辑装置（PLD）用于小于 5000 只逻辑门的低密度集成电路上，设计成可编程的低、中密度集成的用户电路，可作为数字信号处理硬件使用。

ASIC 具有相对低的成本和更短的更新周期。用户电路上附加的逻辑功能可以实现某些特殊传感要求的寻址。

混合信号的 ASIC 则可同时用于模拟信号与数字信号处理。

（4）场编程逻辑门阵列（FPGA）

场编程逻辑门阵列（FPGA）是将用于中密度（小于 100000 只逻辑门）高端电路的标准单元，设计成可编程的高密度集成的用户电路，可作为数字信号处理硬件使用。

FPGA 和用于模拟量处理的同系列装置场编程模拟阵列（FPAA），作为传感器接口具有特殊的吸引力。它们具有很强的计算能力，能减小开发周期，在投入使用后还可以重新设计信号处理程序，以调整传感功能。

（5）微型计算机

当然，期望的数字信号处理硬件也可以用微型计算机来实现。这样组合成的计算型智能传感器就不是一个集成单片传感功能装置，而是一个智能传感器系统了。

今后，计算型智能传感器还将进一步利用人工神经网络、人工智能、多重信息融合等技术，从而具备分析、判断、自适应、自学习能力，完成图像识别、特征检测和多维检测等更为复杂的任务。

9.3.4　智能传感器的实现

智能传感器最常见，其底层、中间层和顶层分别由基本传感器、信号处理电路和微处理器构成。它们可以集成在一起，形成一个整体，封装在一个壳体内，称为集成化方式；也可以互相远离，分开放置在不同的位置或区域，称为非集成化方式；还可以是介于两种方式之间的混合集成化方式。

1. 非集成化实现

非集成化智能传感器是将传统的经典传感器（采用非集成化工艺制作的传感器，仅具有获取信息的功能）、信号调理电路、带数据总线接口的微处理器组合为一整体而构成的一个智能传感器系统。其组成框图如图 9-30 所示。

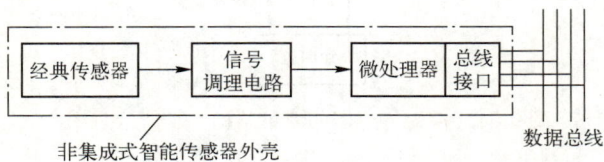

图 9-30　非集成化智能传感器组成框图

图 9-30 中的信号调理电路是用来调理传感器的输出信号的，即将传感器的输出信号进行放大并转换为数字信号后送入微处理器，再由微处理器通过数字总线接口挂接在现场数字总线上。这是一种实现智能传感器的最快途径与方式。例如美国罗斯蒙特公司、SMAR 公司生产的电容式智能压力（差）变送器系列产品，就是在原有传统式非集成化电容式变送器基础上附加一块带数字总线接口的微处理器插板后组装而成的。并开发了可进行通信、控制、自校正、自补偿、自诊断等功能的智能化软件，从而实现智能传感器。

这种非集成化智能传感器是在现场总线控制系统发展形势的推动下迅速发展起来的。因为这种控制系统要求挂接的传感器/变送器必须是智能型的。对于自动化仪表生产厂家来说，原有的一整套生产工艺设备基本不变。因此，对于这些厂家而言非集成化实现是一种建立智能传感器系统最经济、最快捷的途径与方式。

发展极为迅速的模糊传感器也是一种非集成化的新型智能传感器。模糊传感器是在经典数值测量的基础上，经过模糊推理和智能合成，以模拟人类自然语言符号描述的形式输出测量结果。显然，模糊传感器的核心部分就是模拟人类自然语言符号的产生及其处理。

模糊传感器的"智能"之处在于：它可以模拟人类感知的全过程。它不仅具有智能传感器的一般优点和功能，而且具有学习和推理的能力，具有适应测量环境变化的能力，并且能够根据测量任务的要求进行学习和推理。另外，模糊传感器还具有与上级系统交换信息的能力，以及自我管理和调节的能力。通俗地说，模糊传感器的作用应当与一个具有丰富经验的测量工人的作用是等同的，甚至更好。

图9-31是模糊传感器的简单结构和功能示意图。其中，经典数值测量单元不仅提取传感信号，而且对其进行数值预处理，如滤波、恢复信号等。符号产生单元和符号处理单元是模糊传感器的核心部分，它利用已有的知识或经验（通常存放在知识库中），对已恢复的传感信号做进一步处理，得到符合客观对象的模拟人类自然语言符号的描述信息。其实现方法是利用得到的符号形式的传感信号，结合知识库内的知识（主要有模糊判断规则、传感信号特征、传感器特性及测量任务要求等信息），经过模糊推理和运算，得到被测量的符号所对应的描述结果及其相关知识。当然，模糊传感器可以经过学习新的变化情况（如任务发生改变，环境变化等）来修正和更新知识库内的信息。

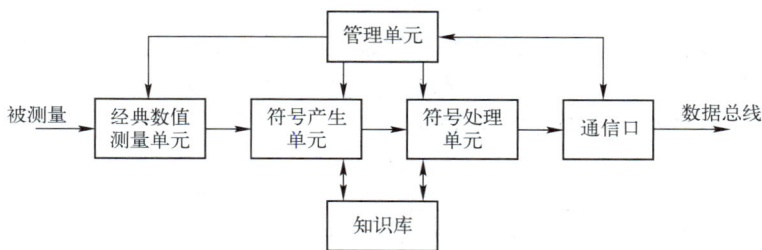

图9-31　模糊传感器的简单结构和功能示意图

模糊传感器的构成有两部分——硬件层和软件层。模糊传感器的突出特点是其具有丰富强大的软件功能。模糊传感器与一般基于计算机的智能传感器的根本区别在于，模糊传感器具有实现学习功能的单元和符号产生单元、符号处理单元。它能够实现专家指导下的学习和符号的推理及合成，从而使模糊传感器具有可训练性。经过学习与训练，使得模糊传感器能满足不同测量环境和测量任务的要求。因此，实现模糊传感器的关键就在于软件功能的设计。

2. 集成化实现

集成化智能传感器是用微机械加工技术和大规模集成电路工艺技术，利用硅作为基本材料来制作敏感元件、信号调理电路、微处理单元，并把它们集成在一块芯片上而构成的。故又可称为集成智能传感器（Integrated Smart/Intelligent smart）。其外形如图9-32所示。

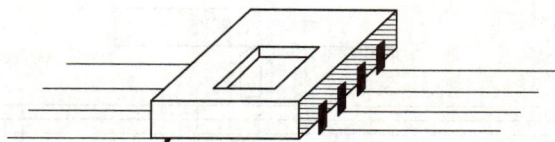

图 9-32   集成智能传感器外形示意图

随着微电子技术的飞速发展，微米/纳米技术的问世，大规模集成电路工艺技术的日臻完善，集成电路器件的密集度越来越高。它已成功地使各种数字电路芯片、模拟电路芯片、微处理器芯片、存储器电路芯片的价格性能比大幅度下降。反过来，它又促进了微机械加工技术的发展，形成了与传统的经典传感器制作工艺完全不同的现代传感器技术。

现代传感器技术，是指以硅材料为基础（因为硅既有优良的电性能，又有极好的机械性能），采用微米（$1\mu m \sim 1mm$）级的微机械加工技术和大规模集成电路工艺来实现各种仪表传感器系统的微米级尺寸化。国外也称它为专用集成微型传感技术（ASIM）。由此制作的智能传感器的特点是：微型化、结构一体化、精度高、多功能、阵列化、全数字化、使用方便、操作简单等。

虽然集成化实现的智能传感器有以上很多优点，然而，要在一块芯片上集成实现智能化传感器系统也存在许多问题，如：哪一种敏感元件比较容易采用标准的集成电路工艺来制作，选用何种信号调理电路，如精密电阻、电容、晶振等，需不需要外接元件等。由于直接转换型 A－D 变换器电路太复杂，制作敏感元件后留下的芯片面积有限，需要寻求其他 A－D 转换形式，如电压－频率变换器、占空比调制式等。由于芯片面积有限制，以及制作敏感元件与优化数字电路工艺的不兼容性，使微处理器系统及可编程只读存储器的规模、复杂性与完整性受到了很大限制。对功耗与自热、电磁耦合带来的相互影响，在一块芯片内如何消除等。

由于在一块芯片上实现智能传感器，并不总是希望如此，也并不总是必须如此，所以，更实际的途径是混合实现法。

3. 混合实现

根据需要和可能，将系统各个集成化环节，如敏感单元、信号调理电路、微处理单元、数字总线接口等，以不同的组合方式集成在两块或三块芯片上，并装在一个外壳里，如图 9-33 所示的几种方式。

集成化敏感单元包括（对结构型传感器）弹性敏感元件及变换器；信号调理电路包括多路开关、仪用放大器、基准、模－数（A－D）转换器等；微处理单元包括数字存储（EPROM、ROM、RAM）、I/O 接口、微处理器、数－模（D－A）转换器等。

在图 9-33a 中，三块集成化芯片封装在一个外壳里；而在图 9-33b、c、d 中，则是两块集成化芯片封装在一个外壳里。

图 9-33a、c 中的（智能）信号调理电路，具有部分智能化功能，如自校零、自动进行温度补偿，正是因为其带有零点校正电路和温度补偿电路才获得了这种简单的智能化功能的。

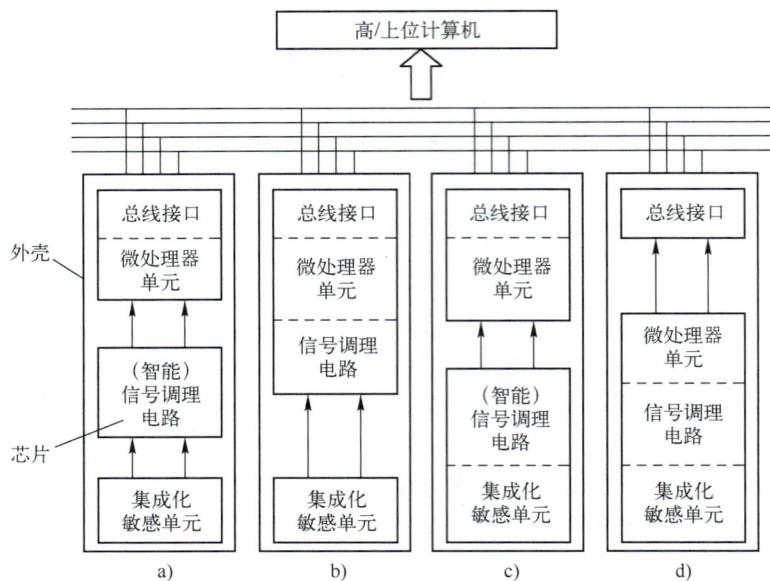

图9-33 混合实现的智能传感器

综上所述，可以看到智能传感器系统是一门涉及多种学科的综合技术，是当今世界正在发展的高新技术。随着集成技术、微机械加工技术和微处理技术的发展，智能传感器必定会得到广泛的应用。特别是纳米科学（纳米电子学、纳米材料、纳米生物学等）的发展，将成为传感器（包括智能传感器）的一种革命性的技术，为智能传感器研制提供了重要的相关技术的实验和理论基础，使传感器技术产生一次历史性的飞跃。

9.3.5 智能传感器实例

1. 智能压力传感器

智能压力传感器是计算型智能传感器，由主传感器、辅助传感器、微型计算机硬件系统（数字信号处理器）三部分构成，其构成框图如图9-34所示。

主传感器为压力传感器，由它来测量被测压力参数。辅助传感器为温度传感器和环境压力传感器。微型计算机硬件系统（数字信号处理器）用于对传感器输出的微弱信号进行放大、处理、存储和与计算机通信。

2. 气象参数测试仪

气象参数测试仪也是一台计算型智能传感器，其构成框图如图9-35所示。

① 实现风向、风速、温度、湿度、气压的传感器信号采集；

② 对采集的信号进行处理、显示；

③ 实现与微型计算机的数据通信，传送仪器的工作状态、气象参数数据。

3. 汽车制动性能检测仪

制动性能的检测有路试法和台试法。

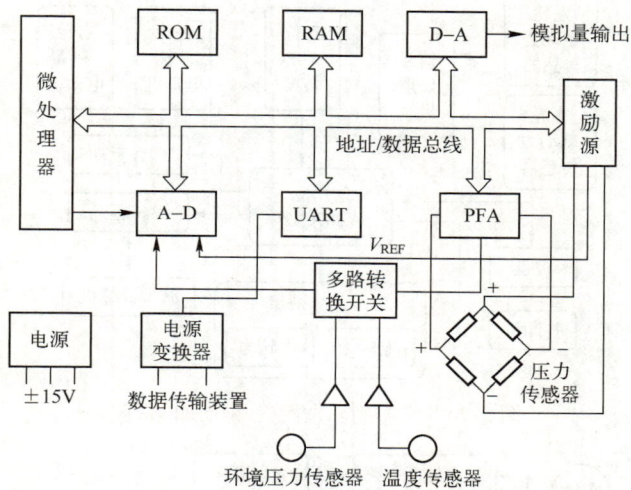

图 9-34　智能压力传感器构成框图

UART—通用异步收发传输器　PFA—程控放大器

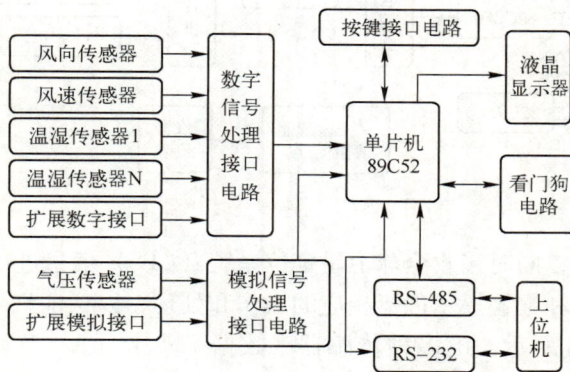

图 9-35　气象参数测试仪构成框图

台试法用得较多，是通过在制动试验台上对汽车进行制动力的测量，并以车轮制动力的大小和左右车轮制动力的差值来综合评价汽车的制动性能。

汽车制动性能检测仪由左轮制动力传感器、右轮制动力传感器、数据采集、处理与输出系统组成，其总体框图如图 9-36 所示。

4. 轮速智能传感器

轮速智能传感器的硬件结构以单片机为核心，外部扩展 8KB RAM 和 8KB EPROM，外围电路有信号处理电路、总线通信控制、总线接口等。轮速智能传感器检测到的轮子转动速度信号经滤波、整形变换为脉冲数字信号后，由光电隔离后输入到 80C31 单片机端口，轮速和其他测控数据由仪表盘上的仪器仪表显示和使用，如图 9-37 所示。

5. 车载信息系统

对汽车的各种信息状态，如燃油的液位、电池电压、水温、机油压力、车速等进行采

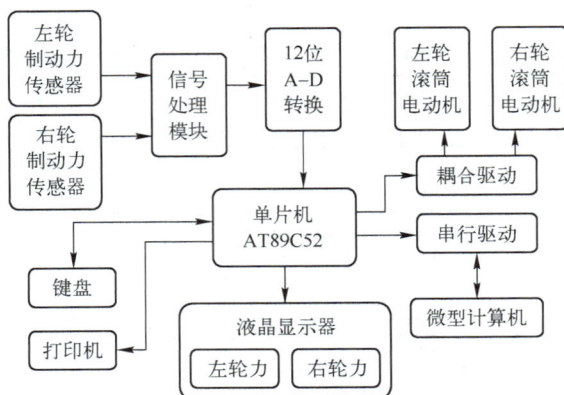

图 9-36　汽车制动性能检测仪总体框图

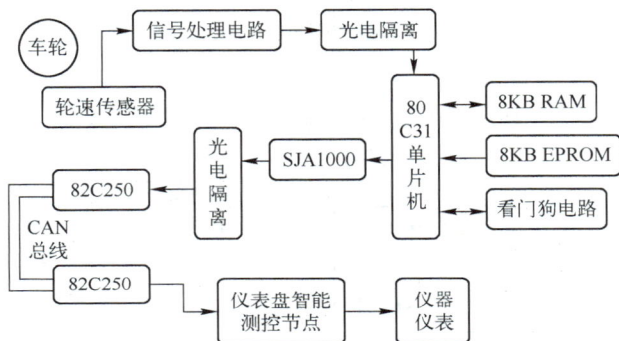

图 9-37　轮速智能传感器

集、处理、显示和报警，同时接收全球卫星定位系统（GPS）信息进行显示。

驾驶员可根据显示和报警提示进行相应的操作和处理，以保证汽车安全正常行驶。车载信息系统框图如图 9-38 所示，由多种传感器、数据采集卡（A－D 转换接口）、计数器卡（数据输入接口）、总线、声光显示和报警器、GPS、工控机和管理控制软件等组成。

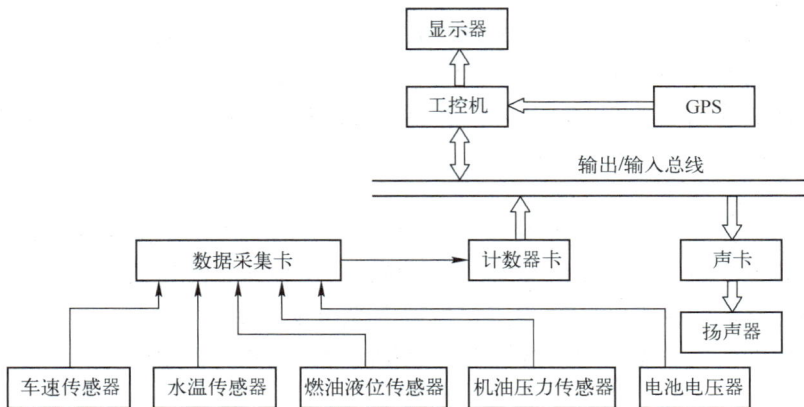

图 9-38　车载信息系统框图

燃油的液位、电池电压、水温、机油压力、车速等各种信息由相应的传感器进行检测，通过数据采集接口卡转换为调制在不同频率上的数字信号。

计数器卡由多路计数器组成，将这些调制在不同频率上的数字信号分别存储在各路计数器里。

工控机在软件的控制下，巡回检取各路计数器的数字信号，经运算处理后，以图形方式显示在液晶显示屏上，以便驾驶员观察。

GPS（全球卫星定位系统）根据三颗以上不同卫星发来的数据，实时计算并在液晶显示屏上显示汽车所处的地理位置（经度和纬度）。

当某物理量超出安全值范围时，即发出声、光报警信号，警示驾驶员尽快采取措施，以保证安全行车。

9.4　知识梳理

气体传感器是一种把气体中的特定成分检测出来，并将它转换为电信号的器件，以便提供有关待测气体的成分及浓度大小的信息。

利用半导体气敏元件同气体接触而造成的半导体性质变化，来检测气体的成分或浓度。半导体气体传感器大体可分为电阻式和非电阻式两大类。半导体气体传感器具有灵敏度高、响应快、使用寿命长和成本低等特点。

超声检测技术的基本原理是利用某种待测的非声量（如密度、流量、液位、厚度、缺陷等）与某些描述介质声学特性的超声量（如声速、衰减、声阻抗等）之间存在着的直接或间接关系，探索了这些关系的规律就可通过超声量的检测来确定待测的非声量。

产生超声波和接收超声波的装置就是超声波传感器，习惯上称为超声波换能器或超声波探头。超声波传感器一般都能将声信号转换成电信号，属典型的双向传感器。超声波探头按其结构可分为直探头、斜探头、双探头和液浸探头；若按其工作原理又可分为压电式、磁致伸缩式、电磁式等。实际使用中最常见的是压电式探头。

智能传感器不仅可以在物理层面上检测信号，而且可以在逻辑层面上对信号进行分析、处理、存储和通信。相当于具备了人类的记忆、分析、思考和交流的能力，即具备了人类的智能。智能传感器最常见，其底层、中间层和顶层分别由基本传感器、信号处理电路和微处理器构成。它们可以集成在一起，形成一个整体，封装在一个壳体内，称为集成化方式。也可以互相远离，分开放置在不同的位置或区域，称为非集成化方式。还可以是介于两种方式之间的混合集成化方式。计算型智能传感器通常是由并行的多个基本传感器（也可以是一个）与期望的数字信号处理硬件结合的传感功能组件。

9.5　习题

1. 气体传感器的性能必须满足哪些条件？

2. 半导体气体传感器大体可分为哪几类?

3. 图9-39所示是一种简易家用气体报警器电路,请说明其工作原理。

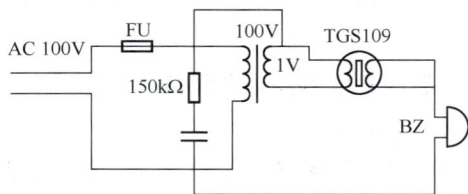

图9-39 简易家用气体报警器电路

4. 图9-40所示,是空气净化换气扇电路原理图,请说明其工作原理。

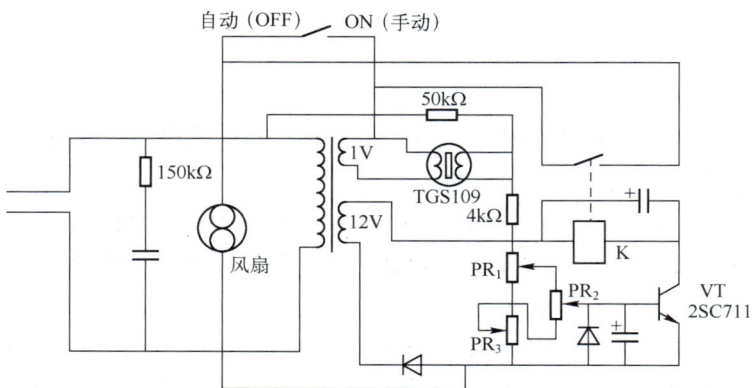

图9-40 空气净化换气扇电路原理图

5. 声波在介质中传播时有几种主要波型?

6. 超声波在介质中传播时,能量的衰减由哪些因素决定?

7. 超声波在介质中传播时,与介质相互作用会产生哪些效应?

8. 超声波探头按其结构可分为哪些类型?若按其工作原理又可分为哪些类型?

9. 超声波测厚常用脉冲回波法,如图9-20所示,说明其工作原理。

10. 智能传感器的最大特点是什么?

11. 智能传感器的主要功能有哪些?

12. 阐述智能传感器的层次结构。

13. 就目前发展状况看,实现传感器智能化,有哪3条不同的途径?

14. 典型的数字信号处理硬件有哪几种?

15. 智能传感器主要由哪几部分构成?

16. 智能传感器主要有哪几种形式?

第10章 传感器输出信号处理电路

10.1 传感器输出信号的处理方法

传感器是将非电信号转换成电信号的检测装置，对传感器的输出信号必须采用信号处理技术，由信号转换电路和信号处理电路两部分组成。转换和处理电路的任务比较复杂，除了微弱信号放大、滤波外，还有线性化处理、温度补偿、误差修正等信号处理功能。信号处理电路的重点是微弱信号的放大及线性化处理。

10.1.1 输出信号的特点

由于传感器种类繁多，传感器的输出形式也是各式各样的。例如，尽管同是温度传感器，热电偶随温度变化输出的是不同的电压，热敏电阻随温度变化使电阻发生变化，双金属温度传感器则随温度变化输出开关信号。以下是传感器输出信号的特点：

① 传感器的一般输出形式。表10-1为传感器的一般输出形式。

表 10-1 传感器的输出形式

输出形式	输出的变化量	传感器的例子
开关信号型	机械触点	双金属温度传感器
	电子开关	霍尔开关式集成传感器
模拟信号型	电压	热电偶、磁敏元件、气敏元件
	电流	光电二极管
	电阻	热敏电阻、应变片
	电容	电容式传感器
	电感	电感式传感器
其他	频率	多普勒速度传感器、谐振式传感器

② 传感器的输出信号一般比较微弱，有的传感器输出电压最小仅有 $0.1\mu V$。

③ 传感器的输出阻抗都比较高，这样会使传感器信号输入到测量电路时，产生较大的信号衰减。

④ 传感器的输出信号动态范围很宽。

⑤ 传感器的输出信号随着输入物理量的变化而变化，但它们之间的关系不一定是线性比例关系。

⑥ 传感器的输出信号大小会受温度的影响，因此会有温度系数存在。

10.1.2　输出信号的处理方法

对输出信号的处理有：提高测量系统的测量精度，提高测量系统的线性度，抑制噪声。传感器输出信号的处理由传感器的接口电路完成。传感器输出信号经处理后，应成为可供测量、控制使用及便于向微型计算机输入的信号形式。典型的应用接口电路功能见表 10-2。

表 10-2　典型的应用接口电路功能

接口电路	信号预处理的功能
阻抗变换电路	变换为低阻抗
放大电路	将输出信号放大
电流－电压转换电路	将电流输出转换成电压输出
电桥电路	将阻抗变化转换成电流或电压
频率－电压转换电路	将频率信号转换成电流或电压信号
电荷放大器	电荷转换成电压
有效值转换电路	交流输出转换为直流输出
滤波电路	消除噪声成分
线性化电路	进行线性校正
对数压缩电路	压缩动态范围

10.2　传感器输出信号处理电路

一个非电量检测装置中，必须具有对信号进行转换和处理的电路。完成传感器输出信号处理的各种接口电路统称为传感器检测电路。检测电路主要是用传感器输出的开关信号驱动控制电路和报警电路工作；传感器输出信号达到设置的比较电平时，比较器输出状态会发生变化，进而驱动控制电路及报警电路工作；由数字式电压表将检测结果直接显示出来。

10.2.1　信号的放大与隔离技术

1. 阻抗匹配器

传感器输出阻抗都比较高，为防止信号的衰减，常常采用高输入阻抗的阻抗匹配器作为传感器输入到测量系统的前置电路。

（1）晶体管共集电极电路

晶体管阻抗匹配器实际上是一个晶体管共集电极电路，又称为射极输出器，电路如图 10-1 所示。电路特点是输入电阻高，输出电阻低（仅为几十欧）。

（2）场效应共漏极电路管

场效应晶体管是一种电平驱动元件，栅极和漏极间电流很小，其输入阻抗可高达 $10^{12}\Omega$

以上，由场效应晶体管组成的共漏极电路（见图 10-2）可作阻抗匹配器。其特点与晶体管的射极输出器一样。

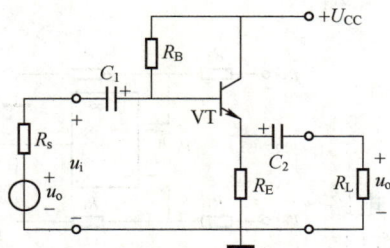

图 10-1　共集电极电路

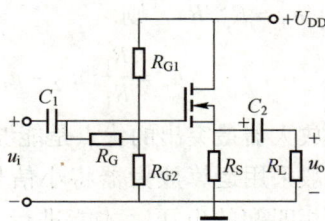

图 10-2　共漏极电路

（3）负反馈放大电路

负反馈放大电路可以改变放大电路的输入电阻和输出电阻。串联负反馈使输入电阻变为原来的 $(1+AF)$ 倍；并联负反馈使输入电阻变为原来的 $1/(1+AF)$；电压负反馈使输出电阻变为原来的 $1/(1+AF)$；电流负反馈使输出电阻变为原来的 $(1+AF)$ 倍。

2. 运算放大器

由于经传感器输出的信号属微弱信号，因而在大多数情况下都需要放大电路。目前检测系统中的放大电路（除特殊情况外），一般都采用运算放大器构成。

（1）反相比例放大器

由集成运算放大器构成的反相比例放大器的电路如图 10-3 所示。

反相放大器的输出电压为

$$u_o = -\frac{R_f}{R_1}u_i$$

反相放大器的放大倍数为

$$A_u = -\frac{R_f}{R_1}$$

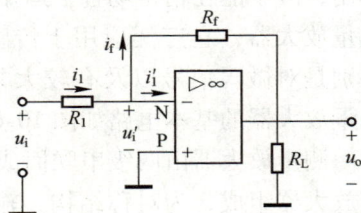

图 10-3　反相比例放大器电路

当 $R_1 = R_f$ 时，则为反相跟随器，$u_o = -u_i$。

（2）同相比例放大器

反相比例放大器存在的问题是输入阻抗 R_i 较低，$R_i = R_1$，通常 R_1 为几千欧。采用如图 10-4 所示同相比例放大器电路，可以得到很高的输入阻抗。根据"虚地原理"，同相比例放大器的输出电压为

$$u_o = \left(1+\frac{R_f}{R_1}\right)u_i$$

放大倍数为

$$A_u = 1+\frac{R_f}{R_1}$$

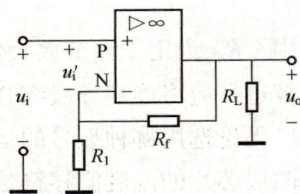

（3）差动放大器

图 10-5 所示是差动放大器的基本电路。差动放大器的输出

图 10-4　同相比例放大器电路

电压为

$$u_o = \left(1 + \frac{R_f}{R_1}\right)\left(\frac{R_3}{R_2 + R_3}\right)u_{s2} - \frac{R_f}{R_1}u_{s1}$$

若 $R_f/R_1 = R_3/R_2$，则

$$u_o = \frac{R_f}{R_1}(u_{s2} - u_{s1})$$

差动放大器最突出的优点是能够抑制共模信号。

故一般采用运算放大器将小信号放大到与 A – D 电路
输入电压相匹配的电压，才能进行 A – D 转换。现在已经
生产出各种专用或通用运算放大器以满足高精度检测系统

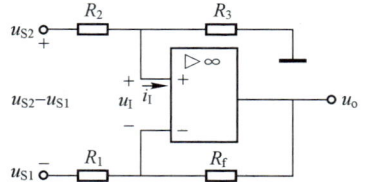

图 10-5　差动放大器基本电路

的需要，其中有测量放大器、程控放大器、隔离放大器等。在实际应用中，一次测量仪表的
安装环境和输出特性千差万别。因此，选用哪种类型的放大器应取决于应用场合和系统要
求，一般应首先考虑选择通用型，只在有特殊要求时才考虑选择其他类型的运放电路。选择
集成运算放大器的依据是其性能参数，其主要参数有：差模输入电阻、输出电阻、输入失调
电压、电流及温漂、开环差模增益、共模抑制比和最大输出电压幅度。

3. 测量放大器

运算放大器对输入到差动端的共模信号有较强的抑制能力，但对于同相或者反相输入接
法，由于电路结构不对称，表现为不平衡的输入
阻抗，因此对共模干扰信号不能起到很好的抑制
作用，故不能在精密场合下运用。为此需要引入
测量放大器，它广泛应用于传感器的信号放大，
特别是对微弱信号以及有较大共模干扰的场合。
测量放大器的基本电路如图 10-6 所示。

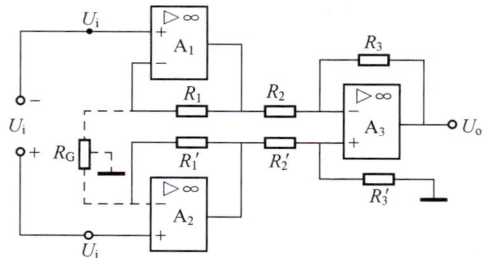

测量放大器由两级串联而成，前级由两个同
相放大器组成，为对称结构，输入信号加在 A_1、
A_2 的同相输入端，从而使前级放大器具有高抑制

图 10-6　测量放大器基本电路

共模干扰的能力和高输入阻抗。后级是差动放大器，它不仅切断共模干扰的传输，而且将双
端输入方式变换成单端输出方式，适应对地负载的需要。测量放大器的放大倍数由下面公式
计算

$$A_u = \frac{U_o}{U_i} = \frac{R_3}{R_2}\left(1 + \frac{R_1}{R_G} + \frac{R_1'}{R_G}\right)$$

式中，R_G 为用于调节放大倍数的外接电阻，通常 R_G 采用多圈电位计，并应靠近组件，若距
离较远，应将连接导线绞合在一起。改变 R_G 可使放大倍数在 1 ~ 1000 范围内调节。

无论选用哪种型号的运算放大器，组成前级差动放大器的 A_1、A_2 两个芯片必须配对，
即两块芯片的温度漂移符号和数值尽量相同或接近，以保证模拟输入为零时，放大器的输出
尽量接近于零。此外，还应该满足条件 $R_3'R_2' = R_3R_2$。

测量放大器除了用于对低电平信号进行线性放大外，还担负着阻抗匹配和抗共模干扰的作用。它具有高共模抑制比、高速度、高精度、宽频带、高稳定性、高输入阻抗、低输出阻抗、低噪声等特点。

目前，国内外已有不少厂家生产测量放大器单芯片集成块。美国 AD 公司提供的有 AD521、AD522、AD612、AD605 等。国产芯片有 7650ZF605、ZF603、ZF604、ZF606 等。图 10-7 所示为 AD521 引脚及连接方法。该测量放大器的放大倍数按下面公式计算

$$A_u = \frac{U_{out}}{U_{in}} = \frac{R_S}{R_G}$$

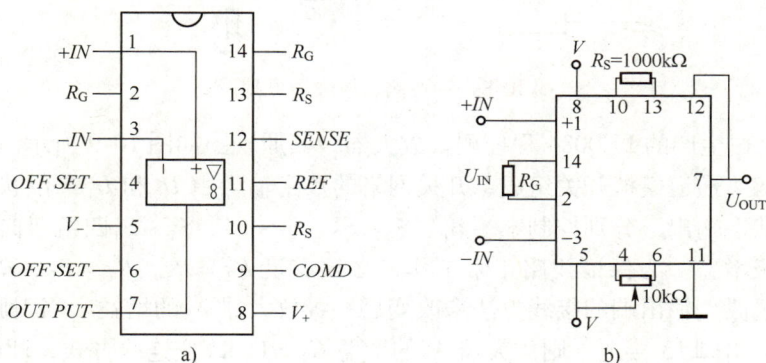

图 10-7　AD521 引脚及连接方法

a）AD521 引脚功能图　b）AD521 基本连接方法

放大倍数的调节范围为 $0.1 \sim 1000$，$R_S = (1000 \pm 150)\,\text{k}\Omega$。

必须指出，任何测量放大器在工作时都要有输入偏置电流，故要为偏置电流提供回路，为此，输入端"1"或"3"必须与电源地线相连。国产的 7650 芯片是高精度、低漂移的动态自动校零的斩波放大器，应用广泛。

4. 程控测量放大器（PGA）

当传感器的输出与自动测试装置和采集系统相连接时，特别是多路传感器的信号，由于使用条件不同，输出的信号电平也有较大的差异，通常从微伏到伏，变化范围很宽。由于 A - D 转换器的输入电压通常规定为 $0 \sim 10\text{V}$ 或者 $\pm 5\text{V}$，若将上述传感器的输出电压直接作为 A - D 转换器的输入电压，就不能充分利用 A - D 转换器的有效位，从而影响测定范围和测量精度。因此，必须根据输入信号电平的大小，改变测量放大器的增益，使各输入通道均用最佳增益进行放大。在微型计算机系统中则采用一种新型的可编程增益放大器（Program-mable Gain Amplifier，PGA），它是通用性很强的放大器，其特点是硬件设备少，放大倍数可根据需要通过编程进行控制，使 A - D 转换器满量程信号达到均一化。

图 10-8 所示为程控测量放大器的原理图。它是在图 10-6 的基础上，增加了一些模拟开关和驱动电路。增益选择开关 $S_1 - S_1'$、$S_2 - S_2'$、$S_3 - S_3'$ 成对动作，每一时刻仅有一对开关闭合。当改变数字量输入编码时，则可改变闭合的开关号。选择不同的反馈电阻，可达到改变放大增益的目的。

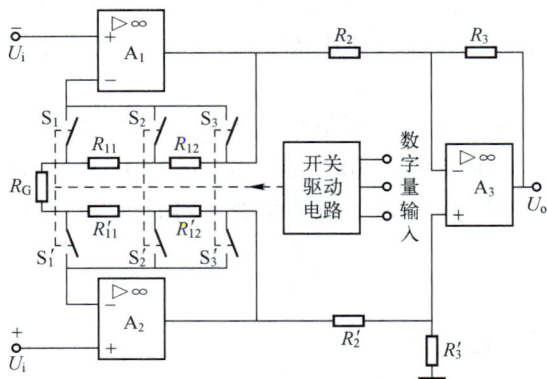

图 10-8　程控测量放大器原理图

美国 AD 公司生产的 LH0084 程控测量放大器，其原理图如图 10-9 所示。开关网络由译码 – 驱动器和双 4 通道模拟开关组成，开关网络的数字输入由 D_0 和 D_1 二位状态决定，经译码后可有 4 种状态输出，分别控制 $S_1 – S_1'$、$S_2 – S_2'$、$S_3 – S_3'$、$S_4 – S_4'$ 四组双向开关，从而获得不同的输入级增益。为保证线路正常工作，必须满足 $R_2 = R_3$，$R_4 = R_5$，$R_6 = R_7$。此外，该模块也可通过改变输出端的接线方法来改变后一级放大器 A_3 的增益。当引脚 6 与 10 相连作为输出端时，引脚 13 接地，则放大器 A_3 的增益 $G_3 = 1$。改变连线方式，即改变 A_3 的输入电阻和反馈电阻，可分别得到 4 ~ 10 倍的增益；但这种改变方法不能用程序实现。

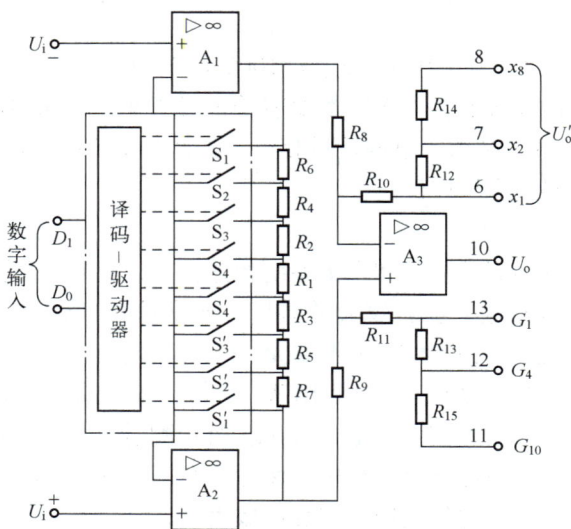

图 10-9　LH0084 程控测量放大器原理图

10.2.2　信号变换技术

传感器与仪表之间的信号传输采用统一的标准信号。目前，作为统一的标准信号是直流电压（0～5V）和直流电流（0～10mA 或 4～20mA）。采用直流电流信号传输时，由于它的"恒流性能"，传输导线长度在一定范围内变化时，仍能保证精度，因而直流标准信号便于远距离传输。

通常，传感器的输出信号多数为电压信号，为了将电压信号转换为电流信号，需采用信号变换器（V/I）。此外，传感器的原始信号一般不能进行远距离传输，故常把传感器与信号变换器装在一起，形成一体。

1. 电压/电流变换（V/I 变换）

V/I 变换器的作用是将电压信号变换为标准的电流信号，它不仅要求具有恒流性能，而且要求输出电流随负载电阻变化所引起的变化量不能超过允许值。V/I 变换电路如图 10-10 所示。

运算放大器 A 接成同相放大器，此变换电路属于电流串联负反馈电路，具有较好的恒流性能。R_3 为电流反馈电阻；R 为负载电阻，它小于 R_3。晶体管 VT_1 和 VT_2 组成电流输出级，用于扩展电流。

若运算放大器的开环增益和输入阻抗足够大，则可认为运算放大器两输入端 2、3 的电位近似相等，且运算放大器的输入的电流近似为零。根据电流串联负反馈关系，有

$$U_i \approx U_F = I_o R_3$$

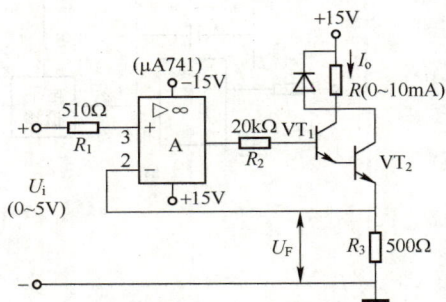

图 10-10　V/I 变换电路

可见，输出电流 I_o 仅与输入电压 U_i 和反馈电阻 R_3 有关，与负载电阻 R 无关，说明它具有较好的恒流性能。选择合适的反馈电阻 R_3 阻值，便能得到所需的变换关系。

2. 电流/电压变换（I/V 变换）

实现电流/电压变换的典型电路如图 10-11 所示。I/V 变换电路由运算放大器 A 和晶体管 VT_1、VT_2 组成。运算放大器除了具有放大作用外，还兼有比较的作用。VT_1 为倒相放大级，VT_2 为电流输出级。U_b 为偏置电压，加在 A 的同相端，用于进行零点漂移。输出电流 I_o 流经 R_3 得到反馈电压 U_F，此电压经 R_5、R_4 加到 A 的两个输入端，形成 A 的差动输入信号。由于具有深度电流串联负反馈，因此具有较好的恒流性能。

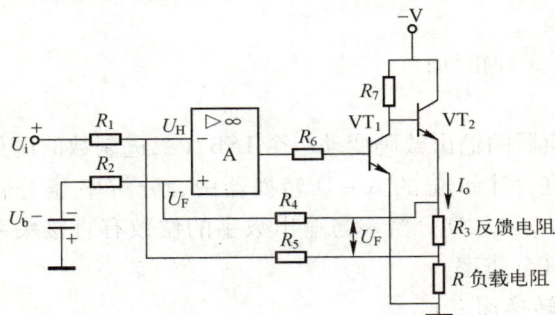

图 10-11　I/V 变换电路

3. 电压/频率转换电路

电压/频率转换电路是 A – D 转换接口电路的一种，它将电压或电流转换成脉冲序列，该脉冲序列的瞬时周期精确地与模拟量呈正比关系。虽然 V/f 转换电路是一种 A – A 转换电路，但由于频率可用数字方法进行测量，因而也可以实现 A – D 的转换，所以它是一种准数字化电路。V/f 转换电路的形式较多，以积分式 V/f 转换电路应用最为广泛，如图 10-12 所示。设输入信号为 U_{in}，则 $U_{in} = Ri_C$，电容两端的电压为

$$U_C = \frac{Q}{C} = \frac{i_C \cdot t}{C}$$

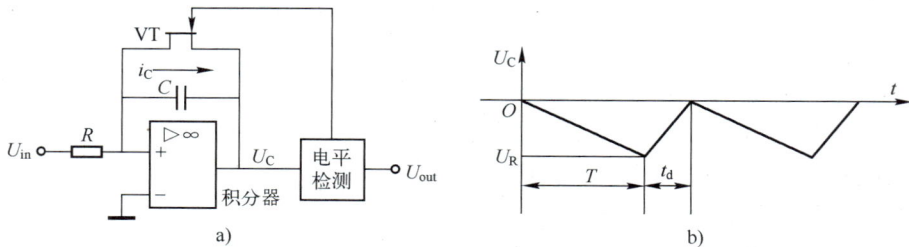

图 10-12 V/f 转换电路
a) 电路图 b) 积分波形

当 $t = T$、$U_C = U_R$ 时，得

$$U_{in} = \frac{RU_R \cdot C}{T}$$

若频率很低时，t_d 可以忽略，即

$$f = \frac{1}{RU_R C} \cdot U_{in}$$

10.3 A – D 转换器及其与单片机的接口

10.3.1 A – D 转换器

1. 主要性能指标

A – D 转换器有如下 3 种指标：

（1）分辨率

它是指使 A – D 转换器的输出数码变动一个 LSB（二进制数码的最低有效位）时输入模拟信号的最小变化量。在一个 n 位的 A – D 转换器中，分辨率等于最大允许的模拟输入量（满度值）除以 2^n。可见，A – D 分辨率与输出数字的位数有直接关系。因此通常可用转换器输出数字位数来表示其分辨率。

（2）转换时间（或转换速率）

A – D 转换器从启动转换到转换结束（即完成一次 A – D 转换）所需的时间称为转换时

间。这个指标也可表述为转换率，即 A－D 转换器在每秒钟内所能完成的转换次数。

（3）转换误差（或精度）

它是指 A－D 转换结果的实际值与真实值之间的偏差，用 LSB 或满度值的百分数来表示。转换误差包括量化误差（因量化单位有限所造成的误差）、偏移误差（零输入信号时输出信号的数值）、量程误差（转换器在满刻度值时的误差）、非线性误差（转换特性偏离直线的程度）等。

在选择 A－D 转换器时，分辨率和转换时间是首先要考虑的指标，因为这两个指标会直接影响测量、控制的精度和响应速度。选用高分辨率和转换时间短的 A－D 转换器，可提高仪表的精度和响应速度，在确定分辨率指标时，应留有一定的余量，因为多路开关、放大器、采样保持器和转换器本身都会引入一定的误差。

2. 类型

A－D 转换器大致上可分为比较型和积分型两种类型。比较型中常采用逐次比较（逼近）式 A－D 转换器；积分型中使用较多的是双积分式（即电压－时间转换式）和电压－频率转换式 A－D 转换器。

（1）比较型 A－D 转换器

比较型 A－D 转换器一般由比较器、D－A 转换器、时序电路和输出寄存器等组成，其原理框图如图 10-13 所示。由比较转换原理可知，对任一个输入电压 U_{in}，下式都成立，即

$$U_{in} = U_{ref}N + \Delta$$

N 为二进制位权表示式：

$$N = D_1 2^{-1} + D_2 2^{-2} + \cdots + D_n 2^{-n} = \sum_{i=1}^{n} D_i \cdot 2^{-i}$$

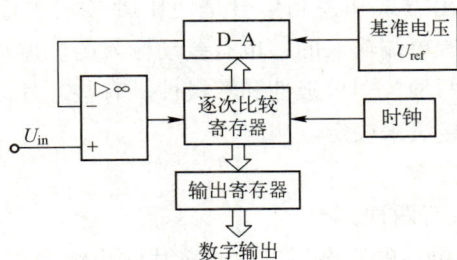

图 10-13　比较型 A－D 转换器原理框图

（2）积分型 A－D 转换器

积分型 A－D 转换器是先将输入的模拟电压转换成相应的时间间隔，然后采用计数器对时间间隔计数。在积分型 A－D 转换方式中，有单积分、双积分和多级积分等形式，其中应用最广的是双积分转换方式，其线性和噪声消除特性好，而且价格低。图 10-14 是双积分型 A－D 转换器的工作原理图。

这两类 A－D 转换器的精度和分辨率均较高。转换误差一般在 0.1% 以下，输出位数可达 12 位以上。比较型的转换速度要比积分型的转换速度快得多，但后者的抗干扰能力则比

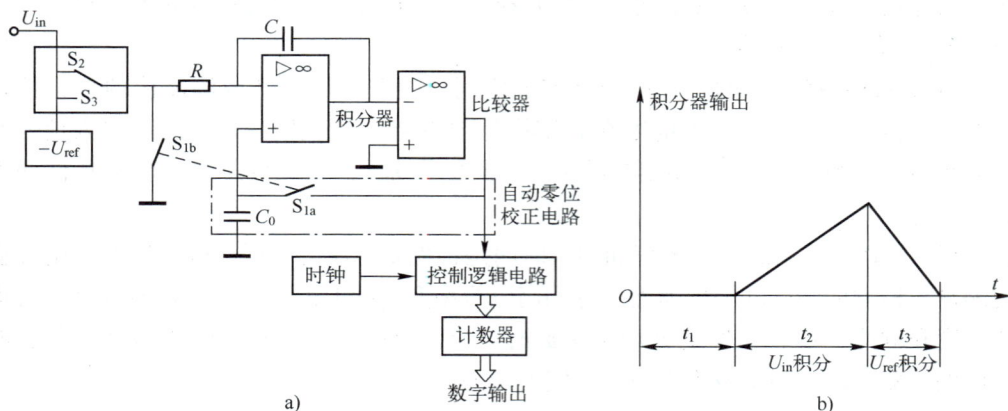

图 10-14 双积分型 A – D 转换器工作原理图
a）电路原理图 b）积分波形

前者的强，且价格也比较低。

从实际应用出发，应采用合适类型的 A – D 转换器。例如，某测温系统的输入范围为 $0 \sim 500℃$，要求测温的分辨率为 $2.5℃$，转换时间在 $1ms$ 以内，可选用分辨率为 8 位的逐次比较型 A – D 转换器等；如果要求测温的分辨率为 $0.5℃$（即满量程的 $1/1000$），转换时间为 $0.5s$，则可选用双积分型 A – D 转换器。

10.3.2 A – D 转换器输入/输出方式和控制信号

1. A – D 转换器输入方式

A – D 转换器的输入/输出方式和控制信号是使用者必须注意的问题。不同的芯片，其输入端的连接方式也不同，有单端输入的，也有差动输入的。差动输入方式有利于克服共模干扰。输入信号的极性也有两种，即单极性和双极性。有些芯片既可单极性输入，又可双极性输入，这由极性控制端的接法来决定。

2. A – D 转换器的输出方式

A – D 转换器的输出方式有两种：

① 数据输出寄存器具备可控的三态门。此时芯片输出线允许与 CPU 的数据总线直接相连，并在转换结束后利用读信号 $\overline{RD}$ 控制三态门，并将数据传输至总线上。

② 数据输出寄存器不具备可控的三态门，或者根本没有门控电路，数据输出寄存器直接与芯片引脚相连，此时芯片输出线必须通过输入缓冲器（如 74LS244）连至 CPU 的数据总线。

A – D 转换器的启动转换信号有电位和脉冲两种形式。使用时应特别注意：对要求用电位启动的芯片，如果在转换过程中将启动信号撤去，通常会由于芯片停止转换而得到错误的结果。

A – D 转换器转换结束后，将发出结束信号，以示主机可从转换器读取数据。结束信号用于向 CPU 申请中断后主机在中断服务子程序中读取数据。也可用延时等待和查询 A – D 转换是否结束的方法来读取数据。

10.4 信号的非线性补偿技术

传感器的输出量与被测物理量之间的关系绝大部分是非线性的，引起非线性的原因归纳起来不外乎两个：一是许多传感器的转换原理并非线性。例如：热电偶的电动势与温度关系是非线性的。二是采用的测量电路是非线性的。例如，测量热电阻用的电桥，因电阻的变化引起电桥失去平衡，此时输出电压与电阻之间的关系为非线性。一般总希望输出与输入之间具有线性关系，这样可以保证在整个测量范围内灵敏度均匀，以利于读数和分析，也便于处理测量结果或进行自动控制。解决这一矛盾即是对非线性特性进行线性化处理，一般有三种办法：其一是缩小测量范围区间，在该区间内将非线性曲线近似看作线性；其二是采用非线性刻度；其三是加线性校正环节。

10.4.1 线性化处理方法

非电量测量系统中，由于传感器变换原理和测量电路都存在非线性，因此要在非电量电测系统中实现线性化，就需要对测量系统的各个方面实行非线性补偿，即采用非线性校正装置，这种非线性校正装置可以设置在模拟量测量电路部分，也可以设置在 A – D 转换器中或 A – D 转换后的数字量测量电路部分。模拟量非线性校正有两种方法：一种是折线逼近法，另一种是线性提升法。

1. 折线逼近法

该方法又分为校正特性曲线逼近法、特性曲线逼近法。

（1）校正特性曲线逼近法

校正特性曲线逼近法是根据传感器的非线性特性，做出校正特性曲线，再将校正特性曲线折线化逼近。图解法求得的非线性补偿环节特性曲线如图 10-15 所示。图解法的步骤如下：

① 将传感器的输入与输出的特性曲线 $U_1 = f_1(x)$ 画在直角坐标的第一象限，横坐标表示被测量 x，纵坐标表示传感器的输出 U_1。

② 将放大器的输入与输出特性 $U_2 = GU_1$ 画在第二象限，横坐标为放大器的输出 U_2，纵坐标为放大器的输入 U_1。

③ 将整台测量仪表的线性特性画在第四象限，纵坐标为输出 U_0，横坐标为输入 x。

④ 将 x 轴分成 n 段，段数 n 由精度要求决定。由点 1，2，$\cdots$，n 分别向 x 轴作垂线，分别与 $U_1 = f_1(x)$ 曲线及第四象限中 $U_0 = kx$ 直线交于 1_1，1_2，1_3，$\cdots$，1_n 及 4_1，4_2，4_3，$\cdots$，4_n 各点。然后以第一象限中这些点作 x 轴平行线与第二象限直线 $U_2 = GU_1$ 交于 2_1，2_2，2_3，$\cdots$，2_n 各点。

⑤ 由第二象限各点绘制 x 轴垂线，再由第四象限各点绘制 x 轴平行线，两者在第三象限的交点连线即校正曲线 $U_0 = f_2(U_2)$。这也就是非线性补偿环节的非线性特性曲线。

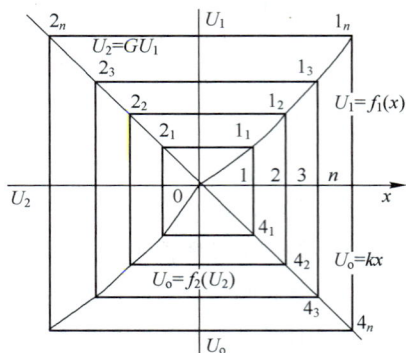

图 10-15　图解法求得的非线性补偿环节特性曲线

（2）特性曲线逼近法

特性曲线逼近法如图 10-16 所示，将传感器的特性曲线 $y=f(x)$ 用连续有限线段来代替，如在图 10-16 中，各段折线的方程如下：

$$y = k_1 x \qquad (0 \leqslant x \leqslant x_1)$$

$$y = k_1 x_1 + k_2 (x - x_1) \qquad (x_1 < x \leqslant x_2)$$

$$y = k_1 x_1 + k_2 (x_2 - x_1) + k_3 (x - x_2) \qquad (x_2 < x \leqslant x_3)$$

$$y = k_1 x_1 + k_2 (x_2 - x_1) + k_3 (x_3 - x_2) + \cdots + k_{n-1}(x_{n-1} - x_{n-2}) + k_n (x - x_{n-1}) \quad (x_{n-1} < x \leqslant x_n)$$

式中，x_i 为折线的各转折点；k_i 为折线段的斜率；$k_1 = \tan\alpha_1$，$k_2 = \tan\alpha_2$，$\cdots$，$k_n = \tan\alpha_n$。

用连续有限线段替代特性曲线，若转折点越多，折线越逼近曲线，精度亦越高，但若转折点过多，不仅电路复杂，而且由于电路本身引起的误差也会随之增加。用连续有限线段替代特性曲线，然后根据各转折点 x_i 和各段折线的斜率来设计电路。

2. 线性提升法

线性提升法是模拟量非线性校正的又一种方法，是将特性曲线 $y=f(x)$ 用折线代替后，根据折线组与直线方程式 $y=k_1 x$ 的偏差，依次增减偏差部分（这是通过运算放大器输入电压的增减来实现的）。线性提升法示意图如图 10-17 所示。其折线方程组如下：

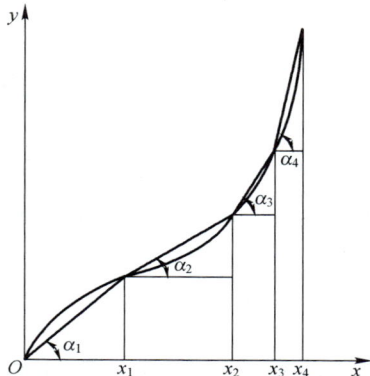

图 10-16　特性曲线逼近法示意图

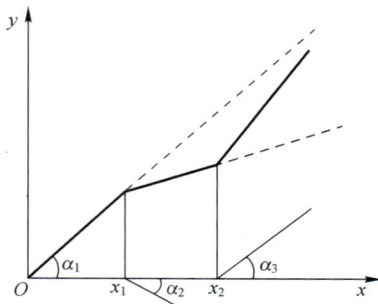

图 10-17　线性提升法示意图

$$y = k_1 x \, (k_1 = \tan\alpha_1, 0 \leqslant x \leqslant x_1)$$

$$y = k_1 x - k_2 (x - x_1) \, (k_2 = \tan\alpha_2, x_1 < x \leqslant x_2)$$

$$y = k_1 x - k_2 (x - x_1) + k_3 (x - x_3) \, (k_3 = \tan\alpha_3, x_2 < x \leqslant x_3)$$

为实现模拟量非线性校正的这两种方法（折线逼近法和线性提升法），均需有非线性元件（目前常利用二极管组成非线性电阻网络来产生折点）组成的电路来予以校正，即用折点单元构成非线性校正电路来实现。

可以看出：转折点越多，折线越逼近曲线，精度也越高；但转折点太多，则会因电路本身误差而影响精度。

10.4.2　利用计算机进行非线性化处理

在利用计算机处理的智能化检测系统中，利用软件功能可方便地实现系统的非线性补偿。这种方法实现线性化的精度高、成本低、通用性强。线性化的软件处理常采用的方法有线性插值法、二次曲线插值法和查表法。

1. 线性插值法

线性插值法就是先通过试验测出传感器的输入/输出数据，利用一次函数进行插值，用直线逼近传感器的特性曲线。假如传感器的特性曲线曲率大，可以将该曲线分段插值，把每段曲线用直线近似，即用折线逼近整个曲线。这样可以按分段线性关系求出输入值所对应的输出值。分段线性插值法如图 10-18 所示。图中曲线为用三段直线逼近传感器的特性曲线，其中 y 是被测量，x 是测量数据。

由于每条直线段的两个端点坐标是已知的，图 10-18 中直线段 2 的两端点 (x_1, y_1) 和 (x_2, y_2) 是已知的，因此该直线段的斜率 k_1 可表示为

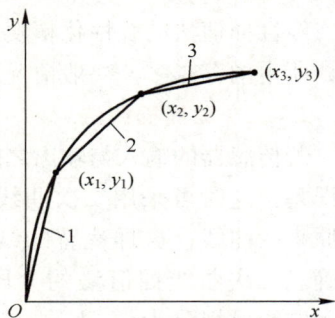

图 10-18　分段线性插值法

$$k_1 = \frac{y_2 - y_1}{x_2 - x_1}$$

该直线段上的各点满足下列方程式：

$$y = y_1 + k_1 (x - x_1)$$

对于折线中任一直线段 i，可以得到

$$k_{i-1} = \frac{y_i - y_{i-1}}{x_i - x_{i-1}}$$

$$y = y_{i-1} + k_{i-1} (x - x_{i-1})$$

在实际的设计中，预先把每段直线方程的常数及测量数据 x_0，x_1，x_2，$\cdots$，x_n 存于存储器中，计算机在进行校正时，首先会根据测量值的大小，找到合适的校正直线段，从存储器中取出该直线段的常数，即斜率 k_i，然后计算形如上式的直线方程式就可获得实际被测量 y。图 10-19 所示就是线性插值法的程序流程图。

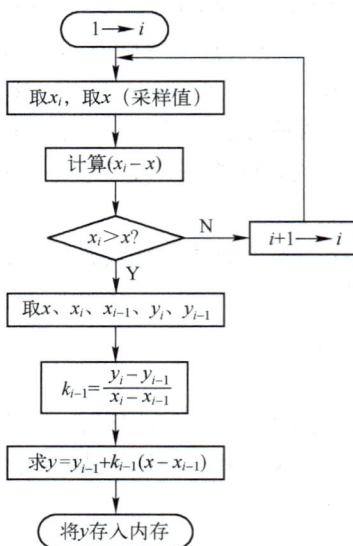

图 10-19　线性插值法程序流程图

线性插值法的线性化精度由折线段的数量决定，所分段数越多，精度就越高；但数量越大，所占内存越多。一般情况下，只要分段合理，就可获得良好的线性度和精度。

2. 二次曲线插值法

若传感器的输入与输出之间的特性曲线的斜率变化很大，采用线性插值法就会产生很大的误差，这时可采用二次曲线插值法，即用抛物线代替原来的曲线，这样代替的结果显然比线性插值法更精确。二次曲线插值法的分段插值如图 10-20 所示，图示曲线可划分为 a、b、c 三段，每段可用一个二次曲线方程来描述，即

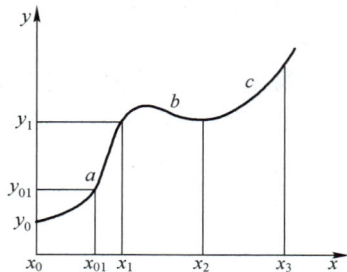

图 10-20　二次曲线插值法的分段插值

$$\begin{cases} y = a_0 + a_1 x + a_2 x^2 & (x \leq x_1) \\ y = b_0 + b_1 x + b_2 x^2 & (x_1 < x \leq x_2) \\ y = c_0 + c_1 x + c_2 x^2 & (x_2 < x \leq x_3) \end{cases}$$

式中，每段的系数 a_i、b_i、c_i 可通过下述办法获得。即在每段中找出任意三点，如图 10-20 中的 x_0，x_{01}，x_1，其对应的 y 值为 y_0，y_{01}，y_1，然后解如下联立方程：

$$\begin{cases} y_0 = a_0 + a_1 x_0 + a_2 x_0^2 \\ y_{01} = b_0 + b_1 x_{01} + b_2 x_{01}^2 \\ y_1 = c_0 + c_1 x_1 + c_2 x_1^2 \end{cases}$$

就可取得系数 a_0，a_1，a_2，同理可求得 b_0，b_1，$b_2 \cdots$ 然后将这些系数与 x_0，x_1，x_2，x_3 等值预先存入相应的数据表中。图 10-21 所示为二次曲线插值法的程序流程图。

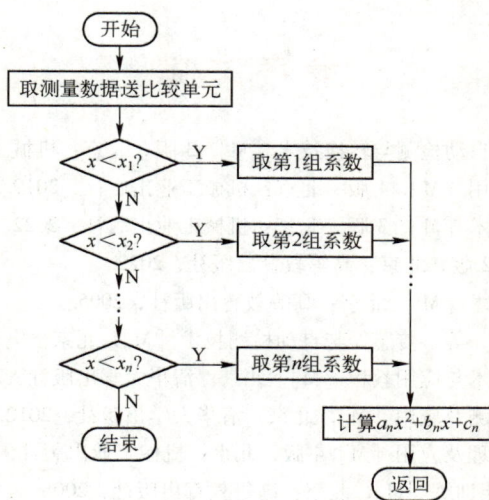

图 10-21　二次曲线插值法程序流程图

10.5　知识梳理

被测的各种非电量信号经传感器检测后转变为电信号，但这些信号很微弱，而且与输入的被测量之间呈非线性关系，所以需进行信号放大、隔离、滤波、A－D 转换、线性化处理、误差修正等处理，本章就针对这些方面做了简单的介绍。

信号放大一般采用放大器、程序放大器、数字放大器和隔离放大器，实际应用中可根据使用场合和要求进行选用。

A－D 转换器可以分为比较型和积分型两种。比较型的转换速度比积分型的快得多，但积分型的抗干扰能力比前者强，且价格相对较低。选用 A－D 转换器可根据分辨率、转换时间及转换精度三项主要指标确定。

A－D 转换步骤是：确定 A－D 地址，选择通道，启动 A－D 转换过程，等待转换结果（可用中断方式），读取 A－D 转换结果。

线性化处理可以用硬件方法，也可以在单片机（微型计算机）中采用软件编程的方法，若采用软件方法，除了本章介绍的线性插值、二次曲线插值法（抛物线法）外，还可以采用最小二乘法等。

10.6　习题

1. 对传感器输出的微弱电压信号进行放大时，为什么要用测量放大器？
2. 采用 4～20mA 电流信号传输传感器的输出信号有什么优点？
3. 在模拟量自动检测系统中，常用的线性化处理方法有哪些？
4. 在检测系统中，信号之间的传输为什么要使用 V/I 和 I/V 变换？

参 考 文 献

［1］梁森，王侃夫，黄杭美．自动检测与转换技术［M］. 3 版．北京：机械工业出版社，2013.

［2］金发庆．传感器技术与应用［M］. 4 版．北京：机械工业出版社，2019.

［3］董春利．传感器与检测技术［M］. 3 版．北京：机械工业出版社，2022.

［4］陈卫．传感器应用［M］. 2 版．北京：高等教育出版社，2022.

［5］周乐挺．传感器与检测技术［M］.北京：高等教育出版社，2005.

［6］柳桂国，葛鲁波，李方圆，等．传感器与自动检测技术［M］.北京：电子工业出版社，2011.

［7］张洪润，张亚凡．传感技术与应用教程［M］.北京：清华大学出版社，2005.

［8］张培仁．传感器原理、检测及应用［M］.北京：清华大学出版社，2012.

［9］吴建平，彭颖．传感器原理及应用［M］. 4 版．北京：机械工业出版社，2021.

［10］蔡夕忠．传感器应用技能训练［M］.北京：高等教育出版社，2006.